树脂基复合材料
成型工艺读本

SHUZHIJI FUHE CAILIAO
CHENGXING GONGYI DUBEN

● 汪泽霖　编著

U0336492

化学工业出版社
·北京·

本书在对预浸料的制备技术进行介绍的基础上，重点对喷射成型工艺、连续制板成型工艺、纤维缠绕成型工艺、拉挤成型工艺、手糊成型工艺、液体模塑成型工艺、热压成型工艺、注射、挤出、压注成型工艺进行了详细论述，最后对安全生产与环保进行了简略介绍。在每一工艺下都单独列出了该工艺适用的树脂和增强材料类型，而且在每章后面都附有相关制品的制备实例，同时还有质量问题和缺陷分析，实用性、参考性较强。适合于从事玻璃钢/复合材料行业的生产技术人员参考。

图书在版编目（CIP）数据

树脂基复合材料成型工艺读本/汪泽霖编著. —北京：化学工业出版社，2017.9
ISBN 978-7-122-30198-7

Ⅰ. ①树… Ⅱ. ①汪… Ⅲ. ①复合材料-塑料成型-工艺
Ⅳ. ①TQ327.106.6

中国版本图书馆 CIP 数据核字（2017）第 164570 号

责任编辑：赵卫娟　　　　　　　　　　装帧设计：韩　飞
责任校对：王　静

出版发行：化学工业出版社（北京市东城区青年湖南街 13 号　邮政编码 100011）
印　　装：涿州市般润文化传播有限公司
710mm×1000mm　1/16　印张 16½　字数 320 千字　　2017 年 10 月北京第 1 版第 1 次印刷

购书咨询：010-64518888　　　　　　　　售后服务：010-64518899
网　　址：http://www.cip.com.cn
凡购买本书，如有缺损质量问题，本社销售中心负责调换。

定　　价：78.00 元

前言
FOREWORD

　　树脂基复合材料成型是指将纤维均匀分布于连续相基体树脂中，除去复合材料内的气泡及挥发性气体，然后使树脂硬化（热固性树脂完全固化）制成纤维增强树脂成品的一种工艺过程。该过程也可以分两步进行，即先将基体树脂浸渍增强纤维，组合在一起构成预浸料，如短切纤维预浸料（模压料、模塑料和粒料等）、连续纤维预浸料（单向预浸料或称作无纬布）和纤维制品预浸料（预浸胶布或称作胶布）。制成的预浸料可销售或储存备用，供厂家再次采用热压成型（如模压、层压、焊接层压、冲压等）或采用注塑、挤出、压注等成型工艺制成纤维增强树脂成品。树脂基复合材料成型方法可按纤维形态分为短切纤维增强树脂成型(如喷射成型、连续波纹板成型)、连续纤维增强树脂成型（如缠绕成型、拉挤成型）和纤维制品增强树脂成型（如手糊成型、液体模塑成型）。

　　本书重点对喷射成型工艺，连续制板成型工艺，纤维缠绕成型工艺，拉挤成型工艺，手糊成型工艺，液体模塑成型工艺，热压成型工艺，注射、挤出、压注成型工艺的原材料、设备、工艺方法、制品实例和质量分析等进行了介绍。由于篇幅的限制，不能对每个成型工艺进行详尽地介绍，但每章的后面都尽量列出该成型工艺的有关参考资料，供有需要的读者查阅。

　　感谢我的同事，是他们的积极工作使本书中记录下我们的成果。写作过程中，也参阅了如黄家康、刘雄亚、陈博等国内外专家的论文及主编的许多书籍，并引用了他们的资料，在此表示真诚的谢意。另外也感谢为本书插图做工作的上海理工大学汪天智同学。笔者虽尽了最大努力，但由于水平所限，不当之处难免，敬请读者指正。

汪泽霖

2017 年 6 月

目录
CONTENTS

第5章　拉挤成型工艺　105

第 8 章　热压成型工艺　　　183

第 1 章

预浸料制备

1.1 短切纤维预浸料制备

短切纤维预浸料制备主要有预混法、预浸法、层铺法、悬浮浸渍法和造粒等方法。

1.1.1 预混法

预混法是先将增强纤维短切，与一定量的树脂混合均匀，再撕松后烘干或用挤出机挤成条状或丸状（BMC）的工艺方法。

1.1.1.1 主要设备

（1）纤维切割器　常用切割器类型有冲床式、砂轮片式、三辊式和单旋转刀辊式，其工作原理如图 1-1 所示。冲床式切割器广泛应用于切割非连续纤维（如开刀丝）；砂轮片式切割器用于宝塔纱团的整体切割，其工效较高，但所切割的纤维长度不均匀，而且砂轮片容易损坏；三辊式切割器所切割的纤维长短均一，可以连续工作，用于切割连续纤维效果良好，更换切割辊刀片间距可调变切割纤维长度；单旋转刀辊式切割器多用在高硅氧纤维的切割。

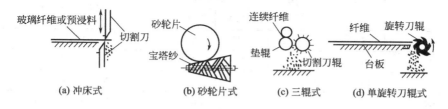

图 1-1　各种纤维切割器结构

（2）高速分散机　为了使树脂糊分散均匀，需要使用剪切速率很高的搅拌机。高速分散机是对两种或者多种液体和固体粉末状物料进行搅拌、溶解和分散的高效设备。其主要技术参数见表 1-1。

（3）捏合机　捏合机的作用是将树脂与纤维混合均匀，其结构主要有可翻转出料的捏合锅、双 Z 桨式捏合桨和动力传动装置等（如图 1-2 所示）。

表 1-1   高速分散机的主要技术参数

名称	主电机功率/kW	搅拌桨叶直径/mm	搅拌轴转速/(r/min)	最大升降行程/mm	转动箱回转角度/(°)	油泵电机功率/kW	质量/kg
GFJ-7A/B	6.5/8	200	1200/2400	920	360	0.75	1000
GFJ-11A/B	9/11	250	1000/2000	1000	360	0.75	1200

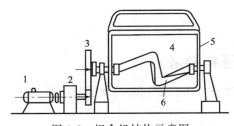

图 1-2   捏合机结构示意图

1—电动机；2—减速箱；3—齿轮；4—捏合锅；5—夹套；6—捏合翼

① 翻缸形式：手动翻缸、机械翻缸和液压翻缸；

② 加热形式：夹套加热、半管加热、远红外加热和电加热；

③ 捏合方式：相切型和相交型；

④ 出料方式：底阀式、翻板式、蛟龙式（横式）、旋门式、抽拉式、吸料式和蛟龙式（纵式）；

⑤ 搅拌轴形式：Σ 型搅拌桨、Z 型搅拌桨、切割型搅拌桨和鱼尾型搅拌桨。

表 1-2 列出了南通密炼捏合机械有限公司标准型捏合机系列。

表 1-2   标准型捏合机系列技术参数

型号	容积/L	电机功率/kW	加热形式 电/kW	加热形式 汽/MPa	转速/(r/min)
NH-5L	5	0.75～1.5	0.15	0.3	$N_1=59, N_2=35$
NH-40L	40	2.2～5.5	3	0.3	$N_1=59, N_2=35$
NH-100L	100	4～11	4	0.3	$N_1=40, N_2=21$
NH-300L	300	11～22	8	0.3	$N_1=40, N_2=21$
NH-500L	500	15～30	16	0.3	$N_1=36, N_2=21$
NH-1000L	1000	18.5～55	24	0.3	$N_1=33, N_2=22$
NH-1500L	1500	22～55	36	0.3	$N_1=38, N_2=21$
NH-2000L	2000	37～75	48	0.3	$N_1=25, N_2=17$
NH-3000L	3000	45～90	60	0.3	$N_1=25, N_2=18$

续表

型号	容积/L	电机功率/kW	加热形式		转速/(r/min)
			电/kW	汽/MPa	
NH-4000L	4000	55～110	66	0.3	$N_1=33, N_2=20$
NH-5000L	5000	90～132		0.3	$N_1=36, N_2=21$
NH-6000L	6000	110～150		0.3	$N_1=36, N_2=21$

注：1. 转速可根据用户要求定做。

2. 下出料有球阀出料、快开门出料和螺杆出料。

（4）撕松机　撕松机的作用是将捏合成团的物料进行蓬松。主要由进料辊和一对撕料辊组成。通过两个不同直径的撕料辊按相同方向旋转。物料在两个撕料辊间受撕扯而松散（如图 1-3 所示）。

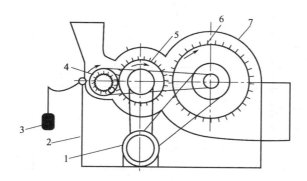

图 1-3　撕松机结构示意图

1—电动机；2—机体；3—配重；4—进料辊；5,6—撕料辊；7—机罩

（5）挤出机　国外使用的挤出机是黏土型挤出机，具有一根直径很粗的螺杆。螺杆通常都要经过抛光和镀铬处理，以便清洁和延长使用寿命。表 1-3 列出了几种 Bonnot 公司黏土型 BMC 挤出机的基本参数。

表 1-3　几种 Bonnot 公司黏土型 BMC 挤出机的基本参数

项目	A	B	C	D
正常产量/(kg/h)	450	1350	405	675
螺杆尺寸/cm	15～20	20～25	10～15	15～20
逆转式喂入器	无	有	有	有
功率/kW	3.7	11	3.7	5.6
料斗尺寸/(mm×mm)	200×740	289×483	235×432	235×740
挤出尺寸/mm	25～100	38～150	13～100	25～100
共性	可变速驱动、带水夹套、气动切割器、镀铬的模具和螺杆			

1.1.1.2 预混模塑料制备

（1）原材料

① 增强材料　短切纤维预浸料中常用的增强材料主要有玻璃纤维开刀丝、无捻粗纱、高硅氧纤维、碳纤维、芳纶纤维和尼龙纤维等。纤维长度一般为15～50mm，其中以30～50mm为多。

② 基体树脂

a. 酚醛树脂模塑料的典型配方　酚醛树脂模塑料的典型配方见表1-4。

表1-4　酚醛树脂模塑料的典型配方　　　　　单位：质量份

原料名称	配方1①	配方2②	配方3	SX-506	SX-580	FHX-301	FHX-304
E-44 环氧树脂				6.1	6.1		
环氧甲酚甲醛接枝共聚物						38(A)	38(B)
616 酚醛树脂	100						
镁酚醛树脂		100					
三聚氰胺-酚醛树脂			45				
苯酚苯胺甲醛树脂				30.8	30.8		
聚乙烯醇缩丁醛				3.1	3.1		
单硬脂酸甘油酯						1	1
羟甲基尼龙						4	2
苄基二甲胺						0.068	0.068
乙酸乙酯						适量	适量
油酸				1.0～1.2	1.0～1.2		
乙醇	100	100③		25±3	25±3	适量	适量
苯				1	1		
油溶黑（颜料）		4～5					
酞菁绿				0.15～0.20			
KH-550	1						
滑石粉			15				
玻璃纤维	150	150	40	60	60	62	62

① KH-550 加入树脂中充分搅拌后待用。

② 先将油溶黑溶于乙醇，再倒入树脂中。

③ 用乙醇调节树脂的密度为 $1.0g/cm^3$。

b. 环氧树脂胶液配制　环氧树脂加热到130℃，加入 NA 酸酐充分搅拌，当温度回升到120℃时滴加二甲基苯胺，并在120～130℃下反应6min后倒入丙酮，充分搅拌，冷却后待用。环氧树脂模塑料的典型配方见表1-5。

表 1-5　环氧树脂模塑料的典型配方

原料名称	F-46 环氧树脂	NA 酸酐	N, N'-二甲基苯胺	丙酮	玻璃纤维
配比/质量份	100	80	1	180	270

　　c. 三聚氰胺树脂胶液及其组成　　三聚氰胺树脂模塑料的典型配方见表 1-6。

表 1-6　三聚氰胺树脂模塑料的典型配方

原料名称	液体三聚氰胺树脂	硬脂酸锌	颜料	KH-550	玻璃纤维
配比/质量份	100	2	3～4	1	46

　　(2) 制备方法　　预混模塑料制备是将树脂胶液经胶液配制釜配制并搅拌均匀后，由齿轮输送泵送入自动计量槽内，计量后再送入捏合器。连续玻璃纤维用切割机将纤维切成 15～50mm 长的短纤维，然后进行蓬松，使纤维分散，再逐渐送入捏合器，与树脂胶液在捏合器内混合均匀，达到规定捏合时间后，倾斜捏合器出料。捏合时间越长，纤维强度损失越大；时间过短，树脂与纤维混合不均匀。再用撕松机将其蓬松后，铺放于钢丝网上，在 80℃ 左右烘干后，包装入袋，即为模塑料。

　　例如短切玻璃纤维增强镁酚醛树脂，其连续生产工艺流程如图 1-4 所示。

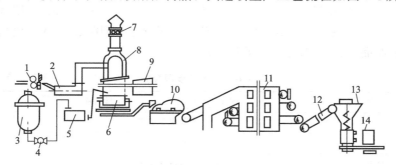

图 1-4　镁酚醛型短切玻璃纤维模压料连续生产工艺流程

1—冲床式切丝机；2—蓬松机；3—胶液釜；4—齿轮输送泵；5—自动计量系统；
6—捏合机；7—排风器；8—风丝分离器；9—移动式风罩；10—撕松机；
11—履带式烘干炉；12—皮带运输机；13—旋转式出料器；14—装料桶

　　① 将玻璃纤维切成 30～50mm 长的短切纤维。
　　② 用乙醇调整树脂黏度，控制胶液相对密度在 1.0 左右。
　　③ 按纤维:树脂=55:45（质量比），将树脂溶液和短切纤维加入捏合器中充分捏合，注意控制捏合时间。时间过短，树脂与纤维混合不均匀；时间过长，纤维强度损失太大。捏合时，树脂黏度的控制也是很重要的，树脂黏度控制不当，树脂不易浸透纤维，也会增加纤维的损伤，影响纤维的强度。

④ 捏合后，预混料逐渐加入撕松机中撕松。

⑤ 将撕松后的预混料均匀铺放在网屏上。

⑥ 预混料经晾置后在 80℃烘房中烘 20~30min。

⑦ 将烘干的预混料在塑料袋中封闭待用。

1.1.1.3 BMC

（1）增强材料 巨石集团有限公司生产的 BMC 用无碱玻璃纤维短切原丝的品种有 562E、552B、558 和 588 等。玻璃纤维长度有 3mm、6mm、9mm、12mm、18mm 和 24mm。

（2）BMC 基体树脂及助剂 BMC 是在不饱和聚酯树脂中加入增稠剂、低收缩添加剂、填料、脱模剂、着色剂等组分，经混合形成树脂糊，将这种树脂糊与短切玻璃纤维在捏合设备中进行捏合混炼，使其充分混合而成。BMC 用不饱和聚酯树脂与 SMC 用不饱和聚酯树脂是相同的，也就是说，可以用作 SMC 的不饱和聚酯树脂，同样也可以用作 BMC 的基体树脂，具体树脂的牌号见 1.1.3 节。天和有 BMC 专用树脂，其牌号为 DS801N、DS802N、DS822N、DS823N 和 DS825N 等。

BMC 与 SMC 的组成极为相似，是一种改良了的预混块状成型材料，可用于模压、注射和传递等成型工艺。两者的区别仅在于材料形态和制作方法上。BMC 中纤维含量较低（15%~20%），纤维长度较短（6~12mm），填料含量较大，因而 BMC 的强度较 SMC 低。BMC 适用于制造小型制品，SMC 则用于生产大型薄壁制品。BMC 参考配方见表 1-7。

表 1-7 BMC 参考配方　　　　　　　　单位：质量份

原料名称	配比	原料名称	配比
P17-902	100	氢氧化铝 F-2	12.5
SW978	25	氢氧化铝 F-8	127.5
聚苯乙烯溶液①	41.25	氢氧化铝 F-10	85
苯乙烯	11.25	活性氧化镁	1.625
过氧化苯甲酸叔丁酯	1.625	合计	419
2,6-二叔丁基对甲酚	0.5	玻璃纤维（长 6mm）	93.75
灰色浆	6.25	总计	512.75
硬脂酸锌	6.5		

① 聚苯乙烯溶液指 40%的聚苯乙烯、苯乙烯溶液。即聚苯乙烯：苯乙烯＝40：60。

低密度聚乙烯粉末用于 BMC，对 BMC 的收缩率和光泽度有所改善（见表 1-8）。

注射模塑工艺用模塑料的配方范围见表 1-9。

表 1-8　UF-20SS 对 BMC 性能的改善

UF-20SS （每 100 份 BMC）/质量份	收缩率/%	吸水率/%	弯曲强度 /MPa	弯曲模量 /GPa	光泽度 /%
0	0.47	0.209	101	16	84
3	0.24	0.185	138	14	85
5	0.18	0.185	127	13	85

表 1-9　注射模塑工艺用模塑料的配方范围

组分名称	树脂	玻璃纤维	脱模剂	填料	引发剂
物料名称	聚酯树脂/ TP 添加剂	6mm,13mm, 25mm,50mm	ZnSt	碳酸钙， 高岭土	过氧化 二苯甲酰
配比（100 份 树脂）/份	70/30～50/50	10～30	2	50～250	2%

（3）BMC（DMC）模塑料的配制

① 先将称量好的树脂、引发剂、着色剂、脱模剂、部分填料等逐个加入到高剪切型的搅拌机中搅拌至均匀，然后再缓慢加入剩余的填料混合搅拌均匀，最后加入增稠剂搅拌 3～4min，使各组分均匀分布在树脂中制得树脂糊。

② 把制得的树脂糊加入到捏合机内，在搅拌下逐渐加入纤维，捏合 6～7min，使纤维全部浸透，直至无白色纤维时即可出料，分摊放置，待稠化后包装。

③ 为了使团状模塑料更加致密，并便于以后的成型操作，可用挤出机挤成条状或丸状，熟化后用聚酯薄膜密封包装，储存备用。

BMC 可以采用模压、注射或压注（传递模塑）等成型工艺制成复合材料制品。

1.1.2　预浸法

1.1.2.1　原材料

（1）增强材料　一般都采用连续无捻粗纱。

（2）树脂胶液配方　按配方先将环氧树脂和酚醛树脂进行混合，再将 MoS_2 溶于丙酮，然后倒入树脂中充分搅拌后，使树脂胶液的相对密度在 1.00～1.025 的范围内。树脂胶液配方见表 1-10。

表 1-10　树脂胶液配方

原料名称	E-42 环氧树脂	616 酚醛树脂	MoS_2	丙酮	玻璃纤维
配比/质量份	60	40	4	100	150

1.1.2.2　预浸法模塑料制备

预浸法模塑料是将玻璃纤维束从纱架导出，经集束环进入胶槽，进行常温浸渍，在 100～160℃烘箱中烘干，纤维牵引速度为 1～1.5m/min，用切割机切割成定长的预浸料。

例如玻璃纤维增强环氧酚醛（6：4）树脂。

① 纤维从纱架导出，经集束环进入胶槽浸胶。

② 环氧酚醛（6：4）胶液相对密度控制在 1.00～1.03。

③ 纤维牵引速度为 1.20～1.35m/min。

④ 纤维经浸胶后通过刮胶辊进入第 1、第 2 级烘箱烘干，第 1 级温度为 110～120℃，第 2 级则为 150～160℃。

⑤ 经烘干的预浸料由牵引辊引出。

⑥ 引出的预浸料进入切割机，切成所需长度。

在预浸料制备中主要控制的参数有树脂溶液相对密度、烘箱各级温度及牵引速度等。

1.1.3 层铺法（SMC）

1.1.3.1 原材料

（1）增强材料 部分生产厂家 SMC 用无碱玻璃纤维合股无捻粗纱（适用于增强不饱和聚酯树脂、乙烯基树脂）的品种：巨石集团有限公司的产品牌号有 440、442C、410、456、458A、448 和 440A 等，其线密度规格有 2400tex、4392tex、4400tex、4500tex 和 4800tex 等。淄博中材庞贝捷金晶玻纤有限公司的产品牌号有 5545、5530、5509、5524、PF7009 和 PF7024 等，其线密度规格为 4436tex 和 4430tex，单丝公称直径为 16μm。

（2）基体树脂

① 不饱和聚酯树脂 SMC 用不饱和聚酯树脂作为一类树脂，产品的用途不同，对树脂的要求也不尽相同。但与通用型树脂相比，SMC 树脂还是具有自己的特点。

② 乙烯基酯树脂 普通乙烯基酯树脂由于分子中不含羧基，所以用氧化镁作为增稠剂时没有不饱和聚酯树脂具有的那种增稠特性。用酸酐对乙烯基酯树脂进行改性，可使树脂的分子带有羧基，从而使树脂具有增稠特性，以满足模压料的应用需要。常用的酸酐有顺丁烯二酸酐和邻苯二甲酸酐。上纬（上海）精细化工有限公司有 SW976 和 SW978 等，华东理工大学华昌聚合物有限公司 SMC 用商品乙烯基酯树脂有 MFE751。

③ 环氧树脂

④ SMC 用酚醛树脂（PF-SMC） SMC 用酚醛树脂有江门市昆益树脂材料科技有限公司生产的 KT-7207 和 KT-7209 以及常熟东南塑料有限公司生产的 NR9440 等。

（3）填料 填料是用来降低模压制品的生产成本或改善某些物理性能（如表

面硬度、固化放热效应等）和化学性能（如耐化学试剂腐蚀性等）的固体物质。在配方中，由于各原材料本身的黏度不同，以不同的比例加以混合，所得到的树脂糊黏度也各不一样。其次是同一种填料，填料的粒度和吸油值的不同，对黏度的影响也较大。粒度和吸油值是一对矛盾，相对来说，粒度越小，吸油值就越大；反之则相反。不同吸油值的填料对树脂糊的黏度也有很大影响。所以在选择填料时，除了要考虑制品本身的功能特性外，还要根据工艺的要求合理选择一定粒度的填料。

用作不饱和聚酯树脂 SMC 的填料，一般采用重质碳酸钙的粉体，其特点是：颗粒形状不规则，是多分散粉体；粒径分布较宽；粒径大，平均粒径一般为 $5\sim10\mu m$。

氢氧化铝的粒径越小，比表面积就越大，阻燃效果也越好。阻燃用的氢氧化铝粉多经过表面处理，且多与其他阻燃剂复配使用，因为单一的氢氧化铝的阻燃性较差，达到一定阻燃级别所需的用量太大，从而会降低被阻燃材料的力学性能及其他有关性能。

氢氧化铝对不饱和聚酯树脂燃烧性能的影响：在不饱和聚酯树脂（PC-H-1097 邻苯型）中添加不同量的氢氧化铝，其浇铸体的燃烧性能见表 1-11。

表 1-11　氢氧化铝含量对不饱和聚酯树脂浇铸体燃烧性能的影响

序号	1	2	3	4	5	6
氢氧化铝添加量/%	0	15	25	35	45	55
氧指数/%	19.7	21.0	21.8	22.5	23.0	24.0
实验现象	轻微熔滴，大量黑烟	无熔滴，大量黑烟	无熔滴，较多黑烟	无熔滴，较少黑烟	无熔滴，较少黑烟	无熔滴，很多黑烟

氢氧化铝加入量对树脂糊黏度的影响见图 1-5。

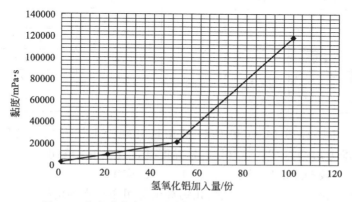

图 1-5　氢氧化铝加入量对树脂糊黏度的影响曲线

另外硫酸钡、高岭土、滑石粉等也可用作 SMC 的填料。

（4）增稠剂　不饱和聚酯树脂固化没有 B 阶段，要用作 SMC 的基体必须添加增稠剂。增稠剂是指在一定条件下，能够与树脂产生物理交联作用，使树脂的表观黏度迅速增加的物质。增稠是制备 SMC 的关键技术之一。

可用作增稠剂的材料很多，有无机增稠剂，也有有机增稠剂。

① 无机增稠剂　活性轻质氧化镁用作不饱和聚酯树脂的增稠剂，用量一般为树脂质量的 0.3%～3%。氧化镁的制备方法不同，增稠活性往往差异很大，氧化镁的活性对树脂糊的增稠速率的影响（增稠剂用量同为树脂质量的 3%）见表 1-12。

表 1-12　不同活性值的氧化镁增稠树脂的黏度随时间的变化值　　单位：Pa·s

增稠时间/h	0	1	2	4	6	8	10	12	14	21
活性氧化镁	7.849	7.849	88	390	740	7000	—	—	—	—
轻质氧化镁	7.849	7.849	9.932	85	170	270	370	480	590	1300

表 1-12 中数据表明：活性高的活性氧化镁（碘吸附值为 45.8mg/g）黏度达到 7000Pa·s 需要 8h，而活性低的轻质氧化镁（碘吸附值为 31.15mg/g），则需要 21h 才能使树脂黏度达到 1300Pa·s，仅为前者的 1/5。

增稠剂的增稠速率不仅可以通过控制增稠剂的加入量来调节，还可通过选用不同品种的增稠剂或混合增稠剂来调节和控制，以达到 SMC 所需的黏度（见表 1-13）。

表 1-13　增稠剂对不饱和聚酯树脂黏度的影响

（不饱和聚酯由顺酐：苯酐：丙二醇＝1：1：2 组成，占 70%，苯乙烯占 30%）

增稠剂及其用量/%				黏度/Pa·s		
CaO	Ca(OH)$_2$	MgO	Mg(OH)$_2$	初始	7d	14d
0	0	0	0	1.65	1.65	1.65
0	0	3.6	0	1.65	10.2×10^3	—
0	3.3	1.8	0	1.65	6.5×10^3	—
0	0	1.8	2.6	1.65	5.8×10^3	—
2.5	0	1.8	0	1.65	4.2×10^3	—

表 1-13 中，轻质 MgO 和 CaO 的用量分别为不饱和聚酯树脂的 1.8% 和 2.5%，该配方增稠显著，特点是起始黏度低，抑制起始黏度增长的时间长，后期增稠快，是较理想的增稠体系，已获得广泛应用。

另外氢氧化镁、氧化钙、氢氧化钙等也可用作树脂的增稠剂。

② 有机增稠剂　主要有结晶不饱和聚酯树脂、甲苯二异氰酸酯（TDI）和聚合 MDI 等。

结晶不饱和聚酯树脂的增稠是一种物理增稠过程。结晶不饱和聚酯树脂的熔点一般为 55℃ 左右，在这个温度以上时，结晶不饱和聚酯树脂熔化为液体，从而均匀地分散于整个 SMC 体系内以达到降低树脂黏度和浸渍增强材料的目的。当冷却至室温，结晶不饱和聚酯树脂又恢复至固态相，从而使 SMC 达到"机械增稠"而不粘手的目的。整个增稠过程需要使预混料保持在 55℃ 以上。采用结晶不饱和聚酯树脂增稠剂的 SMC 配方见表 1-14。

表 1-14　采用结晶不饱和聚酯树脂增稠剂的 SMC 配方

指标	不饱和聚酯树脂	结晶型聚酯	低收缩添加剂	苯乙烯	引发剂	硬脂酸锌	碳酸钙 ($4\mu m$)	Byk W-995	玻璃纤维
A 级表面	51.8	21	37	5	1.5	1	210	3	25～29
低收缩	56.5	24	39	8	1.5	1	210	3	28～30
零收缩	63	31	22	15	1.5	1	210	3	27～29

（5）引发剂　SMC 的固化还是要依赖于引发剂的作用，主要应用的引发剂有过氧化苯甲酸叔丁酯（TBPB）、过氧化苯甲酰（BPO）、过氧化二异丙基苯、异丙基苯过氧化氢、1,1-双（过氧化叔丁基)-3,3,5-三甲基环己烷、2,5-二甲基-2,5-二（叔丁基过氧）己烷（AD）、2,5-二甲基-2,5-双（过氧化苯甲酰）己烷、2,5-双（2-乙基己酰过氧化)2,5-二甲基己烷等。

（6）稀释剂　树脂黏度较大时给成型加工带来困难，而稀释剂的主要作用是降低基体树脂的黏度，使基体树脂具有良好的润湿和浸透纤维的能力。酚醛树脂常用乙醇为稀释剂，不饱和聚酯树脂的常用稀释剂为苯乙烯，前者为非活性稀释剂，不参与树脂固化反应，后者是活性稀释剂，参与树脂固化反应。

（7）阻聚剂　常用的阻聚剂有对叔丁基邻苯二酚、2-叔丁基对苯二酚及 2,6-二叔丁基对甲酚等。

（8）低收缩剂　低收缩添加剂/低轮廓添加剂是 SMC/BMC 生产过程中一种非常重要的关键原材料。普通不饱和聚酯树脂固化时体积收缩率达 7%～10%。对 SMC 来说，加入热塑性树脂可以改善预浸料的工艺性，减少缩孔，避免预浸料压制过程中产生树脂堆积和制品开裂，从而达到降低收缩率的目的。适当选用低收缩添加剂可使树脂压制过程中收缩量降至接近于 0。常用的低收缩剂有低密度聚乙烯粉、聚苯乙烯、聚醋酸乙烯酯和饱和聚酯等。

（9）润湿分散剂　润湿与分散是两种不同的作用，但有时往往是由同一种物质所完成，有润湿作用的物质往往也具有分散作用，故有时也统称润湿分散剂。

加入填料会使树脂糊的黏度升高。BYK 的润湿分散剂能使填料的加入方便快捷并降低树脂糊的黏度。其结果是高填料填充量成为可能。低黏度的树脂糊可加快对玻璃纤维的浸润性，如 PS 或 SBS 与 UP 树脂不相容会造成树脂糊中的相分离。使用 BYK 的助剂，既可提高两相的相容性，又能在储存和加工时稳定树脂糊。润湿分散过程为：①润湿，②分散，③稳定。

1.1.3.2 SMC（片状模塑料）成型

不饱和聚酯树脂 SMC 是增稠剂、引发剂、交联剂、低收缩添加剂、填料、内脱模剂和着色剂等混合成树脂糊浸渍玻璃纤维短切原丝（原丝长度约 25mm，含量约 30%），并在两面用聚乙烯或聚丙烯薄膜包覆起来形成的片状模压成型材料。使用时，只需将两面的薄膜撕去，按制品的尺寸裁切、叠层，放入模具中加温加压，即得所需制品。

酚醛 SMC 是在制造聚酯 SMC 的设备中制备的，制备工艺与聚酯 SMC 相似，且与聚酯 SMC 不相互作用。酚醛 SMC 制造后要在室温下存放 4d，以达到一定的稠度，不需要进行特殊熟化处理。同聚酯 SMC 一样，酚醛 SMC 也需要两层聚乙烯薄膜保护，而且在 SMC 料熟化后保护膜能够容易地剥去。

SMC 的工艺参数：幅宽 0.45~1.5m；厚度 1.3~6.4mm；纤维含量 25%~35%；纤维长度 12~50mm；纤维取向任意；聚乙烯薄膜厚度 0.05mm；单重 2~6kg/m²，一般为 3~4kg/m²；树脂糊浸渍黏度 10~50Pa·s；树脂糊涂覆量 3~12kg/min。

（1）胶液配方

① 不饱和聚酯树脂　用作 SMC 的基体树脂主要是不饱和聚酯树脂，不饱和聚酯树脂 SMC 的配方主要由三部分组成：一是不饱和聚酯树脂胶液，除含有不饱和聚酯树脂之外，还有增稠剂、引发剂、低收缩剂、内脱模剂、色浆，有的配方中还添加阻聚剂；另外就是填料和增强纤维。三者之间大约各占 1/3。不饱和聚酯树脂几种典型的 SMC 配方见表 1-15。

表 1-15　不饱和聚酯树脂几种典型的 SMC 配方　　　　单位：质量份

物料名称		1#	2#	3#	耐腐蚀型	低收缩型	阻燃型
不饱和聚酯树脂		60	26.6	100	100	100	100
低收缩剂	Epolac AP-100		6.6				
	聚苯乙烯溶液①	40					33
	热塑性聚合物			1~10		25~40	
稀释剂	苯乙烯						9.2
引发剂	过氧化苯甲酸叔丁酯	0.9	0.3	1	1	1	1.28
	BPO	0.1					
阻聚剂	对叔丁基邻苯二酚	0.00005					0.34
增稠剂	活性氧化镁	1.8	0.23	1~2	1~2	1~2	1.34
	氧化钙	2.5					0.32
色浆	专用色浆	0.25	2.3	2~5			5

	物料名称	1#	2#	3#	耐腐蚀型	低收缩型	阻燃型
脱模剂	硬脂酸锌	5	0.6	1~2	1~2	3~4	5.2
填料	碳酸钙		33.2	70~120		120~180	
	陶土	40					
	滑石粉	10					
	BaSO$_4$				60~80		
	氢氧化铝 F-2						8.80
	氢氧化铝 F-8						91.20
	氢氧化铝 F-10						61.00
阻燃剂	三氧化二锑						4.80
专用玻璃纤维		55.5	30				138.00

① 聚苯乙烯溶液指 40％的聚苯乙烯、苯乙烯溶液，即聚苯乙烯：苯乙烯＝40：60，黏度为 10200mPa·s。

在树脂中加入异氰酸酯增稠剂，可以得到互穿聚合物网络（IPN）使树脂增稠，见表1-16。

表1-16 IPN 不饱和聚酯树脂型 SMC 配方

组分	IPN 树脂	低收缩添加剂	催化剂	脱模剂	填料	异氰酸酯增稠剂	玻璃纤维	共计
用量质量份	70	30	1	3	100	29	400	633

② 乙烯基酯树脂 乙烯基酯树脂糊配方见表1-17，图1-6为生产车间实测树脂糊增稠曲线。

表1-17 乙烯基酯树脂糊配方

原料名称	SW 978	SW 7310	氧化镁	过氧化苯甲酸叔丁酯	硬脂酸锌	氢氧化铝 F-2	氢氧化铝 F-8	氢氧化铝 F-10	专用灰色色浆
用量/质量份	80	20	2.5	2	5	3	28	19	4

③ 乙烯基酯树脂与不饱和聚酯树脂同时使用 乙烯基酯树脂 SMC 压制的产品与不饱和聚酯树脂 SMC 压制的产品相比较，力学性能提高了，但是表面质量较差，要提高其产品的外观质量必须使用一些助剂，因此而提高了成本。现将乙烯基酯树脂和不饱和聚酯树脂混合使用，当提高不饱和聚酯树脂含量，制品表面质量提高，但是制品力学性能有所下降，调节两种树脂的比例，使其既能满足制品的外观要求，也能满足制品的性能要求。以乙烯基酯树脂：不饱和聚酯树脂＝

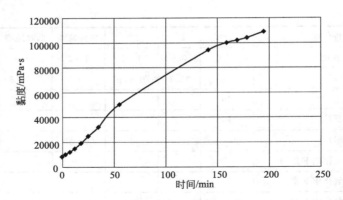

图 1-6　生产车间实测树脂糊增稠曲线

40∶40 为例，其树脂糊配方见表 1-18，图 1-7 为生产车间实测 1# 配方树脂糊增
稠曲线。2# 配方添加 1 质量份的 BYK-P9065，SMC 模压件的表观质量有所改
善，脱模方便，若配方中添加 4 质量份的 BYK-P9065，就不需要再添加脱模剂，
不仅可以脱模，而且模压件外观更加光亮。图 1-8 为生产车间实测 2# 配方树脂
糊增稠曲线。

表 1-18　乙烯基酯树脂∶不饱和聚酯树脂＝40∶40 树脂糊配方

单位：质量份

原料名称	SW 978	P17-902	SW 7310	LP4016	氧化镁	过氧化苯甲酸叔丁酯	硬脂酸锌	氢氧化铝 F-2	氢氧化铝 F-8	氢氧化铝 F-10	专用灰色色浆	BYK-P9065
1#	40	40	40		2.5	2	5	6	56	38	4	
2#	40	40	20	20	2.5	2	5	6	56	38	4	1

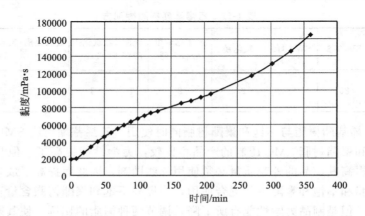

图 1-7　生产车间实测 1# 配方树脂糊增稠曲线

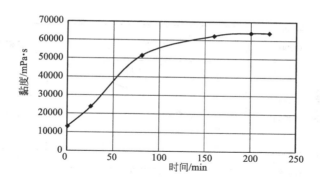

图 1-8　生产车间实测 2# 配方树脂糊增稠曲线

　　按 BMC 组成，无捻粗纱切断的长度为 20mm 及添加的纤维量符合 BMC 的要求，在 SMC 机组上制得短纤维 SMC。用此方法制得的短纤维 SMC，由于纤维与树脂糊铺放均匀，压制成的制品表观质量比采用捏合器搅拌方法制得的 BMC 好。若 BMC 需要量不是太大，在同一台机组上生产，可节省另外设备的投资，而且该方法连续运行，降低了劳动强度，减少了操作人员。短纤维 SMC 树脂糊的配方见表 1-19，图 1-9 为生产车间实测 3# 配方树脂糊增稠曲线，图 1-10 为生产车间实测 4# 配方树脂糊增稠曲线，图 1-11 为生产车间实测 5# 配方树脂糊增稠曲线。

表 1-19　短纤维 SMC 树脂糊的配方　　　　　　　　　　单位：质量份

原料名称	3#	4#	5#
SW 978	40	80	80
P17-902	60		
SW 7310	30	20	20
LP4016	20		
BYK-W972	4		
过氧化苯甲酸叔丁酯	2	2	2
专用灰色色浆	4	4	4
硬脂酸锌	5	5	5
氢氧化铝 F-2	9	3	3
氢氧化铝 F-8	84	28	
氢氧化铝 F-10	57	19	19
碳酸钙			28
氧化镁	3	2.5	2.5

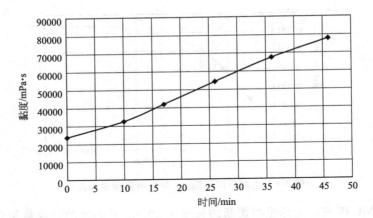

图 1-9　生产车间实测 3# 配方树脂糊增稠曲线

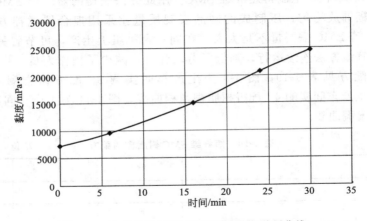

图 1-10　生产车间实测 4# 配方树脂糊增稠曲线

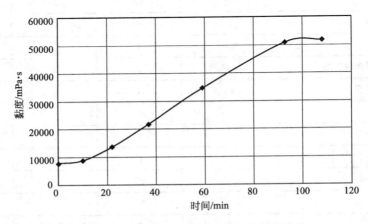

图 1-11　生产车间实测 5# 配方树脂糊增稠曲线

④ 环氧树脂胶液组成及配比

a. 二异氰酸酯化合物对环氧树脂有增稠的效果，随着增稠剂用量的增加、异氰酸酯预聚体分子量的提高、环境温度的上升、固体环氧树脂加入量的增加，环氧树脂增稠的速度加快。用 TDI 增稠环氧树脂具有较好的热流动性；随闭模速度和环氧 SMC 黏度增加，片材流动所需变形功增加，所需模压压力增大。

b. MgO 和 α-甲基丙烯酸配合可增稠环氧树脂，随着 MgO 加入量的增加，环氧树脂增稠的速度加快；MgO 与 α-甲基丙烯酸配比为 3∶1 时，增稠环氧树脂的效果较好；推测环氧树脂的增稠机理是 α-甲基丙烯酸中的端羧基与氧化镁反应，放出热量促使其端羧基与环氧树脂中的仲羟基反应，上述反应生成水产生的氢键和羰基与氧化镁中的金属原子形成络合物，共同导致环氧树脂的黏度增加。

⑤ 酚醛树脂　对于 PF-SMC 这种半成品，既要具有足够大的黏度以保持硬度，又要在高温高压下具有可变性和柔软性，还要在储存中保持稳定，也就是说，不能导致流淌树脂，不能由于自聚的变化而产生硬化。氢氧化钙和氧化镁对酚醛 SMC 的增稠作用：UP-SMC 的增稠一般用氧化镁作增稠剂，其增稠分为两个阶段，即氧化镁与不饱和聚酯中的羧基基团成盐和配位反应生成配位络合物。酚醛 SMC 的增稠是一个更复杂的问题，其增稠机理尚无详细文献报道。

实验中所用酚醛树脂含有 3% 的羧基基团，远比不饱和聚酯的羧基含量低，虽然氧化镁和氢氧化钙能与酚醛树脂中的羧基基团成盐和配位反应形成配位络化物，但只能达到部分增稠。而其余部分的增稠来自酚醛树脂的羟基与钙的络合以及与填料表面的羟基形成的氢键。这样最终形成一个大的准交联网络结构，从而达到整体增稠。

作者用 KT-7209 酚醛做了增稠试验，KT-7209 酚醛树脂黏度为 4000mPa·s（可能是放置时间较长，黏度偏大），在 300g 树脂中加入 39g 氧化镁增稠剂，手工搅拌均匀，其混合物黏度变化见表 1-20。

表 1-20　酚醛树脂增稠数据

时间	10:20	10:21	10:22	10:23	10:25	10:27
温度/℃	29.9	31.3	32.7	33.4	34.3	34.9
黏度/mPa·s	29000	32400	41400	49600	73800	107000

酚醛片状模塑料配方见表 1-21。

表 1-21　酚醛 SMC 配方　　　　　　　　　　　　　单位：质量份

配方	酚醛树脂 NR9440	脱模剂 硬脂酸锌	填料石粉	固化剂 增强剂 R	增稠剂 MCA	玻璃纤维
1#	100	1.0	60～80	0.5	5～6	45～60
2#	100	0.5	80	26.7	13.35	85.8

注：1# 配方增稠时间：40℃/72h。

（2）树脂糊的制备及上糊操作　树脂糊的制备一般有如下三种方法。

① 批混合法　批混合法是将计量后树脂、低收缩剂、固化剂、颜料、脱模剂、填料等加入反应釜中搅拌均匀，最后加入增稠剂搅拌 10min，黏度一般控制在 30～50Pa·s。要求增稠剂加入 30min 后黏度低于最大允许值。用批混合法制成的树脂糊的储存寿命受增稠黏度限制，时间过长树脂开始快速增稠，影响对玻璃纤维的浸渍。但设备造价低，适于小批量生产。

② 批混合/连续混合法　该工艺的特点是用两个混料釜系统混合：一个釜里装不饱和聚酯树脂、低收缩添加剂、引发剂、脱模剂和填料；另一个釜里装载体树脂、着色剂、增稠剂。生产时，用计量泵通过混合器进行混合。

③ 连续混合法　连续混合法是将树脂糊分成两部分单独制备，然后通过计量装置进入静态混合器。混合均匀后连续喂入到 SMC 成型机的上糊区。在双组分配制中，A 组分含有树脂、引发剂和填料。B 组分含有惰性聚酯或其他载体、增稠剂和少量作悬浮体用的填料（见图 1-12）。

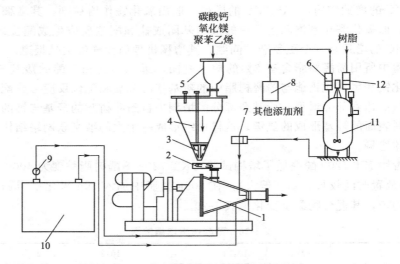

图 1-12　树脂糊连续混合供料系统

1—带挤压卸料头的旋转供料器；2—预混合供料器；3—带搅拌器的下料斗；4—脉动料斗；

5—带式混合器；6—计量泵；7—树脂泵；8—引发剂储箱；9—泵；10—冷却器；

11—反应釜；12—树脂泵

（3）上糊量控制　上糊量指 SMC 每平方米面积所需树脂糊质量。刮板与聚乙烯薄膜间的距离，是控制上糊量的主要方法。下薄膜上的树脂糊量由刮刀来控制，刮刀放置在薄膜两边的支座上，通过升降刮刀来控制与薄膜的间隙。单位面积树脂糊的质量和单位面积 SMC 的质量是通过负载传感器的数字显示的。数据精确至 1%。产生的信号又可自动反馈调节刮板以得到单位面积预定的树脂糊质量。

（4）玻璃纤维的切割及沉降（见图 1-13）　将 SMC 用短切玻璃纤维引入三

辊切割器切割成要求长度而成，产生的短切玻璃纤维依靠其自重，在沉降室内自然沉降。为使短切玻璃纤维沉降均匀，在切割下可设置相应装置或吹入空气，切割器的宽度应大于片材的幅宽，并可根据工艺要求设置切割器，连续玻璃纤维的进料速度（切割速度）一般以 80～130m/min 为宜，过快易使纤维产生静电，严重影响短切玻璃纤维的均匀分布；过慢则粗玻璃纤维纱分散性不好，并降低生产效率，解决静电相应的方法有严格控制切割区域的温度和相对湿度（要求 RH 50％～65％）、在浸润剂中加入抗静电剂、在切割器及纤维导入设备上安装静电消除器等。

另外纱团数 z 越多，沿刀辊轴向纱的排布越均匀，越有利于纤维的均匀分布，但它受到设备结构限制。纱团的计算公式为：

$$z = (1000v_主 kk_1k_2b)/(k_3v_切) = (1000v_主 kk_1k_2b)/(k_3\pi Dn_切) \qquad (1\text{-}1)$$

式中　$v_主$——片材生产车速，m/min；

　　　b——SMC 片宽，m；

　　　D——切割辊直径，m；

　　　k——纤维支数；

　　　$n_切$——切割辊转速，r/min；

　　　k_3——纤维股数。

（5）浸渍和压实　为使纤维被树脂浸透、驱赶气泡和使片状模塑料压实成均匀的厚度，有两种浸渍压实结构，即多滚筒的环槽压辊式与双层金属网带式。

① 环槽压辊式浸渍装置　环槽压辊式浸渍压实机构由一系列上、下交替排列的成对滚筒组成。每对滚筒的上压辊（小辊）外表带有环槽，下辊（大辊）外表面是平的。于是，当片料通过滚筒时，在环槽的凸凹部分别形成高、低压区。由于相邻两个槽辊的环槽是错开的，这样片料在通过下对辊时，低压区逐渐变成高压区。如此反复数次，使物料沿滚筒轴向来回流动，反复挤压混合，起到均匀混合和充分浸渍的作用。

② 双层金属网带式浸渍装置　上下薄膜夹带 SMC 料进入两个同步运行的金属网之间，上下网带分别有主动辊拖动和张紧辊张紧，位于网带外侧布有上下压辊，张紧辊和压辊均为主动辊，下压辊可以上下移动，当下压辊提起时，使网带和 SMC 料呈波浪形不断前进，物料在网带的压力和不断搓动下达到充分的浸渍。

（6）收卷、熟化与存放

① 熟化条件　当 SMC 片材收卷完成后，一般要经过一定的增稠时间（熟化）后才能使用，熟化目的是除去大部分挥发物，降低压制时模压料的流动性、模压制品的收缩率，增加尺寸稳定性等。熟化室温度为 45℃，乙烯基酯放置 24h。目前也有在 SMC 机组上增设增稠区域或采用一些新型的增稠剂，SMC 制备成片材后即可进行压制。

PF-SMC 熟化：生产出的 PF-SMC 需要在 30～70℃ 的恒温内经过 24～100h

的熟化处理，至物料不粘膜为止。与 UP-SMC 一样，熟化要适当，防止硬化影响加工制品。熟化应仔细管理，作为 PF-SMC 质量管理点。PF-SMC 在储存中也稍微进行缩合反应及固化，在 10℃低温环境下保存，在 3 个月内能够保持容易使用的硬度。NR9440 酚醛树脂熟化时间是 40℃下 24～36h。

② 熟化程度测定　SMC 熟化程度有的厂家仍采用针入度法测量；有的厂家是将同批树脂糊用聚乙烯薄膜包裹，到时测黏度。

1.1.3.3　TMC（厚片模塑料）

TMC 组成与制作同 SMC 类似。SMC 一般厚 0.63cm，而 TMC 厚度达5.08cm。由于厚度增大，纤维随机分布，从而增强了物料混合效果，提高了流动性，改善了浸透性。由于聚乙烯薄膜用量的减少，从而降低了模塑料成本。TMC 自 1976 年出现以来，已成为比 SMC 与 BMC 应用范围更广的模塑料。

TMC 成型工艺是玻璃纤维粗纱由切割辊定长切割，通过料斗下部的挡板落到浸渍辊上，树脂糊通过计量泵送到浸渍辊的表面，使树脂与纤维在浸渍辊上混合，并被两个快速反向转动的辊子捏合。两辊的间隙直接影响纤维的浸渍效果。一般在捏合后，纤维已经被浸透。工艺要求纤维的长度为 6～50mm。浸渍纤维与树脂的比例由浸渍辊转速控制。预浸纤维离开浸渍辊的捏合区域后，由离浸渍辊很近的均匀转动的两个刮辊刮下。刮辊直径为 100mm，高速转动产生离心力，把混合料放到下面的薄膜上。混合料随薄膜移动，并由另外一薄膜覆盖上，然后进入压实区域，压平后成为片材。薄膜的运行速度控制 TMC 的厚度，TMC 较 SMC 厚得多，不易收卷，因此，在机器的末端将 TMC 按照一定长度切断，包装成箱。TMC 生产设备面积很小，因此，大大减少了苯乙烯的挥发（如图 1-13 所示）。

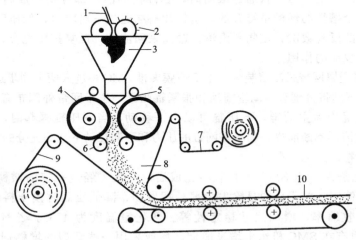

图 1-13　TMC 的生产过程

1—玻璃纤维粗纱；2—切断器；3—短玻璃纤维粗纱；4—浸渍辊；5—树脂糊；
6—刮料辊；7,9—聚乙烯薄膜；8—TMC 混合料；10—TMC 模塑料

1.1.3.4　HMC（高强模压料）

高强模塑料（HMC）的显著特色是采用韧性好的玻璃纤维，且含量高，通常为 40%～60%，在树脂糊中使用了乙烯基酯树脂，其制品具有高的力学性能，一般为 SMC 的 2 倍，耐化学药品性优良。美国匹兹堡玻璃板（PPG）工业公司 HMC 与一般 SMC 比较见表 1-22。

表 1-22　HMC 与 SMC 性能比较

性　能	测试方法	SMC	HMC		
			灰色	黄色	灰色（-40℃）
拉伸强度/MPa	D-638	84	175	173	202
拉伸模量/GPa	D-638	1.20	1.80	1.80	0.84
弯曲强度/MPa	D-790	189	371	357	397
弯曲模量/GPa	D-790	1.3	1.5	1.4	1.5
冲击强度（缺口）/(J/m)	D-256	800	1066	1013	1045
收缩率/%	D-955	0	0	0	0

HMC 配方见表 1-23，图 1-14 为生产车间实测 HMC 配方树脂糊增稠曲线。

表 1-23　HMS 配方

乙烯基酯树脂/质量份	聚苯乙烯溶液/质量份	TBPB/质量份	硬脂酸锌/质量份	色浆/质量份	氢氧化铝F-8/质量份	氧化镁/质量份	树脂糊黏度/mPa·s	玻纤含量/%
80	20	2	5	4	20	2.5	4200	47～51

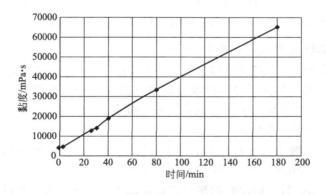

图 1-14　生产车间实测 HMC 配方树脂糊增稠曲线

上述配方树脂糊对玻璃纤维浸透性较好，片料厚度均匀，玻纤含量比较合适。由于玻纤含量达到 50% 以上，材料的弯曲和冲击强度比常规 SMC 提高 50%，但由于玻纤含量较高，材料的流动性不佳，不太合适压制型腔复杂的产品，同时由于玻纤含量高，模压时需要用较高的压力，对模具的要求也较高。

1.1.4 悬浮浸渍法

将粉末（或纤维）状树脂和6～25mm的短切玻璃纤维在搅拌器内加水及泡沫悬浮剂（絮凝剂）搅拌成均匀的悬浮料浆，用泵输送到细密的传送网带上，经真空减压脱水，形成湿毡，再经干燥，收卷切断为干毡卷，其厚度为1.5～4mm。这种干毡可以直接装模，在对模中压制成制品，也可以在连续复合机上压制成片状模型料。工艺过程如图1-15所示。

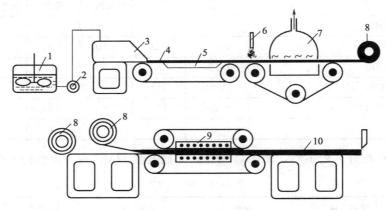

图1-15 悬浮浸渍法生产片状模塑料工艺过程示意图

1—拌浆槽；2—泵；3—浆槽；4—浆料；5—真空脱水器；6—喷黏结剂；

7—烘箱；8—坯料；9—加热加压器；10—片状模塑料

该生产工艺的特点是纤维和树脂分布均匀，纤维含量为20%～70%，产品厚度为1.27～6.35mm，此法除用玻璃纤维外，还可以用碳纤维等其他纤维。

1.1.4.1 玻璃纤维增强聚丙烯和PET

悬浮浸渍法生产玻璃纤维增强聚丙烯和PET片材工艺过程如下。

① 聚丙烯粉末与异丙醇进行混合以增加其在水中的分散性。当粉末被异丙醇充分浸润后，将等量的水加入混合物中，使其具有可灌注性。使用PET粉末时，则不需要使用异丙醇。

② 芳族聚酰胺浆料分散在水中，浓度为4g/L，进行10min的高速混合。典型的纤维长度为2mm，有效直径可达到20μm。

③ 混合3min后，将浸润的聚合物粉末加入芳族聚酰胺浆料混合物中。

④ 最后将玻纤和预分散好的浆料聚合物添加至装有750L、30℃水，容积为2000L的混合槽中。浆料中固体的总含量范围在4.6～5.3g/L，或接近0.5%总量。随后浆料被泵送至倾斜线缆机的混合头中，不断搅拌，保持分散状态。连续经过滤网进入混合头，速度为1m/min。过滤出的基材在150℃的炉中干燥，制

成 0.62mm 厚的片材。

1.1.4.2　长碳纤维增强聚苯硫醚

　　长碳纤维增强聚苯硫醚实验室制备方法：以 12L 水为介质，称取一定质量的碳纤维（12K-T700）和聚苯硫醚纤维（200D/50f）放入带有搅拌装置的容器内，开启搅拌，设置搅拌转速为 200r/min，当搅拌速度稳定后，慢慢加入纤维和分散剂，搅拌 15min 后快速排尽水，获得混合纤维坯料。将混合坯料置于110℃的烘箱内干燥 12h 即可。

1.1.5　造粒

1.1.5.1　短纤维粒料制备

　　短纤维粒料中的纤维是均匀分布在树脂基体中，适用于柱塞式注射成型机和形状较复杂的制品生产，纤维在制品中的长度一般为 0.2～1mm。

　　（1）原材料

　　① 增强材料　用于增强热塑性塑料的短切纤维有玻璃纤维（直径为 10～20μm）、碳纤维、芳纶纤维和晶须等。

　　a. 挤出与注塑工艺用无捻粗纱　表 1-24 列出了巨石集团有限公司生产的热塑性塑料用无碱玻璃纤维无捻粗纱（纤维表面涂覆硅烷基浸润剂）的品种、性能及应用。

表 1-24　巨石集团热塑性塑料用无碱玻璃纤维无捻粗纱的品种、性能及应用[①]

产品牌号	纤维直径/μm	典型线密度/tex	适用树脂	产品特点
988A	13、14	1000、2000	PA、PBT、PET、AS、ABS	标准产品,FDA 认证
910	13	2000	PA、PP	耐水解性能优异
990	13	2000	PBT、PET	制品颜色佳

① 巨石集团有限公司 2015 年复合材料展览会产品说明书。

　　b. 短切原丝在热塑性树脂中的应用　巨石集团有限公司生产的热塑性塑料用无碱玻璃纤维短切原丝系采用硅烷基偶联剂、专用浸润剂配方，具有与 PA、PBT/PET、PP、AS/ABS、PC、PPS/PPO、POM、LCP 等基体树脂良好的相容性，优良的集束性和流动性，良好的成型加工性能，可赋予复合材料优异的力学性能和表面状态，增强热塑性塑料用无碱玻璃纤维短切原丝的品种有巨石集团有限公司的 560A、568H、534A、508A、508H、540H、510、510H、500 和584 等，PPG 公司的 HP3299、HP3540、HP3610 和 HP3786 等。

　　② 基体树脂　几乎所有的热塑性塑料都可以用纤维增强。对于熔融温度较低的热塑性塑料，如聚丙烯、聚氯乙烯、聚苯乙烯等，可直接将其加温熔融，连续纤维束喂进双螺杆挤出机内与熔融态树脂混合后挤出，由切割机切断，长度一

般为 3～6mm，纤维太长则使后面的注射成型困难。纤维含量有 20％、30％和 40％等。

熔融浸渍要想使高黏度的熔融态树脂（黏度高达 $10^3 Pa \cdot s$ 以上）在较短的时间内完全浸润纤维是困难的。要获得理想的浸润效果，就要求树脂的熔体黏度足够低，且在高温下足够长时间内稳定性好。因而聚苯硫醚（高温易氧化交联）、聚醚砜（熔体黏度高）等树脂实际上难以采用这种方法预浸。

短切玻璃纤维增强聚丙烯，采用通常的成型方法，玻璃纤维长度大约为 0.3～0.6mm；挤出造粒玻璃纤维长度为 0.5～1.0mm。将聚丙烯（熔体流动速率＝3～13g/10min）与玻璃纤维混合均匀，切粒即得增强聚丙烯。

（2）粒料生产工艺

① 单螺杆挤出机　此法是将短切玻璃纤维原丝与树脂按设计比例加入到单螺杆挤出机中混合、塑化、挤出条料，冷却后切粒。对于粒料树脂，要重复 2～3 次才能均匀。对于粉状树脂，则可一次挤出造粒（生产工艺过程如图 1-16 所示）。此法的优点是：纤维和树脂混合均匀，能适应柱塞式注射机生产。其缺点为：玻璃纤维受损伤较严重；料筒和螺杆磨损严重；生产速度较低；劳动条件差，粉状树脂和玻璃纤维易飞扬。

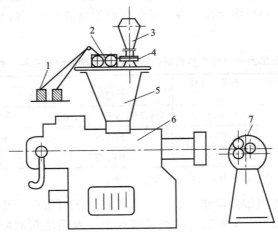

图 1-16　短切玻璃纤维增强粒料生产工艺过程示意图
1—玻璃纤维纱锭；2—切割器；3—加料斗；4—计量器；5—混料斗；6—挤出机；7—切粒机

② 单螺杆排气式挤出机　此法是将长纤维粒料加入到排气单螺杆挤出机中，回挤一次造粒。如果粒料中挥发物较少，则可用普通挤出机回挤造粒。

此法的优点是：生产效率高；粒料质地密实，外观质量较好；劳动条件好，无玻璃纤维飞扬。缺点是：用长纤维粒料二次加工，树脂老化概率增加；粒料外观及质量不如双螺杆排气式挤出机造粒好。如果考虑到长纤维造粒过程，其工序多，劳动生产率低。此法对设备要求不高，国内采用的厂家较多。

③ 双螺杆排气式挤出机（如图 1-17 所示）　此法是将树脂和纤维分别加入双螺杆排气式挤出机的加料孔和进丝口，玻璃纤维被左旋螺杆及捏合装置所破碎，在料筒内纤维和树脂混合均匀，经过排气段除去混料中的挥发性物质，进一步塑炼后经口模挤出料条，再经冷却、干燥（水冷时用），然后切成粒料。粒料中的纤维含量，可由调整送入挤出机的玻纤股数和螺杆转速来控制。单螺杆挤出机主要是靠机头压力产生均质熔体，双螺杆挤出机完全是靠螺杆作用使树脂充分塑化，并与纤维均匀复合（图 1-18）。因此，它除具有排气式单螺杆挤出造粒的优点外，可比单螺杆挤出机更有效地挤出造粒和利用松散物料。

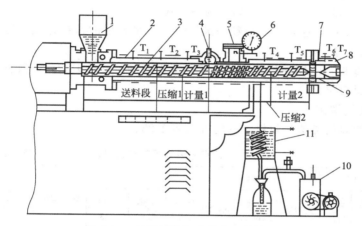

图 1-17　双螺杆排气式挤出机结构图

1—料斗；2—料筒；3—螺杆；4—节流阀；5—排气口；6—真空泵；

7—机头；8—口模；9—栅板；10—真空泵；11—冷凝器

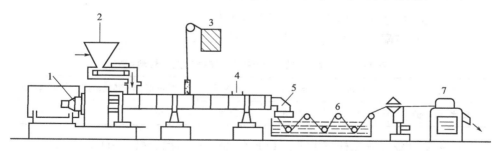

图 1-18　双螺杆排气式挤出机纤维粒料制备工艺流程图

1—计量带式给料器 ZSK/V；2—热塑性塑料；3—玻璃纤维粗纱；4—排气；5—条模；

6—水浴；7—料条切粒机

④ 造粒机头　按造粒机头的结构不同可分为如下几类。

a. 带自动压紧装置的造粒机头　这种机头的刀架后面设有弹性装置，可自动压紧刀架，压力大小可以通过螺杆来调节。

b. 锥形流道造粒机头　这种机头的流道形式为锥形，所以称为锥形流道造粒机头。

c. 圆形造粒机头　这种机头的外形为圆形，所以称为圆形造粒机头。

d. 芯棒式造粒机头　这种机头的内部设有芯棒结构，所以称为芯棒式造粒机头。

按机头内的压力大小可分为：低压机头（其料流压力小于 4MPa）。中压机头（其料流压力在 4～10MPa）和高压机头（其料流压力大于 10MPa）。

⑤ 切粒机　根据粒料相同的冷却方式，切料装置与机头配合各异，其造粒工艺流程与产量也不相同，有如下两种切粒方法。

a. 拉条切粒　这是挤出造粒中最简单、产量较低的造粒方式，适合于试验。其工艺流程如下：

挤出机→滤板与滤网→拉条机头→风冷或水冷却→旋转刀切粒→圆柱形颗粒料

b. 模面切粒

（3）实用举例

① 阻燃聚丙烯塑料粒料　其配方见表 1-25。

表 1-25　阻燃聚丙烯塑料粒料配方　　　　　单位：质量份

原材料	基材		阻燃体系			稳定剂体系/%			亚磷酸酯	金属皂类稳定剂	润滑剂
	聚丙烯	玻璃纤维	八溴醚	四溴双酚 A	Sb_2O_3	宁热101	宁热102	宁热103			
配方 1	80	20	16		6	10	7	4			
配方 2	100	20		16	6				4	适量	适量

② 阻燃、抗静电玻璃纤维增强尼龙 6 粒料

a. 原材料与配方　所用原材料与配方见表 1-26。

表 1-26　阻燃、抗静电玻璃纤维增强尼龙 6 粒料配方

原材料	PA6	增韧剂	阻燃剂	抗静电剂	其他助剂	玻璃纤维
配比/质量份	40～55	5～8	15～25	5～8	1～2	25～30

b. 主要设备　双螺杆挤出机：TSE-45 型；高速混合机：SHR-100A。

c. 制备工艺　按表 1-26 给出的配比称量所需的原材料，然后依次倒入高速搅拌机中，高速搅拌 10～30s，用双螺杆挤出机按表 1-27 所列的挤出工艺参数挤出、造粒。

③ PET/玻纤注塑专用料

a. 配方（见表 1-28）

表1-27 挤出工艺参数

项目	料筒温度 /℃				喷嘴温度 /℃	螺杆转速 /(r/min)	喂料电压 /V
数据	1段	2段	3段	4段	230～235	195～200	80
	195～205	205～215	215～225	225～230			

表1-28 PET/玻纤注塑专用料配方

原材料	PET	玻纤	改性剂A或改性剂B	填料	增韧剂	抗氧剂
含量/%	50～85	10～30	2～7	0～5	2～6	1～2

b. 制备工艺 先在高速混合机内加入PET切片、改性剂和各种助剂，混合均匀后取出，配以一定比例的玻纤在双螺杆挤出机上挤出，挤出料经水冷造粒。挤出工艺参数：塑化熔融温度240～275℃；喂料速度10～12r/min；螺杆转速100～120r/min；切粒速度300～500r/min。

c. 性能 表1-29列出了不同玻纤含量的PET/玻纤注塑专用料的性能。

表1-29 不同玻纤含量的PET/玻纤注塑专用料的性能

玻纤含量 /%	拉伸强度 /MPa	断裂伸长率 /%	弯曲强度 /MPa	弯曲模量 /GPa	冲击强度 /(J/m)	洛氏硬度 (R)	负荷变形 温度/℃
0	59.3	18.8	104.8	3.0	30.8	124.0	78.0
10	79.8	4.2	122.4	3.9	49.1	117.0	101.0
30	121.9	2.4	197.9	8.6	84.2	177.9	178.0

④ PBT节能灯专用料

a. 配方（见表1-30）

表1-30 PBT节能灯专用料配方　　　　　　　　单位：质量份

PBT	EVA	复合遮光剂R(Sb_2O_3+TiO_2)	十溴联苯醚	玻璃纤维
80～90	2～4	6～8	适量	适量

b. 制备工艺 将烘好的PBT、增韧剂、遮光剂、阻燃剂等经高速混合机混匀后，置于加料器中，定量从第一进料口加入，PBT专用玻璃纤维从第二加料口引入，在温度为220～230℃、螺杆转速为160～230r/min下，经双螺杆挤出机共混挤出、冷却、切粒得到遮光型阻燃增强PBT，即PBT节能灯专用料。

c. 性能 PBT节能灯专用料综合性能较好（见表1-31）。

表1-31 PBT节能灯专用料性能

冲击强度/(kJ/m²)	弯曲强度/MPa	拉伸强度/MPa	负荷变形温度/℃	透光率/%
12	150	110～120	220～230	0

⑤ 聚苯硫醚（PPS）/玻璃纤维粒料　制备聚苯硫醚（PPS）/玻璃纤维料粒应选用高温型、耐磨、耐腐蚀材质制造的双螺杆挤出机，其典型制备工艺见表 1-32，纤维增强 PPS 树脂性能见表 1-33。

表 1-32　典型的双螺杆挤出机制备 PPS/GF 料粒的工艺条件

温度控制	一区温度	二区温度	三区温度	四区温度	五区温度	六区温度	七区温度	八区温度	九区温度	机头温度
温度/℃	290	296	300	300	300	306	306	310	295	295

表 1-33　纤维增强 PPS 树脂性能

性能	拉伸强度/MPa	弯曲强度/MPa	弯曲模量/GPa	冲击强度/(J/m) 缺口	无缺口
40% GF R-4[①]	137	204	12	76	435
CF G-6[①]	170	230	22	88	390
Aramid GL-50-001[②]	165	257		167	

① R-4，G-6 为菲利浦石油公司产品。

② GL-50-001 为美国 Polymer Composites 公司产品。

⑥ 碳纤维粒料制造工艺　集束碳纤维经切断机切短到 3～7mm 长，加入到挤出机的加料斗，与热塑性树脂粒料定量混合，然后进入挤出机，在出口被切粒机切成所需长度的碳纤维增强塑料粒料。碳纤维的集束剂很重要，使其成束，便于控制切短长度，切短后又容易开纤，使其具有流动性，防止堵塞料斗。切短碳纤维与热塑性树脂粒料混合后，加入螺杆挤出机，使其充分混合均匀，采用双螺杆挤出机效果较好。

1.1.5.2　长纤维增强热塑性塑料粒料制备（LFT-G）

长纤维增强热塑性塑料（long-fiber reinforce thermoplastic，LFT）粒料是指将连续玻璃纤维用熔融的热塑性树脂充分浸渍后，通过定型模头，拉出成棒状或带状，切成不同长度（一般为 11～25mm）的纤维增强粒料。与传统的短纤维增强材料的生产方法不同，用这种方法生产的长玻璃纤维增强材料，由于玻璃纤维没有通过挤出机的混炼过程，不会因为螺杆的剪切作用而被切短，因此纤维的长度与所切粒子的长度一样，可达到能够注射成型的最大长度，通过采用合适的注射成型工艺，制品中的玻璃纤维长度仍然可以保持在 3～5mm 的长度（短玻璃纤维仅有 0.2～0.7mm）。

（1）原材料

① 增强材料　LFT 用无碱玻璃纤维直接无捻粗纱（纤维表面涂覆硅烷基浸润剂）。

② 基体树脂　主要是聚丙烯、聚氯乙烯、尼龙和 ABS 树脂。

（2）主要设备　造粒需的设备有挤出机、纱架、机头、牵引机和切粒机等。

① 机头　生产长纤维粒料的机头由型芯、型腔和集束装置三部分组成（见图 1-19）。玻璃纤维通过型腔中的导纱孔进入机头型腔与熔融的树脂混合。为了使树脂能充分浸渍纤维，机头内设有集束板或集束管，使熔融树脂进一步浸透纤维，成为密实的纤维树脂混合料条。

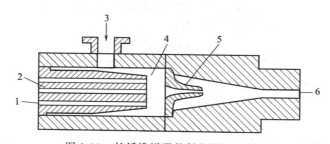

图 1-19　长纤维增强粒料包覆机头结构
1—送丝孔；2—型芯；3—熔融树脂；4—型腔；5—集束装置；6—出料口

② 牵引和切粒　牵引和切粒一般是在一台机器上完成。牵引机构是由两对牵引辊完成，第一对牵引辊的牵引速度比第二对辊低，从而保证两道牵引辊之间有一定的张力，防止料条堆积，但张力不能过大，否则会将料条拉断。

造粒是用切刀将料条连续不断地切成所需要长度的粒料。切刀分滚切式和剪切式两种。一般塑料造粒，多选用滚切式切刀；生产增强粒料时，则需要选用剪切式切刀。因料条中的玻璃纤维用滚切式切刀不容易切断，常从粒料中拉出。增强粒料中玻璃纤维硬度较大，因此，刀具必须锋利、耐磨。常选用高速工具钢制造。如选用 W18Cr4V2 工具钢。

上海杰事杰公司杨桂生等研制的新型切粒机，主要是由下列部件组成：位于转轴端上的动刀盘上装有动刀；与动刀盘位置相对的定刀座上设有进料辊、进料口和定刀刀片，定刀座上具有可沿动刀盘的中心轴方向调节定刀座位置的调节螺母；具有两个进料口；定刀刀片设置在每个进料口的一侧，其刀口方向与动刀旋转方向相反；动刀盘上设有 3～24 把沿其中心轴呈放射状排列的动刀。图 1-20 为切粒机转盘和进料结构示意图。

（3）制造工艺　连续玻璃纤维无捻粗纱通过特殊模头，同时向模头供入由螺杆挤出熔融树脂，在模头内无捻粗纱与熔融树脂接触被强制散开，受到熔融树脂充分浸渍后，使每根纤维被树脂包覆，经冷却后，再切成较长的粒料（11～25mm）。

制造长纤维料粒的设备有立式和卧式两种。立式造粒设备的挤出机置于混凝土高台上，包覆机头出口垂直向下，如图 1-21 所示。由牵引滚筒卷取料条，然后再送至切粒机切粒，因而它的造粒为间歇式。卧式布置是将包覆机头出口呈水平方向放置，如图 1-22 所示。由于挤出机放在平地，操作较方便，料条是通过牵引辊直接喂入切粒机切粒，所以它的造粒是连续的。

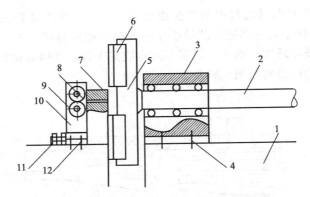

图 1-20　切粒机转盘和进料结构示意图

1—工作面；2—转动轴；3—动刀盘支座；4—固定螺钉；5—动刀盘；6—动刀；

7—定刀支座；8—导向板；9—进料辊；10—进料辊支架；

11—定刀支座调节螺钉；12—定刀支座固定螺钉

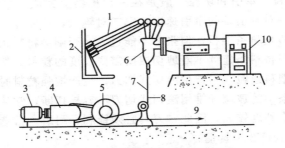

图 1-21　制造粒料设备立体布置图

1—玻璃纤维；2—送丝机构；3—电动机；4—无级变速箱；

5—牵引滚筒；6—机头；7—冷却水；8—料条；

9—送至切粒机；10—挤出机

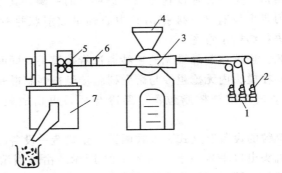

图 1-22　制造粒料设备平面布置图

1—玻璃纤维；2—送丝机构；3—挤出机；4—机头；

5—牵引辊；6—水冷或风冷；7—切粒机

（4）实用举例

① 长纤维增强 ABS 粒料制备　将干燥后的 ABS、增韧剂、相容剂和抗氧剂按一定配比在高速混合机中混合均匀，然后在双螺杆挤出机上挤出（螺杆转速为 200r/min，1～6 区温度分别为 190℃、195℃、215℃、215℃、225℃、225℃），长玻纤进入特殊的浸渍口模，浸渍温度为 250℃，在口模内完成树脂对玻纤束的浸渍，经冷却、切粒制得长玻纤增强 ABS 粒料。

用连续纤维无捻粗纱与热塑性塑料通过挤出、造粒或制片方法制成粒料半成品，再经注射成型（LFT-G）或模压成型（LFT-D）为制品。长纤维粒料长度为 12mm 以上（一般为 12～25mm），纤维长度与粒料相当。经过注射或模压之后，最终制品内的纤维平均长度仍然不低于 4mm（注塑制品中纤维长度约 4～6mm，压塑制品中纤维长度约 20mm）。纤维含量可达 20%～60%，最常用的为 40% 和 50%。

② 长纤维增强 PBT 粒料制备　PBT 树脂 120℃烘干 2h，将烘干的 PBT、AX8900、抗氧剂及其他加工助剂按照一定配比在高速混合机中混合均匀，再在 SJSH-30 型双螺杆挤出机中熔融挤出，在挤出机机头处引入经热风处理过的 LFT 玻纤，通过自制的浸渍机头制成连续长玻纤浸渍 PBT 复合材料，冷却，风干造粒，挤出温度为 220～240℃，浸渍机头温度为 245℃，切粒长度为 15mm。

③ 玻璃纤维增强聚氯乙烯窗框

a. 原材料与配方（见表 1-34）。

表 1-34　玻璃纤维增强聚氯乙烯窗框配方

PVC 树脂 (SG₄)	玻璃纤维	云母	碳酸钙	氯化聚乙烯	PMMA	氧化镁	聚乙烯蜡	聚酯蜡	三碱式硫酸铅	二碱式硬脂酸铅	硬脂酸铅	硬脂酸钙	钛白粉
100	10	5	37	10	3	1.5	2.0	2.0	0.8	0.5	0.15	0.30	2.5

b. 设备及工艺条件。

i. 设备：捏合机，GH200A 型，北京塑料机械厂；塑炼机，SK-550 型，大连橡胶塑料机械厂；切粒机，JL-240 型，上海轻工机械公司。

ii. 工艺条件见表 1-35。

表 1-35　工艺条件

名称	捏合出料温度/℃	塑炼温度/℃	塑炼时间/min	拉片温度/℃	片厚度/mm
参数	120	160	5	160	2

c. 制备工艺

i. 制备工艺流程　配料→高速混合→双辊炼塑→双辊拉片→切料

ii. 原料预处理

（ⅰ）玻璃纤维处理　用玻璃纤维切碎机将玻璃纤维切成 4～6mm 长的短纤维，呈绒毛状，然后用环氧硅烷进行偶联处理，以增大与 PVC 树脂的密合性。

（ⅱ）云母处理　采用直径为 20μm 的云母片，用氨基硅烷进行偶联处理，以增大与 PVC 树脂的密合性。

（ⅲ）碳酸钙处理　采用粒径为 0.08mm 的轻质碳酸钙，用硬脂酸进行表面处理，以增大与 PVC 树脂的密合性。

④ 玻璃纤维/碳纤维增强酚醛粒料制备

a. 制备工艺

粗纱→浸胶→预烘→集束→烘干→固定束形→冷却→牵引→切粒。

b. 工艺参数（见表 1-36）

表 1-36　玻璃纤维/碳纤维增强酚醛粒料制备工艺参数

项目	含胶量/%	挥发分/%	预烘温度/℃	集束温度	烘干温度/℃	束形温度	车速/(m/min)
指标	35～45	1～4	150～160	自然	145～155	自然	2.3～3.1

1.1.6　原位成纤复合材料制备

原位成纤是指复合材料中的纤维并不是预先纺制的，而是在挤出、注塑等加工过程中"就地"形成，即分散相在连续相中由于受到剪切、拉伸作用而发生形变、聚结，形成微纤，其直径分布在 10μm 左右。

1.1.6.1　PP/活性 PA66(α-PA66)原位成纤复合材料粒料制备

将 PP 与 α-PA66 按 75∶25 的配比混合均匀，在双螺杆挤出机（螺杆直径为 21.7mm，长径比为 40，圆形口模直径为 3mm）中热机械熔融共混挤出，挤出物通过牵引机进行拉伸，通过调整牵引辊的转速可以实现不同的拉伸比（口模的横截面面积与挤出物的横截面面积之比），本工艺试样拉伸比为 8。拉伸后的料条在冷水（约 15℃）中冷却，最后切粒。挤出机从加料段到口模的温度：265℃/275℃/280℃/280℃/275℃；主螺杆转速：90r/min。

1.1.6.2　PA11/PP 原位成纤复合片材制备

将 PA11 在鼓风干燥箱中 80℃恒温干燥 12h。干燥后将 PP、PA11 粒料按质量比 90∶10 混合均匀，经聚合物微纳叠层共挤装置中挤出，挤出温度为 240℃，螺杆转速 230r/min，喂料频率 15r/min，牵引辊电动机转速 45r/min，制得原位成纤复合片材。

1.2　连续纤维预浸料（无纬布）制备

无纬布是纤维平行排列的浸胶片。由于其纤维单向排列，所以又称单向浸胶布。它用于压制层合板和对铺层设计有严格要求的承力结构，如飞机蒙皮和型材。

在制造预浸料之前，必须首先根据复合材料设计的要求，确定预浸料的单位面积的纤维质量和预浸料的树脂含量。对于单向纤维预浸料，其单位面积纤维质量可在一个较大的范围内设计，计算公式为：

$$W_s = t/d \tag{1-2}$$

式中　W_s——预浸料单位面积纤维质量，g/m^2；

　　　t——丝束的纤度，tex，即 g/km；

　　　d——所制造的预浸料的纤维间距，$10^{-3} m$。

纤维间距通过调节预浸料制造设备来确定。

在预浸料的单位面积纤维质量确定以后，其树脂的含量由其所制造的复合材料的纤维体积含量或复合材料单层厚度和固化树脂的密度所决定。

根据纤维类型、欲制预浸料单位面积纤维质量和宽度，按式(1-3)计算所需纱筒数。

$$N = (G_f/\rho_f)L \tag{1-3}$$

式中　N——纱筒数，筒；

　　　G_f——单位面积纤维质量，g/m^2；

　　　ρ_f——单位长度纤维质量，g/m；

　　　L——宽度，m。

1.2.1　滚筒缠绕法

首先在滚筒上平整地铺上一层脱模纸，然后将连续纤维通过基体树脂胶液的胶槽，经过几组导向辊，除去多余的树脂，平行地绕在圆柱形滚筒上，当滚筒不断转动时，浸胶之后的丝束就以固定的间距平行地缠绕在滚筒上，最后顺滚筒的一根母线切断展开，晾干后，用薄膜覆盖，便获得无纬布。布的大小由滚筒直径和长度决定。这种工艺效率低，适用于新产品研究和开发。

（1）胶液配方见表 1-37 和表 1-38。

表 1-37　胶液配方 1

原料名称	环氧 E-51	氨酚醛树脂	乙醇
用量/质量份	65	35	适量①

① 胶液相对密度控制在 1.0。

表 1-38　胶液配方 2

原料名称	环氧 F-46	BF₃/MEA	丙酮
用量/质量份	100	2	适量①
用量/质量份	65	35	适量①

① 胶液相对密度控制在 1.0。

（2）主要设备——滚筒式排布机　滚筒式排布机主要组成部分为滚筒、机头和传动装置三大部分（如图1-23所示）。滚筒直接用来绕丝。机头上装有纱架、集束器、胶槽、导向辊和张紧辊。传动系统由电机、减速箱、传动链、调速器、丝杠、螺母、溜板等零件组成。其作用是分别带动滚筒旋转和机头平行于滚筒轴线作横向移动。电动机可实现无级变速，机头移动与滚筒转动之间的速比则采用调速装置实现。所以，可以任意选择排布速度并按纱片宽度调整机头移动的速度。

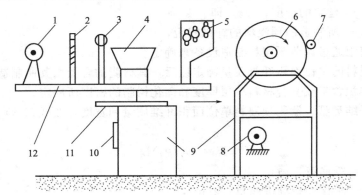

图1-23　滚筒式排布机示意图

1—纱架；2—集束器；3—导向辊；4—胶槽；5—张紧辊；6—滚筒；7—压辊；
8—动力机构；9—床身；10—调速器；11—溜板（可前后移动）；12—小车（可左右移动）

（3）制造方法　先在滚筒上铺满一张脱模纸，脱模纸的一面涂有隔离材料，它可以从无纬布上揭下而不至于粘连。丝束从纱架抽出，经集束器、导向辊进入胶槽浸胶，再经张紧辊由丝嘴绕到滚筒上，然后通过一系列齿轮机构来保证滚筒转动与丝嘴沿滚筒轴向移动的速比，使滚筒每转动一周，则丝嘴连续地移动一个纱片宽度。当滚筒不断转动时，纱片就一片紧接一片地按圆周方向平行地缠绕在滚筒上，直至达到要求的无纬布宽度为止。然后沿滚筒的一根母线切断纤维。

滚筒缠绕法生产无纬布应控制的工艺参数包括：纤维状态、胶液相对密度、浸胶速度、滚筒圆周线速度和纤维张力等。表1-39给出了环氧与酚醛（6：4）胶液相对密度与无纬布含胶量的关系（试验值）。

表1-39　环氧与酚醛（6：4）胶液相对密度与无纬布含胶量的关系（试验值）

胶液相对密度	1.00	0.99	0.98
含胶量/%	40～41	37～38	26～30

1.2.2　溶液浸渍法

1.2.2.1　热固性树脂

（1）胶液配方及工艺参数

① 环氧/酚醛胶液配方（见表1-40）　该配方制成的制品能够兼顾耐热性及

机械强度，后续工艺的工艺性良好，有较长的储存和适用期。

表1-40 环氧/酚醛胶液配方

原料名称	E-42环氧	1134或3201酚醛	二甲苯和乙醇的1∶1混合液	烘炉温度/℃	烘干时间/s	胶液相对密度(20℃)
用量/质量份	60~65	40~35	40	120~140	60~96	1.05~1.06

② 环氧胶液配方（见表1-41） 该配方工艺性较好，制成的制品具有中等强度。

表1-41 环氧胶液配方

原料名称	E-51环氧	E-20环氧	MNA①	BDMA②	烘炉温度/℃	烘干时间/s	胶液相对密度(20℃)
用量/质量份	40	60	55	1	1320	30~60	0.888

① MNA为甲基内亚甲基四氢化邻苯二甲酸酐。

② BDMA为苯基二甲胺。

③ 聚酯胶液配方（见表1-42） 配方中选用过氧化二异丙苯作引发剂，少量过氧化苯甲酰作助引发剂，以保证聚酯在较低温度下部分聚合。由于苯乙烯挥发性大，耐热性差，故此配方用DAP代替一般配方中的苯乙烯作为交联剂，从而改善了工艺性，提高了制品性能。

表1-42 聚酯胶液配方

原料名称	固体184聚酯	固体199聚酯(耐热型)	邻苯二甲酸二丙烯酯(DAP)	过氧化二异丙苯(DPO)	过氧化苯甲酰(BPO)	烘炉温度/℃	烘干时间/s	胶液相对密度(20℃)
用量/质量份	50	50	20	2	0.1~0.5	90~100	60~90	1.05~1.07

（2）工艺过程 无纬布生产工艺过程见图1-24，纱团置于纱架上自由退解，经过梳形排纱装置集束成带状，浸胶，控制含胶量25%~30%，再进入烘炉，控制挥发物含量为(3±0.5)%，不溶性树脂含量不超过10%。

1.2.2.2 热塑性树脂

高性能热塑性树脂特别是PEEK、PPS一类结晶型高分子，没有合适的低沸点溶剂可溶，不便用溶液浸渍法制备预浸料。但也有一部分非结晶型树脂如PEI、PEK-C、PES等可溶解在部分溶剂中，不过常用的低沸点溶剂对其溶解度有限，用低浓度的溶液即便采取不同工艺措施也难以得到树脂含量在35%（质量分数）左右的预浸料，为此，常用混合溶剂增大树脂的溶解度，随之提高预浸料的树脂含量，满足对不同树脂含量预浸料的要求。

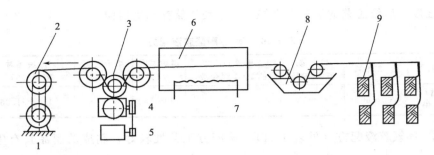

图 1-24　无纬布生产工艺过程示意图

1—力矩电动机；2—卷盘；3—主动辊；4—变速箱；5—直流电动机；6—烘炉；

7—电热器；8—胶槽；9—纱团

丝束从纱架上引出，经算子分丝后，整齐地进入装有胶液的浸渍槽，经挤胶、烘干、垫铺离型纸和压实，最后收卷，即成为成卷的单向预浸料产品（如图 1-25所示）。

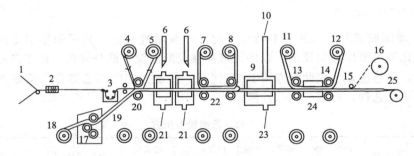

图 1-25　多用预浸机示意图

1—纤维架；2—算子；3—浸胶槽；4,7,11—顶纸开卷；5,8,12—顶纸收卷；

6,10—空气和溶剂的排出或回收；9—烘炉；13,20—压辊；14—牵引辊；

15,16—切刀；17—反相涂覆辊；18—底纸开卷；19—涂覆的树脂膜；

21,23—空气或惰性气体；22—压辊组；

24—冷却器；25—产品

1.2.3　热熔浸渍法

1.2.3.1　熔体浸渍法（熔融直接浸渍法）

丝束从纱架上引出，经滚筒至喷气分离器，丝束舒展开来以便更多的纤维裸露出来，接着进入流出树脂熔体的挤出机头的机缝，上下层树脂熔体薄层受到压力作用浸渍纤维，浸渍后的预浸料经空气迅速冷却并收卷（如图 1-26 所示），单向预浸料的厚度为 0.127～0.152mm，宽度为 7.62～30.48cm，可供干法缠绕或层压，其流程如下：

直接纱→滚筒→喷气分离器→挤出机头→空气冷却→收卷

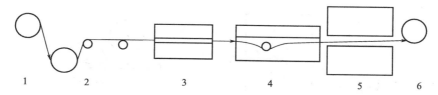

图 1-26 熔融浸渍预浸料示意图

1—放卷装置；2—滚筒；3—喷气分离器；4—挤出机头；5—空气快冷；6—收卷辊

实用举例。环氧 5228/T700 和双马 5428B/T700 超薄预浸料制备，预浸料单位面积纤维质量为（85±5）g/m²、单层压厚为（0.085±0.01）mm。

采用美国生产的 12in（1in＝0.0254m）热熔预浸机。首先将纱筒固定在纱架上，引出纱束，经过箅子、展平辊、预热平台、冷却板到牵引装置。将所选用的脱模纸装于开卷机架上，将纸依次穿过各导向辊、加热平台、刮刀板、涂布头、牵引装置。参照表 1-43 设定工艺参数，制造预浸料。

表 1-43 预浸料制备工艺参数

| 体系 | 预浸料类型 | 纤维根数 | 涂布头温度/℃ | | 刀板间隙/mm | 压辊压力/MPa | | | 速率/(m/min) |
			刀板	热板		1# 辊	2# 辊	3# 辊	
5228/T700	常规	50	60～80	80～120	0.03～0.08	0.05～0.25	0.20～0.45	0.20～0.45	1～2
	超薄	30	80～100	100～120	0.02～0.04	0.05～0.25	0.20～0.45	0.40～0.60	1～2
5428B/T700	常规	50	80～90	100～150	0.03～0.08	0.05～0.25	0.20～0.45	0.20～0.45	1～2
	超薄	30	90～100	120～150	0.02～0.04	0.05～0.25	0.20～0.45	0.40～0.60	1～2

1.2.3.2 热熔胶膜法

热熔胶膜法制造预浸料工艺一般包括制膜和预浸两个步骤。

（1）树脂制膜工艺 用热熔法将基体树脂置于混合器中充分混合，用电动机驱动的计量泵或通过压力将基体树脂输送到涂胶辊，热态树脂按设计要求均匀地涂覆到离型纸上，冷却，使涂覆的树脂薄膜黏着在离型纸上。涂膜厚度（反应涂膜量）可通过调节涂胶辊温度或离型纸前进速度来控制，用 β 射线仪检测胶膜的厚度或胶膜的面密度。涂膜厚度可控制在 30～70μm 范围内，涂膜量约为 35～80g/m²，涂胶辊的温度需根据树脂的热性能来确定（图 1-27）。

（2）纤维预浸工艺 纤维筒排列在整经架上，单向排列，经过精梳机梳理，有序单向排列，彼此不交叉，彼此无空隙，排列成干态无纬布。如果是 12K 或 24K 碳纤维，还需开纤扩幅，使每根单丝都有相同概率渗浸热熔树脂。显然，有捻碳纤维不适宜制造无纬布。整经梳好的纤维无纬布与涂有树脂膜的离型纸形成夹

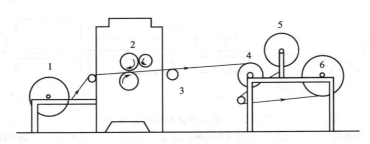

图 1-27　涂树脂膜工艺示意图

1—离型纸开卷；2—涂胶辊；3—β射线仪；4—冷却辊；5—聚乙烯薄膜开卷；6—收卷

芯结构，依次通过几组热压辊，使基体树脂熔融，把离型纸上的树脂膜转移到无纬布上，制得单向纤维复合材料的无纬布，收卷（如图 1-28 所示），供使用。

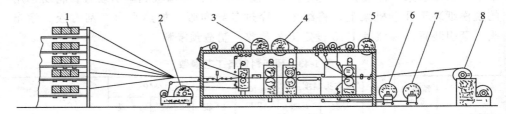

图 1-28　热熔胶膜法工艺示意图

1—纤维纱；2—下树脂膜；3—上树脂膜；4—收上离型纸；

5—铺玻璃布或 PE 膜；6,7—换下离型纸；8—成品和收卷

1.2.4　粉末熔融浸渍法

1.2.4.1　静电流化床法

静电流化床法一般流程如下，其工艺示意图如图 1-29 所示。

纱架→张紧滚筒→空气梳状分束器→空气流化床→隧道炉→牵引辊→收卷辊

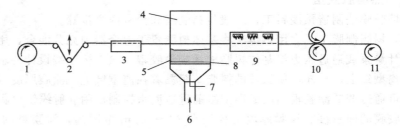

图 1-29　静电流化床法工艺示意图

1—放卷辊；2—张紧控制；3—空气梳状分束器；4—稀相；5—稠相；6—空气流化床；

7—电势；8—空气扩散板；9—炉子；10—牵伸辊；11—收卷辊

（1）高压静电流化床法（上海杰事杰新材料股份有限公司杨桂生专利资料）丝束从纱架上引出，经高压静电流化床，流化床中放的是粒度为 60～80 目的

树脂粉末，可能混合有其他组分或添加剂。玻璃纤维束在静电的作用下，玻璃纤维丝相互排斥而分散开来，粉末在气流和静电的共同作用下进入并吸附到纤维束和单丝中，从而将玻璃纤维浸渍。经过树脂粉末初步浸渍的玻璃纤维束进入多孔式预热烘箱中，在烘箱中树脂被加热到接近熔融的程度。经过预热的带有树脂的玻璃纤维进入哈夫模中，哈夫模主要是起到将树脂熔融、塑化，将纤维均匀分布的作用。带有塑化好的熔融树脂的玻璃纤维从哈夫模中出来，进入挤出机的上、下模中，在上、下两面涂覆上树脂，该挤出机主要起到对玻璃纤维进行再浸渍以及加强了对树脂含量的可调控性的作用。涂覆好的玻璃纤维进入到成型机组，经过成型机组对纤维和树脂的压迫及再分布，然后成型为片材。根据客户的要求可以将片材收成卷，也可以裁剪成需要的尺寸。

（2）玻璃纤维增强 PP 预浸料　将质量分数为 30% 的树脂粉末（组成为 PP：PP-g：PA＝60：30：10）、质量分数为 10% 的空心玻璃微珠以及质量分数为 0.5% 的成核剂 NA-45、质量分数为 0.5% 的抗氧剂 1010、质量分数为 0.5% 的抗氧剂 DSTP 混合均匀，并置于高压静电流化床中，将玻璃纤维连续地从流化床中通过，调节流化床的静电电压以调节玻璃纤维吸附树脂的量，使聚合物粉末的质量分数保持在 40% 左右。吸附有树脂的玻璃纤维连续地从烘箱和高温模头通过，再经过多辊压延机，压制成约 1mm 厚度的片材。

（3）碳纤维增强 PEEK 预浸料

① 原材料　碳纤维（Hercules AS4，未上浆料，平均 6000 根/束）体积含量 60%，PEEK 体积含量为 40%（ICI 生产的 150PF，平均粒径 90μm）。

② 制造工艺　静电粉末法预浸机的工作原理及其实验生产设备见图 1-30。

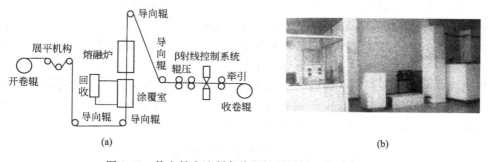

图 1-30　静电粉末法制备热塑性预浸料工艺示意（a）
及实际的实验生产设备照片（b）

由图 1-30 可知，碳纤维首先开卷，并通过一个轮系展宽预分散。粉末预浸的关键环节是涂覆室，这里利用静电流化态床技术使碳纤维束强烈分散，吸附大量的热塑性树脂粉末，然后进入熔融炉预热固结，固定住吸附的粉末。粉末预固结的碳纤维束继续前行，并被后续的轮系微热压碾平，最后收卷，得到热塑性的"预浸带"。一个安置在轮系中的 β 射线控制系统负责测量预浸带的厚度，间接换算得到树脂的预浸量，即树脂的体积分数。其工艺参数见表1-44。

表 1-44 碳纤维增强 PEEK 预浸料工艺参数

丝束速度/(cm/s)	丝束宽度(估计)/cm	流化床中丝束停留时间/s	流化床中空气压强/kPa	炉子温度/℃	丝束在炉子中停留时间/min
5.0	5.0	3.0	680.0	450.0	15.0

1.2.4.2 树脂槽粉末法

纤维通过导向辊进入树脂槽，在一组浸渍辊的作用下分散，吸附树脂粉末，然后通过加热装置使树脂熔融，经辅助浸渍辊及加压辊使树脂充分浸渍纤维，冷却后得到预浸纤维。该工艺设备比空气流化床法简单，具体过程如图1-31所示。

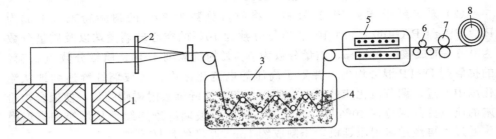

图 1-31　树脂槽粉末浸渍流程

1—纱卷；2—纤维；3—导向辊；4—粉末槽；5—浸渍辊；6—加热通道；7—冷却辊；8—收卷

预浸纤维的树脂含量与树脂粉末的颗粒大小、分散辊的数量和排布方式有关。树脂粉末的颗粒越小，玻璃纤维吸附的树脂粉末越多，树脂含胶量就越高。在其他条件相同的情况下，当用粒径为40目的聚丙烯粉末浸渍玻璃纤维时，含胶量为39%；而用80目的聚丙烯粉末时，含胶量为85.7%。当分散辊数目较少时，由于纤维束未能完全分散开，纤维束中的很多纤维未能吸附到树脂粉末，而且，已分散开的纤维也有重新收紧集束的趋向，使得原已分散的纤维来不及充分吸附粉末，因此预浸带的树脂含量很低。当分散辊数目增加时，由于纤维分散程度的增加，吸附于纤维束上的树脂含量增加，所以预浸带中的树脂含量增加。分散辊数目对预浸带树脂含量的影响见表1-45。

表 1-45　分散辊数目对预浸带树脂含量的影响

分散辊数目/根	3	5	7	9
预浸带树脂含量/%	39.6	75.0	85.7	89.9

加热段应使吸附在纤维表面的树脂粉末充分熔融，以保证树脂能充分浸渍纤维。但是加热段的温度也不能控制过高，温度过高易引起聚合物的氧化降解。聚丙烯熔体的温度控制在210～220℃范围内较为合适。烘道内的加热气氛温度不宜超过230℃。

1.2.5　粉末悬浮浸渍法

粉末悬浮浸渍法是近几年研究得较多的一种工艺。这种工艺中，热塑性树脂粉末（直径在 $10\mu m$ 以下并小于纤维直径）和表面活性剂（如聚环氧乙烷、甲基乙基纤维素等）在浸渍室中形成水悬浮液，导辊将连续纤维牵拉入悬浮液槽中浸渍，使粉末均匀地渗入纤维之间，然后经干燥、加热压实成型，经牵引收卷（见图 1-32）。这种工艺技术新，成本低，工艺简单，设备投资少，制备周期短，可用于连续纤维增强热塑性树脂基复合材料的生产。

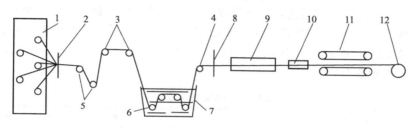

图 1-32　粉末悬浮浸渍法制备预浸料示意图

1—纱架；2—箅子；3~6—导向辊；7—悬浮液槽；8—导向机构；

9—干燥室；10—加热模；11—牵引；12—收卷

1.2.6　混纤纱浸渍法

混纤纱是将树脂纤维和增强纤维在拉丝后合股，使得树脂纤维和增强纤维达到理论上的单丝分散水平。熔融浸渍和粉末浸渍工艺生产的预浸带在使用时都存在一个共同缺点，即带子刚硬，柔性差，而混纤纱则克服了该缺点。同时，混纤纱中树脂纤维和增强纤维达到理论上的单丝分散程度，浸渍效果更胜一筹。法国圣戈班的 Vetrotex 公司生产的 Twintex 混合纤维就是在玻璃纤维拉丝过程中与树脂纤维进行合股，浸渍效果非常好，玻璃纤维含量最高可达 75％。日本东邦人造丝公司和德国 BASF 公司合作开发碳纤维同热塑性树脂纤维 PEEK 和 PPS 的混纤纱，成功地将直径 $7\mu m$ 的 3K 碳纤维和直径 $20\mu m$、0.5K 的 PEEK 纤维均匀地混合成一组纱，将其加热熔融、碾压，使碳纤维嵌入熔融的 PEEK 基体中，冷却后成为预浸料。其情况如图 1-33 所示。

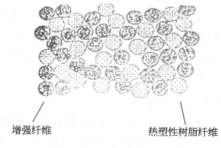

增强纤维　　　热塑性树脂纤维

图 1-33　增强纤维和热塑性树脂纤维浸渍示意图

1.2.7 XMC(连续纤维 SMC)

超高强度片状模压料 XMC 是 1976 年由美国 PPG 公司最先开发出来的，主要用于制造汽车部件。

XMC 用定向连续纤维，纤维含量达 70%～80%，不含填料（XMC 的典型配方见表 1-46）。XMC 按所用增强材料的品种可分为三类：XMC-1 型使用连续无捻粗纱，XMC-2 型使用连续原丝，XMC-3 型使用连续原丝和短切原丝。所有纤维呈 X 状交叉排列，角度为 82.5°。其制法为：用一般的标准缠绕设备，纤维经过浸胶槽后缠绕在芯模上，缠绕完成后，从芯模上将材料切下，用聚乙烯薄膜包裹。然后，按照 SMC 生产的工艺方法进行增稠、压制。其模压制品在纤维方向上的强度是普通 SMC 模压制品强度的 5～8 倍，是钢材的 4 倍。因此，XMC又称为超高强 SMC。

表 1-46　XMC 的典型配方

材料	聚酯树脂 1	聚酯树脂 2	TBPB	苯乙烯	内脱模机	玻璃纤维
用量/质量份	45	45	1	10	0.5	247

1.3　纤维制品预浸料制备

1.3.1　溶液浸渍法

溶液浸渍法是把基体树脂各组分按规定的比例，溶解于低沸点溶剂中，使其成一定浓度的溶液，放入浸胶槽内，然后将纤维制品经浸胶槽浸渍黏度被严格控制的树脂胶液，通过刮胶装置和牵引装置控制胶布的树脂含量，在一定的温度下，经过一定时间的加热、烘干，使树脂由 A 阶转至 B 阶，从而得到所需的预浸料（胶布）。

1.3.1.1　浸胶设备

浸胶设备一般采用浸胶机。按浸胶机加热箱体结构形式分为立式和卧式两种。其主要机构组成有开卷、浸胶、干燥和收卷四部分。图 1-34、图 1-35 分别为立式浸胶机实物图和工艺原理示意图。图 1-36、图 1-37 分别为卧式浸胶机实物图和工艺原理示意图。

（1）开卷机构　开卷机构是由放置玻璃布的搁料架、为了调整玻璃布的张力在轴杠上安装的张紧轮和可以调节水平位置的机构组成。

（2）浸胶机构　胶槽和胶量调节辊构成浸胶机构。

① 浸胶槽　浸胶槽一般为 U 形，胶液液面应浸没槽中的滚筒，一般纤维布要在胶槽里浸渍 10～25s。为了在室温较低时不致使胶液黏度变大，保证玻璃布的浸透能力，胶槽装有通热水的夹套。

② 胶量调节辊　胶量调节辊是由直径 ϕ250～350mm 的两个直径相等的滚

图1-34 立式浸胶机实物图

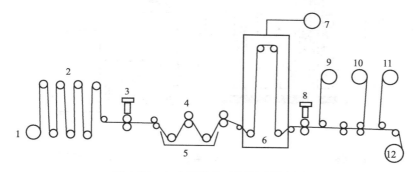

图1-35 立式浸胶机工艺原理示意图

1—开卷机构；2—储布系统；3—前牵引辊；4—胶量调节辊；5—浸胶槽；6—烘箱；
7—溶剂处理；8—后牵引辊；9—放纸；10—收纸；11—放PE膜；12—收卷机构

图1-36 卧式浸胶机实物图

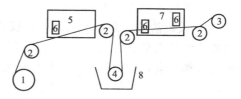

图1-37 卧式浸胶机工艺原理示意图

1—玻璃布卷；2—导向辊；3—牵引辊；
4—上胶辊；5—热处理炉；6—抽风口；
7—烘箱；8—浸胶槽

筒组成，通过以计数表的数字显示滚筒间隙的大小来控制胶布的含胶量。滚筒的表面要求镀铬，粗糙度要达到±0.002mm的精度。滚筒的挤压形式有助于树脂对纤维布的渗透。

两个滚筒的两端设计两个调整座，调整座可以上下调节，带动上滚筒上下移动，调整上、下滚筒之间的间隙。设计的调整座包括底座、滑座、弹簧、夹紧螺母，底座上有两根立杆，都具有导向作用，滑座安装在两立杆上，在两根导向杆上各装一个弹簧，弹簧产生的弹力作用在调整座上分别是向下和向上的推力，从而在调整过程中调整座可以平稳地上下移动（见图1-38）。

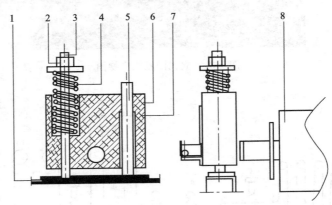

图 1-38　滚筒调整装置

1—调整座底座；2—调节螺母；3—调节杆；4,7—弹簧；5—导向杆；

6—滑座；8—滚筒

③ 浸胶机构清洗

a. 浸胶槽清洗　为了清洗方便，浸胶槽设计成悬挂式，底座配有四个轮子，可将浸胶槽轻松移开。每次使用时，将浸胶槽挂起，让浸胶辊浸入浸胶槽内，考虑到每次使用结束，应将浸胶槽内的树脂用光，浸胶槽底部设计比浸胶辊不要太宽，浸胶槽的底部内边缘与浸胶辊之间的间隙不超过20mm，保证纤维布可将浸胶槽里的树脂带走（见图1-39）。

b. 胶辊清洗　为了清洗方便，胶辊可以拆下清理。考虑到所有胶辊工作时都要转动和在拆装时的滑动，在所有胶辊的两端设计用尺寸公差控制精确的聚四氟乙烯作衬套，保证胶辊安装后的位置精度。为了安装方便设计了一端是固定轴座，一端是活动插销，安装胶辊时，先把胶辊放到主架上，将一端推入固定轴座里，另一端用一个锥度插销，从主架外插入胶辊中（见图1-40），不仅可以固定胶辊，还可以将胶辊从主架上提起，使得胶辊在工作时不磨损。固定轴安装在轴承座内，其外端安装了皮带轮，除浸胶辊以外的所有胶辊均由同一电机减速机用一根环形皮带带动转动，以使得所有胶辊同步转动。

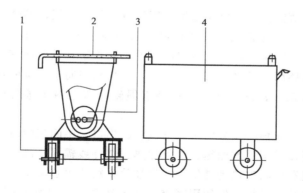

图 1-39 活动浸胶槽

1—滚轮；2—挂钩；3—浸胶辊；4—胶槽

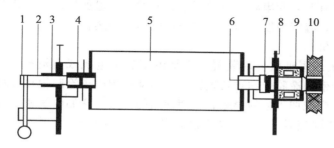

图 1-40 胶辊安装结构

1—转把插销；2—插销座衬套；3—插销座；4—胶辊插销衬套；5—结构；
6—传动销；7—固定座衬套；8—主架；9—固定轴承座；10—传动带轮

（3）烘箱

① 立式烘箱 烘箱是一个垂直的由角铁做成的构架，包以铁皮并在外面包绝热层，以减少热量的损失。烘箱高度约 10～14m，中间安装加热蒸汽管道，加热排管的表面温度约 160～170℃，烘箱下部温度较低，上部较高，一般烘箱中的温度分 3 段：底部 60～80℃，中部 80～100℃，上部 100～140℃。胶布的干燥速度取决于烘箱中的温度和空气流动的速度。但是温度差和温度上升的速度则有一定的极限，以保证胶布一定的质量指标和溶剂一定的防爆浓度。当温度上升太快、热空气供给太快时，温度超过 140℃，胶布表面很快硬化，内部溶剂不易挥发出去，往往会产生胀大和鼓泡现象，所以烘箱温度不宜太高，通常不超过 150℃。

② 卧式烘箱 箱体长不小于 10m，最长达 16～20m。由于箱体内壁辐射热的影响，如胶布离内壁太近，因受热不均而导致沿布幅的质量指标不均匀，一般玻璃布宽度为 1m，箱体内宽要不少于 1.7m。箱体要有适当的高度，以便提供蒸汽加热管的排布或电热管的安装以及排气通风设备安装所需要的空间。烘箱可

采用型钢骨架，薄钢板作密封保温板，用保温材料作夹层，箱体两端留有胶布进出口操作门。下部装有鼓风机循环热风。布面风速为 3～4m/s，上部装有排气罩。支撑胶布的托辊装在箱体两端进出口处，因胶布自重而使它在箱体内向下悬垂，采用热风循环后，可将胶布向上顶托，减少胶布向下悬垂的现象。箱体内散热排管比托辊低 60～70cm。箱体两端装有绳轮并套上钢丝绳供开车时玻璃布穿过箱体用。

烘箱加热温度应根据工艺要求，分进口、出口、中间三阶段，分别加以控制和调节。烘箱可以采用蒸汽加热、电阻加热、红外线辐射、高频、电子射线加热等方式。以蒸汽和电阻加热为常用。蒸汽加热，箱体内热场均匀，不出现局部过热，有利于稳定胶布质量。但使用蒸汽加热要注意经常排除冷凝气体和冷凝水，以免影响传热效果。采用蒸汽加热，冷凝管排布方式有列管式和蛇管式两种。蛇管式安装形式有并联和串联，通常用串联方式。电阻加热优点是升温速度快，容易控制和调节，温度精度较高。通常采用电热管加热。

（4）收卷机构

① 浸胶机采用机械传动装置，它是由整流子电机或直流电子驱动减速器，再通过传动轴带动涂胶辊和收料辊转动。传动过程要求涂胶辊和收料辊的线速度相同，但由于机械加工上的误差和长期使用的磨损，它们的线速度会有差异，因此，必须通过调速器来调节线速度，使其达到同步。胶布的线速度为 3～9m/min。

② 收卷辊的旋转设计由气动马达驱动。收卷辊与气动马达由三角带传递转动，由 4 个托轮将收卷辊的轴托起，且在收卷辊轴的一端安装一个皮带轮可带动其转动，收卷辊轴的另一端可方便安装两个能够锁紧在轴上的胀塞，可以将卷绕浸过胶的纤维布纸筒张紧，并与轴一同转动；为了保证收卷辊在转动的过程中不作轴向窜动，在收卷辊轴安装皮带轮的一端设计了两个防窜凸台（见图 1-41）。

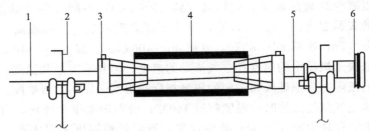

图 1-41　收卷辊

1—收卷轴；2—主架；3—胀塞；4—纤维布辊；5—托轮；6—皮带轮

另外设计了弹簧插销式皮带张紧架，可快速将皮带张紧（见图 1-42）。压轮与转动把手安装成一体，压轮压紧皮带，跟随皮带转动，减少皮带磨损；转动把手由一转销将其固定在固定插板上，转动把手带动压轮转动；固定插板安装在主

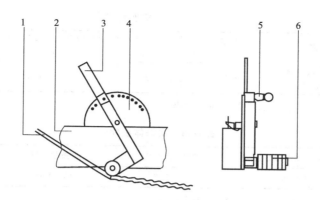

图 1-42　皮带张紧调节器

1—皮带；2—主架；3—压轮转动把手；4—固定插板；5—弹簧插销；6—压轮

架上；弹簧插销固定在转动把手上，拉起插销可将插销从孔中拔出，转动把手到合适位置（压紧皮带或放松皮带），松开插销，插销插入孔内，转动把手被固定。

1.3.1.2　环氧树脂胶布

（1）层压板环氧树脂胶布

① 增强材料

a. 平纹布　平纹布的每一根经纱和纬纱都从一根纱下穿过并压在另一根纱上。这种布挺括不易变形，因此适用于制造型面曲线简单的玻璃钢制品，特别是层压玻璃钢。环氧层压制品常用的是平纹布，厚度为 0.1mm、0.14mm、0.16mm 和 0.3mm。

b. 单向布　这种布在一个方向上（一般是经向）单位宽度内采用较多的纱，而在另一方向（纬向）单位宽度内采用较少的纱，因此经向的强度比纬向的强度大得多，根据所制玻璃钢制品要求，可预先确定经纬强度之比如 4∶1、7∶1 等。

② 环氧树脂胶液组成及配制

a. 环氧树脂胶液组成

ⅰ. 环氧树脂　用作预浸料的环氧树脂一般采用中等分子量的，这种树脂的特点是强度高、耐化学腐蚀、尺寸稳定性好、吸水率低。如双酚 A 环氧，有 E-51、E-44、E-20 和 E-14；线型酚醛环氧树脂，有 F-51、F-44、F-48；阻燃型环氧树脂，有 EX-13、EX-20、EX-40、EX-48；脂环族环氧树脂（耐候性和耐漏电起痕性好）。

河北麦格尼菲复合材料股份有限公司生产的适用于预浸料的环氧树脂及其浇铸体的性能见表 1-47 和表 1-48。

采用纯环氧树脂用双氰胺固化剂的玻璃布层压板具有高机电特性，国产牌号为 EPGC-1 及 EPGC-3（或称 G-10、G-11），它们均用于航空、航天的电工产品中。

表 1-47　环氧树脂性能[①]

项目	颜色	黏度(70℃)/mPa·s	固含量/%	固化温度/℃	玻璃化温度/℃	凝胶时间(125℃)/min
性能数据	乳白色(完全固化后透明)	20000±500	99.9±0.1	120~150	120~130	6~9

① 该公司 2015 年复合材料展览会产品说明书。

表 1-48　浇铸体性能[①]

项目	拉伸强度/MPa	拉伸模量/GPa	弯曲强度/MPa	弯曲模量/GPa
性能数据	80~90	2.7~3.2	110~120	3.0~3.5

① 该公司 2015 年复合材料展览会产品说明书。

ⅱ．固化剂　一般采用酚醛树脂预聚物、双氰胺、二氨基二苯基甲烷、二氨基二苯基砜、BF_3·乙胺、甲基四氢苯酐、六氢苯酐、甲基六氢苯酐、甲基纳迪克酸酐等。

ⅲ．促进剂　苄基二甲胺、三乙醇胺、2-甲基咪唑、苄基三乙基氯化铵及 DMP-30 等。

ⅳ．溶剂　甲苯、乙醇、丙酮、二甲苯、二甲基乙酰胺或甲苯乙醇复合溶剂等。

ⅴ．脱模剂　内脱模剂环氧酚醛树脂常采用亚麻油酸，纯环氧树脂常采用硬脂酸锌、硬脂酸钙以及褐煤蜡，含有内脱模剂的胶布供与模板相接触层使用；外脱模剂有褐煤蜡和硅脂等，涂在模板与胶布接触的表面，以保证压制固化成型的产品不粘模板而顺利脱模，获得光亮平滑的表面。

b. 胶液配制

ⅰ．FR-4 树脂胶液

（ⅰ）二甲基甲酰胺和乙二醇甲醚，搅拌混合，配成混合溶剂。

（ⅱ）加入双氰胺，搅拌溶解。

（ⅲ）加入环氧树脂，搅拌混合。

（ⅳ）2-甲基咪唑预先溶于适量的二甲基甲酰胺，然后加到上述物料中，继续充分搅拌。

（ⅴ）停放（熟化）8h 后，取样检测有关的技术要求：固含量 65%~70%；凝胶时间（171℃）200~250s。

ⅱ．环氧酚醛胶液　双酚 A 环氧树脂与各种酚醛型树脂复合的玻璃布层压板，其机电性能良好，防潮防霉性能好，缺点是热态强度不足，仅作 B 级绝缘材料。配方举例见表 1-49。

在环氧树脂内加入 20%~40%的线型酚醛树脂，其固化物交联密度高，耐热、耐湿性能好，常用来制造 F 级玻璃布板。

表 1-49 环氧热塑性酚醛胶液配方 (质量比)

材料名称	E-44 环氧树脂	热塑性酚醛树脂	BDMA	硬脂酸锌	甲苯乙醇复合溶剂
配方 1	6.5	5.8	适量	1	4
配方 2	6	6.7	适量	1	4.3

　　要求阻燃性能的玻璃布层压板则采用溴化环氧树脂与双酚 A 环氧树脂复配；要求具有良好的耐候性和耐漏电起痕性的环氧玻璃布层压板常采用脂环族环氧树脂和六氢邻苯二甲酸酐固化剂；要求耐辐照的环氧层压板常采用高纯度双酚 A 环氧树脂和甲基纳迪克酸酐固化剂。

　　③ 浸胶工艺　玻纤布开卷后，经导向辊，进入胶槽。浸胶后通过挤胶辊，控制树脂含量，然后进入烘箱。经过烘箱期间，去除溶剂等挥发物，同时使树脂处于半固化状态。出烘箱后，按尺寸要求进行剪切，并整齐地叠放在储料架上。调节挤胶辊的间隙以控制树脂含量。调节烘箱各温区的温度、风量和车速控制凝胶时间和挥发物含量。

　　a. 胶液黏度　胶液黏度可直接影响织物的浸渍能力和胶层厚度，若胶液黏度太大，纤维织物不易浸透；黏度过小，会导致胶布胶含量太低。

　　b. 浸渍时间　一般为 15～30s。时间过长则影响生产效率，过短则导致胶布未浸透和胶含量不够。

　　c. 张力控制　在浸胶过程中，纤维织物所受张力大小和均匀性会影响胶布的含胶量与均匀性，因此在浸胶过程中，应严格控制纤维织物所受的张力及其均匀性。

　　d. 浸胶布的烘干温度及时间　纤维织物浸胶后，必须进行干燥处理，除去预浸料中的溶剂、挥发物，同时使环氧树脂预聚体进一步聚合。预浸料的干燥方法一般是采用烘箱烘干，其性能主要是可溶性树脂含量和物料的流动性。

　　各种环氧胶布的浸渍工艺参数见表 1-50。

表 1-50 各种环氧胶布的浸渍工艺参数

胶液名称	胶液配比(质量比)	玻璃布厚度/mm	胶液密度/(g/cm³)	烘焙温度/℃
环氧热固性酚醛胶	E-44：热固性酚醛树脂=6：(4～6.5)：3.5	0.1, 0.14 / 0.3	0.99±0.001 / 1.02±0.005	130±10 / 130±10
环氧热塑性酚醛胶	E-44：线型酚醛树脂=7：(3～6.5)：3.5	0.1 / 0.14 / 0.3	0.970±0.001 / 0.99±0.001 / 1.015±0.005	100±10 / 110±10 / 100±10
耐热环氧酚醛 F 级胶	E-44：F-44：线型酚醛树脂=20：45：35	0.1 / 0.14 / 0.3	0.970±0.001 / 0.980±0.001 / 0.945±0.001	130±10 / 100±10 / 100±10
环氧有机硅胶	E-44：有机硅树脂=30：70	0.1	0.94±0.01	70±10

续表

胶液名称	胶液配比(质量比)	玻璃布厚度/mm	胶液密度/(g/cm³)	烘焙温度/℃
环氧双氰胺胶	E-20：双氰胺＝100：(3～5)	0.1	0.95±0.05	140～160
溴化环氧双氰胺胶	溴化环氧：双氰胺＝100：(3～5)	0.1,0.16	0.95±0.05	150～160
耐热环氧胶	E-44：DDS：三氟化硼＝100：30：1.5	0.1,0.16	0.95±0.05	125～130
耐热阻燃环氧胶	高溴环氧：低溴环氧：线型酚醛：双氰胺＝11：35：54：(3～5)	0.1	0.96±0.05	150～160
高强度环氧玻璃布板胶	E-44：DDS：酚醛树脂＝100：25：10	0.1	0.95±0.05	150～160
环氧酚醛玻璃布管胶	E-20：酚醛树脂＝70：30	0.1	0.94～0.96	130～140

（2）层压管环氧树脂胶布

① 树脂胶液配方

配方 1　E-44 环氧树脂：热固性酚醛树脂（质量比）＝(7～6)：(3～4)。

配方 2　E-20 环氧树脂甲苯溶液：热固性酚醛树脂乙醇溶液（质量比）＝70：30，胶液固体含量控制在（65±2)％。

配方 3　纯环氧树脂。

配方 4　阻燃环氧树脂。

配方 5　耐热环氧树脂。

② 增强材料　卷管工艺一般均用平纹布或人字纹布，不用斜纹布，因为斜纹布容易变形，给浸胶工艺和卷管工艺带来很大不便。

（3）层压棒环氧酚醛胶布　通常采用 0.1mm 无碱玻璃布，环氧酚醛树脂，预浸料的树脂含量为 35％～40％，可溶性树脂含量≥90％，挥发物含量≤1％。

1.3.1.3　酚醛树脂胶布

（1）增强材料

① 平纹布　与环氧树脂胶布的增强材料相同。

② 高硅氧纤维布和石英纤维布　高硅氧织物和石英纤维织物耐高温、绝缘和耐烧蚀性能好。

（2）基体树脂

① 氨酚醛树脂（616 酚醛树脂）。

② 钡酚醛树脂（低压成型酚醛树脂）　钡酚醛树脂的特点是黏度小，固化速度快，经过一定的预浸渍条件处理后，固化时放出的低分子物少，适合于低压成型。

（3）浸胶工艺　常用立式浸胶机，浸胶工艺条件见表 1-51。

表 1-51　胶布浸胶工艺条件

胶布	含胶量 /%	挥发分 /%	不溶性树脂 /%	浸胶时间 /s	烘干温度/℃			运行速度 /(m/min)
					上部	中部	下部	
聚乙烯缩丁醛 改性酚醛	29～35	<5	20～70	30～45	90～100	80～90	70～80	3
环氧改性酚醛	30～36	<3	5～30	30～45	90～100	80～90	70～80	3.5

（4）胶布质量指标　各种酚醛树脂的胶布的质量指标见表 1-52。

表 1-52　各种酚醛树脂的胶布的质量指标

树脂类型	玻璃布厚度 /mm	胶液密度 /(g/cm³)	树脂含量 /%	可溶性树脂含量 /%	挥发物含量 /%
氨酚醛	0.1±0.005	1.02 左右	35±3	55±25	<5
	0.2±0.01	1.08±0.01	29±3		
		1.10～1.12	33±3		
	0.25±0.015	1.045～1.06	37±3		
低压钡酚醛	0.1±0.005	1.03～1.05	33±3		
	0.2±0.01	1.08±0.01	32±3		
	0.25±0.005	1.07±0.01	40±3		
	0.250±0.015(高硅氧布)	1.07±0.01	40±3		
	涤纶布	1.01～1.04	35～43		
6101 环氧：氨 酚醛＝6：4	0.1±0.005	1.01±0.01	35±3	70～95	<3
	0.2±0.01	1.06～1.08	33±3		

1.3.1.4　环氧树脂覆铜板胶布

覆铜箔板是制造印刷线路板最重要的材料，玻璃布增强覆铜箔板如 FR-4、FR-5 品种已成为目前应用于电子计算机、通信设备、仪器仪表等电子产品中印刷线路板的主流，其中 FR-4 品种在环氧树脂覆铜箔板产量中占 90％左右，美国电气工程学会环氧树脂覆铜箔板的主要型号标准及产品特性见表 1-53。

表 1-53　美国电气工程学会（NEMA）环氧树脂覆铜箔板的主要型号标准及产品特性

型号	基体树脂	增强材料	产品特性
G-10	环氧树脂	无碱玻璃布	一般用途
G-11	耐热环氧树脂	无碱玻璃布	耐热为 155℃
FR-4	阻燃环氧树脂	无碱玻璃布	阻燃
FR-5	阻燃耐热环氧树脂	无碱玻璃布	耐热、阻燃

国外及国内某些外企在生产环氧覆铜箔基板时还说明了其基体树脂的玻璃化温度（T_g）以示耐热性能，按 T_g 分等级有 140℃、150℃、175℃、180℃ 和

200℃。新型覆铜箔基板 T_g 分类见表1-54。

表 1-54 新型覆铜箔基板的 T_g 分类

型号	PCL-GH-180①	PCL-LD-621②	PCL-FR-370	PCI-FR-254	PCI-FR-370HR	PCI-FR-226
T_g/℃	200	200	175	150	180	140

① PCL-GH-180 采用聚苯醚和环氧树脂复合。

② PCL-LD-621 采用双马来酰亚胺三嗪和环氧树脂复合。

（1）印制版用 E 玻璃纤维布

（2）铜箔 覆铜箔层压板的铜箔是电解铜箔，供玻璃布基覆铜箔层压板用的是粗化铜箔，铜箔的厚度分别为 0.18μm、0.35μm 及 0.50μm，常用的是 0.35μm，其性能指标见表 1-55。

表 1-55 电解铜箔技术指标

性　　能	厚度/μm		
	0.18	0.35	0.50
标重/(g/m²)	150±10	305±10	435±10
宽度/mm	1040	1040	1040
铜含量/%	99.8	99.8	99.8
拉伸强度/Pa	>10500	>21000	>21000
伸长率/%	>2	>3	>3
铜箔表面凸点(最大值)/mm	<5	<5	<7
电阻率/MΩ	≤7	≤3.5	≤2.45

（3）铜箔胶 常用的是聚乙烯醇缩醛胶，也有用丙烯酸胶。

（4）环氧树脂技术指标 环氧树脂覆铜板 FR-4 的主要原料为溴化环氧树脂，其技术指标见表 1-56。

表 1-56 溴化环氧树脂技术指标

项目	环氧当量/(g/eq)	色泽(加氏)	溴含量/%	水解氯含量/%	固体含量/%	黏度/Pa·s	溶剂
指标	400～450	<2	19～21	0.02～0.03	79～81	800～2000	丙酮

（5）环氧树脂胶液配方 以大量生产的 FR-4（EPGC-32F）和少量生产的 FR-5 的胶液配制为例（见表 1-57）。

表 1-57 阻燃环氧复合胶液的配比

材料名称	低溴环氧树脂	高溴环氧树脂	线型酚醛环氧树脂	双氰胺	苄基二甲胺(或2-甲基咪唑)	丙酮
FR-4	100	—	—	3.7	0.2	适量
FR-5	49.5	10.5	40.0	3.0	0.2	适量

若采用 2-甲基咪唑，则加入量为 0.05%～0.15%；溶剂也可选用二甲基甲酰胺：乙二醇甲醚为 1：1 的溶液。

胶液配制过程是先将双氰胺在二甲基甲酰胺中加热，溶解成均匀液体。通常按 1：9（质量比）相溶解，然后再使用。

将溶剂加入容器内搅拌，加入各种树脂，稍稍加热进行溶解，待溶解完全后再加入双氰胺及苄基二甲胺，充分搅拌均匀约 1～2h 后再放置，固化 24h 后使用。

测定胶液固体含量在 60%～65%；凝胶时间为 170℃下 200～250s（试样为 1g）。

环氧树脂胶液配方见表 1-58。

表 1-58　FR-4 胶液典型配方

材料名称	溴化环氧树脂 （固体含量 80%）	双氰胺 （DICY）	二甲基甲酰胺 （DMF）	乙二醇甲醚	2-甲基咪唑
用量/质量份	125	2.9	15	15	0.05～0.12

（6）预浸料的制备　采用 0.18mm 7628 无碱玻璃布供本体用，0.1mm 2116 玻璃布作表面用，在立式上胶机上浸渍烘焙，制成预浸料，并按尺寸要求进行剪切，切片存放于储料架上。

1.3.1.5　热塑性塑料胶布

热塑性塑料浸胶是将热塑性塑料放于合适的溶剂中，配制成浸渍胶液，使其可以采用类似于热固性树脂的湿法浸渍技术进行浸渍，将溶剂除去后即得到浸渍良好的预浸料。这种工艺的优点是可以使纤维完全被树脂浸渍并获得良好的纤维分布，可采用传统的热固性树脂的设备和类似的浸渍工艺。缺点是成本较高并造成环境污染，残留溶剂很难完全除去，影响制品性能，只适用于可溶聚合物，而这类聚合物自然由于耐溶剂性差而应用受到限制。

（1）聚四氟乙烯塑料胶布（PTFE 玻璃漆布）　PTFE 分散液：相对密度 1.5，黏度（25℃）10～30mPa·s，pH 值 9～10，固含量 60%。用蒸馏水作稀释剂，将 PTFE 分散液配成 45%～55% 的浓度后浸渍玻璃布，玻璃布厚度有 0.06mm、0.10mm、0.15mm、0.29mm 几种。玻璃布连续经过 3～4 道的浸渍胶槽，边浸渍边干燥（干燥温度由下至上在 70～200℃ 范围内），去掉水分和其他低分子化合物，然后把干燥好的浸渍胶布放入烧箱内烧结使 PTFE 树脂与玻璃纤维有较强的黏结力，烧结温度 380～400℃，以一定的速度通过烧结区，使 PTFE 玻璃漆布达到表 1-59 所示的性能。

（2）聚苯醚塑料胶布　将 10%～18% 聚苯醚的苯溶液浸渍玻璃布，玻璃布含胶量控制在（35±5）%，烘干温度为 70～110℃。

表 1-59　PTFE 玻璃漆布性能

性能	数值		
PTFE 漆布厚度/mm	0.10	0.15	0.20
玻璃布厚度/mm	0.06	0.10	0.15
电击穿电压/kV	0.9～1.0	1.1～1.4	1.1～1.4
拉伸强度/MPa	100～160		
表面电阻率/Ω	10^{12}～10^{14}		
体积电阻率/Ω·cm	10^{13}～10^{15}		
介质损耗角正切(10^6Hz)	5×10^{-3}～5.3×10^{-4}		
介质常数(10^6Hz)	2.6～3.2		

1.3.2　热熔膜浸渍法

将树脂分别放到加热至成膜温度的上下平板上，调节刮刀与离型纸之间的间隙以满足预浸料树脂含量的要求，机器开动后，通过牵引辊使离型纸和纤维一起移动，上下纸上的胶膜将纤维夹在中间，通过压辊将熔融的树脂挤压进纤维中浸渍纤维，预浸料通过夹辊压实后，经过冷却板降温，最后收起上离型纸，将预浸料收卷存放。

1.3.2.1　玻璃纤维毡增强热塑性塑料（GMT）

玻璃纤维毡增强热塑性塑料，简称 GMT（glass matreinforced thermoplastics），是目前国际上较为活跃的复合材料开发品种之一，广泛应用于汽车车身各部位，可替代传统的金属部件，减轻重量，降低成本。一般可以生产出片材半成品，然后直接加工成所需要的形状的产品。

（1）原材料

① 玻璃纤维毡

a. 玻璃纤维短切原丝毡

b. 玻璃纤维针刺毡　用作增强聚丙烯的连续玻璃纤维针刺毡的面密度为 $330g/m^2$、$700g/m^2$、$950g/m^2$，纤维直径 $21\mu m$。在组合增强的复合材料中，连续玻璃纤维的增强作用居于主导地位，随着所采用玻璃纤维毡面密度的增大，在材料厚度相同的情况下，材料中玻璃纤维含量将提高，根据复合规律，材料的力学性能均会得到明显的提高（见表 1-60）。

② 基体树脂　采用热熔胶制备预浸料的树脂必须满足以下三个基本要求：能在成膜温度下形成稳定的胶膜；具有一定的胶黏性，以便于预浸料的铺贴；熔融时的最低黏度不能太高，以便树脂浸渍纤维。

树脂成膜温度是控制成膜状况的重要因素，对于一个能成膜的树脂体系，当成膜温度较低时，树脂不易流动，难以制成较薄的均匀胶膜；而当成膜温度太高时，树脂黏度大大降低，树脂离开热源后不能将热源很快散去导致树脂在可以流动的状态下收缩，制出的胶膜厚薄不均，这样就无法保证预浸料树脂含量的均匀性。

表 1-60　玻璃纤维毡的面密度对增强塑料力学性能的影响

玻璃纤维毡的面密度/(g/m²)	330	700	950
拉伸强度/MPa	55.56	73.60	97.71
拉伸模量/MPa	3704	4697	5744
弯曲强度/MPa	79.43	108.32	143.72
弯曲模量/MPa	2942	4112	5186
悬臂梁缺口冲击强度/(J/m²)	289.42	366.92	698.35

生产玻璃纤维毡增强热塑性塑料（GMT）的方法是采用熔融浸渍法，即将玻璃纤维毡和塑料片叠合后，在加热加压下使塑料浸透玻璃纤维毡，排除气泡，冷却定型后定长切断制成 GMT。玻璃纤维毡增强热塑性塑料（GMT）工艺过程如图 1-43 所示。

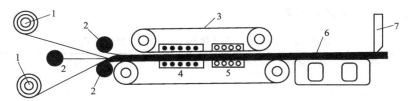

图 1-43　玻璃纤维毡增强热塑性塑料（GMT）工艺过程示意图
1—玻璃纤维毡；2—塑料挤板机；3—加压带；4—加热加压装置；
5—冷却设施；6—复合片材；7—切割器

最常用的热塑性树脂是聚丙烯，其次为热塑性聚酯 PET 和聚碳酸酯，其他如聚氯乙烯等也有使用。这一工艺具有适用性强、工艺及设备简单等优点；也存在纤维浸渍状态和分布不良、制品性能不高，需要高温、高压长时间成型，以及不能制造复杂形状和大型制品的缺点。干法生产热塑性 SMC 的树脂有聚丙烯、尼龙、聚氯乙烯等，但用量最多的还是聚丙烯。

（2）制品实例

① 硅灰石和玻璃纤维毡增强聚丙烯　首先将 KH-550 处理的硅灰石与聚丙烯及其他组分按一定比例混合，用双螺杆挤出机挤出造粒。再将填充硅灰石的聚丙烯经片状口模挤出，并经三辊压延制得厚度为 1mm 左右的薄片，将 3 层聚丙烯薄片与 2 层玻璃纤维毡叠层铺放，在双钢带连续熔融浸渍设备上经加热、热压、冷却定型后得到 GMT 片材。

采用不同的聚丙烯树脂作为基体制得的硅灰石与连续玻璃纤维毡组合增强复合材料，其力学性能如表 1-61 所示（玻璃纤维毡的面密度为 700g/m²，硅灰石含量为 20%，MPP 含量 50%）。

表 1-61　连续玻璃纤维毡增强聚丙烯的力学性能

PP 树脂牌号	Y1600	Y2600	Y3500	M700R
拉伸强度/MPa	72.93	75.42	76.92	59.38
拉伸模量/MPa	4740	4937	5026	4013
弯曲强度/MPa	118.78	125.41	126.53	94.67
弯曲模量/MPa	4083	4329	4385	3584
缺口悬臂梁冲击强度/(J/m²)	328.03	329.62	326.74	402.82

　　Y1600、Y2600、Y3500 为均聚的聚丙烯，分子链规整度较高，结晶度也较大，树脂的拉伸、弯曲强度及模量均高于共聚聚丙烯 M700R，而后者的冲击韧性要高于前者。以均聚聚丙烯作为基体树脂制得的组合增强塑料，其拉伸、弯曲强度及模量均高于以共聚聚丙烯 M700R 为基体的增强塑料，而冲击强度则要低于后者。

　　不同玻纤毡增强聚丙烯片材性能见表 1-62。

表 1-62　不同含量玻纤毡增强聚丙烯片材的性能

玻纤毡含量/%	拉伸强度/MPa	弯曲强度/MPa	弯曲模量/GPa	冲击强度/(kJ/m²)	缺口冲击强度/(J/m)	负荷变形温度/℃	相对密度
20	69.3	90.0	4.33	50	669	162	1.05
30	72.2	109	4.45	60.1	775	166	1.12
40	81.2	127	5.47	71.3	1466	173	1.18

　　② 云母和玻璃纤维毡增强聚丙烯
　　a. 配方组成（质量份）　PP（Y1600 均聚聚丙烯）55 份；云母（粒径为 0.127mm）40 份；PP-g-MAH 5 份；玻璃纤维体积含量 12.5%；γ-氨丙基三乙氧基硅烷偶联剂等助剂适量。
　　b. 制备工艺　经偶联剂处理的云母按配方比例与 PP 和其他助剂由双螺杆挤出机混炼造粒，干燥后挤出成膜，再经双辊压机压制成一定厚度的薄膜。而后使用双钢带压机通过熔融浸渍工艺将三层云母增强 PP 薄膜与两层玻璃纤维毡叠合在一起。最后由双钢带压机将叠层成型成片材。
　　c. 相关性能　拉伸强度 82.7MPa；拉伸模量 6313MPa；弯曲强度 148.3MPa；弯曲模量 8200MPa；冲击强度 574J/m。
　　③ 玻璃纤维毡增强 PP 树脂性能　市售部分产品的主要性能指标见表 1-63。

1.3.2.2　玻璃纤维毡增强环氧树脂

　　(1) 环氧树脂固化体系　其配方见表 1-64。

表 1-63　玻璃纤维毡增强 PP 树脂的主要性能指标

生产商,牌号	AZDEL,PM10300	QUADRANTPLASTIC COMPOSITES, B100F30F1	江苏双良复合材料有限公司, SLGMT3130F
增强材料	连续针刺毡	短切毡	短切毡
纤维含量(质量分数)/%	30	30	30
拉伸强度/MPa	82	67	68
拉伸模量/MPa	4790	4000	4100
弯曲强度/MPa	140	115	115
弯曲模量/MPa	5070	4300	4000
悬臂梁缺口冲击强度/(J/m)	616	763	560
热变形温度/℃	154	150	156
密度/(g/cm³)	1.12	1.12	1.13

表 1-64　环氧树脂热熔膜固化体系配方　　　　单位:质量份

配方	固体环氧树脂	液体环氧树脂	甲基纳迪克酸酐	苄基三乙基氯化铵	2-乙基-4-甲基咪唑
A	67	33	48	0	1
B	67	33	48	2	0

（2）树脂胶膜制备　将液体环氧树脂 E-51 倒入混合器,升温至 90℃,在不断搅拌和恒温下,把经过打碎的固态环氧树脂 CYD-011 慢慢加入其中,直至固态树脂全部溶解并搅拌均匀。降低温度至 70℃,加入固化剂和促进剂,搅拌使其均匀分散于树脂中,用刮刀法成膜。

1.3.2.3　聚丙烯单聚合物复合材料（PPSPCs）制备

（1）PP 薄片的制备　在 200℃和 1MPa 条件下,热压出两张厚度为 0.5mm 的无气泡薄片,以待备用。

（2）PP SPCs 的制备　把两张制备好的 PP 薄片对称地放在聚四氟乙烯薄膜上,然后把放有 PP 薄片的聚四氟乙烯放入温度为 200℃的高温热压机内,加热 10min,使 PP 薄片充分熔融。然后将聚四氟乙烯薄膜和 PP 薄片一起迅速转到低温热压机内。在低温热压机内,熔融的 PP 薄片成了过冷熔体。此时,将 PP 纤维布放入其中一张 PP 薄片上,然后将聚四氟乙烯薄膜对折,将另一张 PP 薄片覆盖在 PP 纤维布上。在 9MPa 的压力下,热压 10min 制备 PPSPCs。

复合材料的拉伸强度随加工温度升高而提高,在 150℃树脂基体能够很好地渗透纤维布,复合材料的拉伸强度比没有增强的 PP 提高了 5 倍以上。

1.3.3　粉末浸渍法

这种方法所用设备为热压机,是将定量树脂粉末均匀地分布在热压板上,用增强纤维织物盖上树脂，放第二块热压板，加热到树脂的加工温度，使其熔融，慢慢施压，使树脂进入织物。为了改善浸渍，防止气泡形成，可以在真空下进行浸渍过程。要求提高效率，缩短预浸料的制造时间，可采用图1-44所示的专用模具，一次可以制造多片预浸料。该法制备预浸料为非连续过程，效率比较低，只适用于研制和小批量生产。

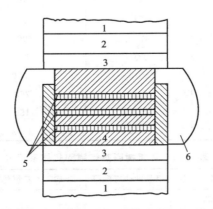

图 1-44　粉末浸渍法制备预浸料示意图

1—热压机；2—加热板；3—冷却板；4—模板；5—织物；6—真空室

1.3.4　纤维混编或混纺

纤维混编或混纺技术是将热塑性塑料制成纤维，再使其与增强纤维共同纺成混杂纱线或编织成适当形式的织物。在物品成型过程中，树脂纤维受热熔化并浸渍增强纤维。该技术工艺简单，预浸料有柔性，易于铺层操作。但与膜层叠技术一样，在制品成型阶段，需要足够高的温度、压力及足够长的时间，且浸渍难以完成。同时，树脂基体能制成纤维或能劈分的薄膜是实现这种工艺技术的先决条件。

PEEK柔性预浸料以碳纤维丝束为经纱，以PEEK丝束为纬纱，采用共编织方法编织成平纹布（见图1-45）。平纹布里碳纤维体积分数控制在50%～62%，T300/PEEK预浸料的典型规格见表1-65。

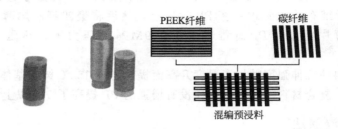

图 1-45　PEEK/碳纤维混编平纹布示意图

表 1-65　T300/PEEK 柔性混编预浸料的典型规格

项目	密度/(g/cm³)	长度	宽度/mm	厚度/mm	PEEK 纤维束数/(束/10mm)	碳纤维束数/(束/10mm)	织物重量/(g/m²)	编织方式
数值	1.5～1.7	连续	150～920	0.125～0.160	6～10	5.5～7.5	153～239.2	平纹

参考文献

[1]　潘利剑.先进复合材料成型工艺图解 [M].北京:化学工业出版社,2016.
[2]　戚远慧等.PA11 含量对 PA11/PP 原位成纤复合材料性能的影响 [J].现代塑料加工应用,2015.
[3]　宋功品等.连续长玻纤增强 PBT 复合材料的制备及性能研究 [J].现代塑料加工应用,2015.
[4]　程龄贺.PP/活性 PA66 复合材料的原位成纤及其形态、结构与性能 [M].北京:中国水利水电出版社,2015.
[5]　张毅莉.叶片纤维布浸胶机的结构设计 [J].纤维复合材料,2015.
[6]　汪泽霖.玻璃钢原材料手册 [M].北京:化学工业出版社,2015.
[7]　徐春飞等.湿法制备长碳纤维增强聚苯硫醚复合材料的性能 [J].玻璃钢/复合材料,2014.
[8]　黄家康.我国玻璃钢模压成型工艺的发展回顾及现状 [J].玻璃钢/复合材料,2014.
[9]　邢丽英.先进树脂基复合材料自动化制造技术 [M].北京:航空工业出版社,2014.
[10]　张道海等.长玻纤增强 ABS 复合材料的制备与性能 [J].现代塑料加工应用,2014.
[11]　中国航空工业集团公司复合材料技术中心.航空复合材料技术 [M].北京:航空工业出版社,2013.
[12]　朱和国等.复合材料原理 [M].北京:国防工业出版社,2013.
[13]　益小苏.航空复合材料科学与技术 [M].北京:航空工业出版社,2013.
[14]　唐见茂.高性能纤维及复合材料 [M].北京:化学工业出版社,2012.
[15]　李玲.不饱和聚酯树脂及其应用 [M].北京:化学工业出版社,2012.
[16]　吴忠文等.特种工程塑料及其应用 [M].北京:化学工业出版社,2011.
[17]　陈平等.环氧树脂及其应用 [M].北京:化学工业出版社,2011.
[18]　黄发荣等.酚醛树脂及其应用 [M].北京:化学工业出版社,2011.
[19]　黄家康.复合材料成型技术及应用 [M].北京:化学工业出版社,2011.
[20]　陈宇飞等.聚合物基复合材料 [M].北京:化学工业出版社,2010.
[21]　倪礼忠等.高性能树脂基复合材料 [M].上海:华东理工大学出版社,2010.
[22]　益小苏等.复合材料手册 [M].北京:化学工业出版社,2009.
[23]　黄发荣等.先进树脂基复合材料 [M].北京:化学工业出版社,2008.
[24]　贾立军等.复合材料加工工艺 [M].天津:天津大学出版社,2007.
[25]　姜振华等.先进聚合物基复合材料技术 [M].北京:科学出版社,2007.
[26]　刘雄亚.复合材料新进展 [M].北京:化学工业出版社,2007.
[27]　俞翔霄等.环氧树脂电绝缘材料 [M].北京:化学工业出版社,2007.
[28]　燕瑛.复合材料探索与求实 [M].北京:中国农业科学技术出版社,2007.
[29]　刘雄亚等.透光复合材料、碳纤维复合材料及其应用 [M].北京:化学工业出版社,2006.
[30]　益小苏.先进复合材料技术研究与发展 [M].北京:国防工业出版社,2006.
[31]　邹宁宇.玻璃钢制品手工成型工艺 [M].2 版北京:化学工业出版社,2006.

[32]　［美］詹姆士 F. 史蒂文森.聚合物成型加工新技术［M］. 刘廷华,等,译. 北京：化学工业出版
社，2004.

[33]　［美］T. G. 古托夫斯基.先进复合材料制造技术［M］. 李宏运,等,译. 北京：化学工业出版
社，2004.

[34]　张玉龙 . 先进复合材料制造技术手册［M］. 北京：机械工业出版社，2003.

[35]　张玉龙 . 高技术复合材料制备手册［M］. 北京：国防工业出版社，2003.

[36]　倪礼忠等 . 复合材料科学与工程［M］. 北京：科学出版社，2002.

[37]　丁浩 . 塑料工业实用手册［M］. 北京：化学工业出版社，2000.

[38]　沃定柱等 . 复合材料大全［M］. 北京：化学工业出版社，2000.

第2章

喷射成型工艺

喷射成型工艺是将不饱和聚酯树脂（或乙烯基酯树脂）分别混入引发剂和促进剂从喷枪两侧喷出，同时将短切后的玻璃纤维无捻粗纱，由喷枪中心喷出，使其与树脂均匀混合，沉积到模具上，喷到规定厚度后，再用辊子滚压密实，脱泡，固化成型（图 2-1）。喷射成型与手糊成型相比，其优点是：①用玻纤粗纱代替织物，可降低材料成本；②生产效率比手糊的高 2~4 倍；③产品整体性好，无接缝，层间剪切强度高，树脂含量高，抗腐蚀、耐渗漏性好；④可减少飞边、裁剪布时的布屑及剩余胶液的消耗；⑤产品尺寸、形状不受限制。缺点为：①树脂含量高，制品强度低；②产品只能做到单面光滑；③污染环境，危害操作人身体健康。

喷射成型场地要特别注意环境排风。根据产品尺寸大小，操作间可建成密闭式，以节省能源。密闭式有两种形式：下排气式和侧排气式，以下排气式较好。

喷射成型效率达 15kg/min。已广泛用于加工浴盆、机器外罩、整体卫生间、汽车车身构件及大型浮雕制品等。

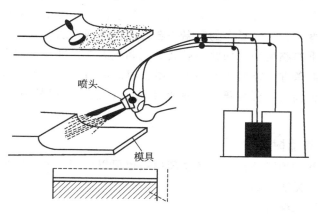

图 2-1　喷射成型工艺

1—复合材料；2—胶衣；3—脱模剂；4—模具

2.1 原材料

2.1.1 增强材料

喷射工艺常用的增强材料是经短切的玻璃纤维无捻粗纱,其短切速度高达 500m/min,为了保证在高速切割速度下顺利的切割,这类无捻粗纱对切断性、抗静电性、分散性及树脂浸透性的要求甚高。此外,还要求喷射成型用无捻粗纱具备良好的脱泡性、附模性及脱模性,并要求这类无捻粗纱不使玻璃钢制品泛白。应选用专用无捻粗纱。淄博中材庞贝捷金晶玻纤有限公司的喷射型无捻粗纱为无碱,采用硅烷偶联剂,适用于不饱和聚酯树脂,其性能见表 2-1。

表 2-1 喷射型无捻粗纱规格

牌号	单丝公称直径/μm	线密度/tex	含水率/%	卷重/kg	浸润剂含量/%
HB6000	11	2400±120	<0.1	16.8±0.8	1.35±0.15
HB6300	11	2400±120	<0.1	15.5±0.7	1.30±0.15
HB6313	11	2400±120	<0.1	15.5±0.7	1.30±0.15

注:资料来源于该公司 2014 年复合材料展览会产品说明书。

2.1.2 基体树脂

2.1.2.1 不饱和聚酯树脂

喷射成型主要用不饱和聚酯树脂,这类树脂应易于喷射,亦易于雾化,树脂容易浸透纤维增强材料,容易排除气泡,与纤维粘接力强;全年四季在室温条件下,即夏天室温高,冬天室温低,而树脂的黏度、凝胶时间及固化特性不要变化太大,因为,冬天的室温往往比标准规定的温度低,此时室温的树脂黏度比标准温度的树脂黏度要大,而夏天的室温一般要比标准规定温度高,树脂的黏度则比标准规定温度下的黏度小,如此,虽然冬天和夏天在标准规定的温度下黏度不一样,但是在室温条件下黏度相差不大;凝胶时间的情况与黏度一样。对于施工有斜面的制品,树脂要有促变度,不能产生流胶现象,一般控制树脂的促变度为 1.5~4.0。

2.1.2.2 乙烯基酯树脂

(1)乙烯基酯树脂指标 乙烯基酯树脂也可以应用于喷射成型,其主要产品的液体树脂指标见表 2-2。

(2)树脂固化配方

① 常温固化配方(见表 2-3) 适用固化温度为 10~40℃。

② 低温固化配方(见表 2-4) 适用固化温度为 0~10℃。

表 2-2　乙烯基酯树脂指标

项目	类型	外观	酸值/(mgKOH/g)	黏度/mPa·s	凝胶时间/min	固体含量/%
MFE-W3	酚醛环氧型	淡黄色透明液体	10.0±4.0	300±70	12.0±4.0	64.0±3.0
MFE711	双酚 A 型	淡黄色透明液体	10.0±3.0	350±80	20.0±5.0	55.0±3.0

注：资料来源于华东理工大学 2014 年复合材料展览会产品说明书。

表 2-3　常温固化配方　　　　　单位：质量份

树脂类型	双酚 A 型		酚醛环氧型	
乙烯基酯树脂	100	100	100	100
过氧化甲乙酮	1.0~3.0		1.0~3.0	
异丙苯过氧化氢		2.0~4.0		2.0~4.0
环烷酸钴	0.5~4.0	0.5~4.0		
异辛酸钴			0.1~2.0	0.1~2.0

注：资料来源于华东理工大学 2014 年复合材料展览会产品说明书。

表 2-4　低温固化配方　　　　　单位：质量份

树脂类型	双酚 A 型		酚醛环氧型	
乙烯基酯树脂	100	100	100	
过氧化甲乙酮	2.0~4.0		2.0~4.0	
过氧化苯甲酰		2.0~4.0		2.0~4.0
环烷酸钴	3.0~4.0			
异辛酸钴			1.0~2.0	
二甲基苯胺液(10%)	0.5~2.0	0.5~2.0	0.5~2.0	0.5~2.0

注：资料来源于华东理工大学 2014 年复合材料展览会产品说明书。

2.2　喷射成型工艺

2.2.1　喷射成型机

2.2.1.1　喷射成型机的结构

　　喷射成型机的主要组成部件是玻璃纤维切割喷射器、胶液喷枪以及用于输送树脂及固化剂的泵、料桶与压缩空气源、用于控制的调节器和计量器、玻纤束导向系统和设备载架等。喷射成型机由压缩空气提供动力，输送树脂和固化剂的两个连动泵，将树脂及固化剂分别压入喷枪，并在喷枪系统内充分混合后，喷到工件模具上。同时，增强材料通过喷枪的胶辊与刀片被切割成段，也用压缩空气喷射到模具上，而后再用手动压辊滚压脱泡，最后经固化成产品。

　　（1）玻璃纤维切割喷射器　它将由纱团引出的连续纤维切断为所需要长度的

短纤维并连续地喷洒在成型模具上。

（2）树脂胶液喷枪 它用于喷射树脂和固化剂，在成型机工作过程中，可以通过改变固化剂泵活塞的行程来控制固化剂与树脂的比例大小。胶液喷枪的分类方法很多。喷枪按混合形式可分为以下几种。

① 外部混合型 喷枪具有四个喷嘴，其中两个用于树脂，两个用于固化剂。四个喷嘴安排在正方形的四个角上，正方形的中间是短切纤维的喷嘴。喷出的短切纤维被树脂和固化剂包围，因此，玻璃纤维不容易喷溅出来。这种喷枪不需要溶剂冲洗，但是在每次喷射结束以后喷枪的前端应该洗干净。

② 无空气外部混合型 喷枪具有一个或两个树脂喷嘴，一个固化剂喷嘴。固化剂由压力罐输送到喷嘴，在足够的压力下使固化剂雾化，不需要空气辅助。切割器被置于喷嘴的顶部，通过适当的调节，切割器将短切纤维喷入树脂和固化剂的喷射面内。该种喷枪不需要用溶剂冲洗，但每次喷射结束后，应该将喷嘴洗干净。

③ 空气辅助内部混合型 喷枪在内部将空气、固化剂和树脂混合在一起。短切纤维被喷到混合物喷射面的上面，一定量的短切纤维的喷溅是不可避免的。空气与固化剂及树脂混合的结果，使得在制品中易产生孔隙。需要用溶剂冲洗喷枪内部混合腔。

④ 无空气内部混合型 树脂和固化剂被压入内部混合腔混合，在高压（至少 5.6MPa）下从喷嘴喷出，短切纤维也被喷到混合物喷射面的上面。在每次喷射后必须用溶剂冲洗其混合腔。

⑤ 已混合型（无空气） 喷枪具有两个喷嘴，事先调配好的含固化剂树脂由喷嘴喷出。切割器置于喷嘴上面并可以调节，使得纤维喷嘴最小。喷枪在每次喷射后不需要溶剂冲洗。

（3）玻纤束导向系统 更好控制玻纤束的传送，减少因玻纤缠绕造成的停机。

（4）设备载架 方便设备的移动。

2.2.1.2 喷射成型机的主要技术参数

喷射成型机的主要技术参数见表 2-5。

表 2-5 喷射成型机的主要技术参数

生产厂家	维纳斯公司（VENUS）		衡水滨湖新区宜丰喷涂机厂	
型号	Hls 系列	Patriot[①]	B2 喷涂机	B5 喷涂机
树脂喷量/（kg/min）	2～3.6	6.8	3～6	8～10
压力比		15：1	18：1	11：1
纤维喷量/（kg/min）	1～1.8			

生产厂家	维纳斯公司（VENUS）		衡水滨湖新区宜丰喷涂机厂	
固化剂与树脂比例/%	3～50	0.75～2.5	0.8～3	0.8～3
喷射角	25°～60°			
工作气压/MPa		≤0.7	0.3～0.7	0.3～0.7
树脂泵与切割器空气耗量/(m³/min)	0.25	0.53	0.05～0.5	0.1～0.8

① 该公司 2014 年复合材料展览会产品说明书。

2.2.2 喷射工艺参数

（1）环境温度　喷射成型时的环境温度为 15～35℃，而以（25±5）℃最为适宜。温度过高则树脂固化快，能引起系统堵塞或积层固化应力不均；过低则树脂黏度大，混合不均，固化速度慢，甚至可以引起立面流胶。

（2）纤维长度及用量　制品纤维含量控制在 28%～40%。低于 25% 时，滚压容易，但制品强度低；大于 45% 时，滚压困难，气泡难以排净。纤维长度一般为 25～50mm。小于 10mm 时，制品强度降低；大于 50mm 时，不易分散。

（3）喷射量　在喷射成型过程中，应使胶液喷射量与纤维切割量在一定的比例上稳定且相匹配（含胶量约为 60%）。喷射量太小，生产效率低；喷射量过大，影响制品质量。喷射量与喷射压力由喷嘴直径决定，喷嘴直径在 1.2～3.5mm，可控制喷射量在 35～170g/s。

（4）喷枪夹角　喷枪夹角对树脂与引发剂在枪外混合均匀度的影响极大。喷枪不同夹角喷出来的树脂混合空间不同。为操作方便，喷枪夹角一般为 20°。确定操作距离主要考虑产品形状和树脂胶液飞失等因素。若改变操作距离，则需调整喷枪夹角以保证树脂在靠近成型面处交集混合。喷枪口与成型表面距离一般为 350～400mm。

（5）喷雾压力　喷枪的喷雾压力的主要作用是保证两组分树脂均匀混合，喷雾压力太小，混合不均匀；喷雾压力太大，树脂流失过多，造成浪费。适宜喷枪的喷雾压力与胶液黏度有关，若黏度在 0.2Pa·s 左右，则雾化压力为 0.3～0.35MPa。

2.2.3 喷射成型工艺

① 喷射开始，可通过调整气压对玻璃纤维和树脂喷出量进行调节，以达到规定的玻璃纤维含量。

② 喷射成型时，首先在模具上喷上一层树脂（或胶衣），然后开动纤维切割器。为使制品表面光滑，在喷射最初和最后层时，应尽量薄些。

③ 喷枪移动速度均匀，喷射轨迹应为均匀直线，以防漏喷。相邻两个行程间重叠宽度应为前一行程宽度的 1/3，以得到均匀和连续的涂层。为获得均匀覆盖，前后涂层走向应交叉或垂直。

④ 每个喷射面喷完后，立即用压辊滚压，要特别注意凹凸表面。压平表面，整修毛刺，排出气泡，然后再喷第二层。

⑤ 要充分调整喷枪和纤维切割喷射器喷出的纤维及胶液的喷射量，以得到较好的脱泡效果。

⑥ 喷射制品曲面时，喷射方向应始终沿曲面法线方向；喷射沟槽时，应首先喷四周和侧面，然后在底部补喷适量纤维，防止树脂在沟槽底部集聚；喷射转角时，为防止在角尖出现胶集聚，应从夹角部位向外喷射。

2.3 喷射成型制品质量检测和控制

2.3.1 检测玻璃钢浴缸不同部位的性能

影响玻璃钢基体树脂的凝胶时间、固化时间、放热峰温度等的因素很多，作为玻璃钢产品，尤其是大型玻璃钢产品，各个部位的基体树脂所处的环境条件很难做到完全一样，为了了解产品固化过程中各个部位基体树脂的凝胶时间、固化时间和放热峰温度等数据，可以在生产现场，将非常细的热电偶预先埋在产品待测部位，跟踪产品生产全过程，然后根据记录的曲线可以得到所需的数据。在浴缸的底部、侧面和出水口处分别预埋热电偶，另有一根热电偶测得环境温度约30℃，获得的曲线见图2-2。

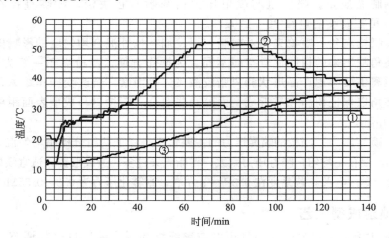

图 2-2 现场实测浴缸各部位发热曲线

另外在热电偶检测点取样测试玻璃钢的厚度、树脂含量、固化度和巴氏硬度，实测数据见表2-6。

由图2-2和表2-6可见，实测浴缸各个部位的玻璃钢厚度和树脂含量的不同，基体树脂的固化情况是不一样的，根据所获得的数据可以调整工艺参数或改变一些生产条件，以进一步完善或提高产品各个部位的性能。

表2-6　现场实测数据

部位	放热峰温度/℃	树脂含量/%	固化度1/%	固化度2/%	巴氏硬度	玻璃钢厚度/mm	图2-2中曲线
侧面	31	38.6	80.0	80.8	41.8	1.3～1.4	线①
出水口	52	43.0	84.4	86.6	40.2	7	线②
底部	35.5	41.2	81.1	79.1	39.6	3.1	线③

注：固化度、巴氏硬度、玻璃钢厚度、树脂含量的取样和测试都在测温点附近，固化度2取点更靠近测温点。巴氏硬度是在去掉亚克力后的玻璃钢表面上测试的。

2.3.2　自组装的热电偶测温仪

2.3.2.1　热电偶

铁-康铜热电偶（J型，上海南浦仪表厂生产，直径0.5mm，铁氟龙绝缘）或镍铬-康铜热电偶（EA-2），热电偶丝直径为0.5～1mm。

2.3.2.2　温度记录仪

EX500型8通道彩色液晶显示无纸记录仪（大华仪表厂生产），与热电偶配套，其温度准确至1℃，时间读数准确至2s。

2.3.2.3　热电偶丝连接

热电偶丝可用铰结或焊接的方法形成接点。铰结要求：铰结数5个，应平服，紧密，无毛刺。

2.4　喷射成型常见的缺陷、产生原因及解决措施

喷射成型常见的缺陷、产生原因及解决措施见表2-7。

表2-7　喷射成型常见的缺陷、产生原因及解决措施

常见缺陷	产生原因	解决措施
浸渍不良	①树脂含量低；②树脂黏度过大；③树脂的促变性能，造成树脂流失；④粗纱浸润性差，不易被树脂浸透；⑤树脂凝胶时间过短，在喷射操作中就凝胶	①增加树脂含量或减少纤维用量；②降低树脂黏度；③选择促变适度的树脂或添加促变剂；④更换浸润性好的粗纱；⑤延长树脂的凝胶时间，如减少促进剂量，或加入阻聚剂，或降低环境温度
喷射层从模具上脱落	①树脂含量过多；②树脂的黏度低、促变性小；③喷枪与成型模面的距离小；④粗纱的切割长度不合适	①减少树脂喷出量或增加粗纱根数；②提高树脂的黏度和促变性；③调整喷射的距离和方向；④按制品的大小和形状，改变纤维的切割长度
固化不均匀	①各喷嘴的喷吐量不稳定，造成配比失调；②喷出的树脂无法形成适当的雾状；③树脂和短切粗纱喷射不一致；④初始时喷出的固化剂量不足；⑤空压机内混入冷凝水	①要确定各喷嘴的喷出量，必要时作相应的调整；②调整喷嘴压力，使树脂呈雾状；③模具与喷枪之间的距离及方向要适当调整；④可用空吹法调节固化剂达到一定喷出量后，再喷出树脂和纤维；⑤将空压机内的冷凝水排放掉，并定期进行检查排放

续表

常见缺陷	产生原因	解决措施
粗纱切割不良	①切割刀片磨损;②支持辊磨损;③粗纱根数太多;④切割器的空气压低	①应更换,一般应按刀片的材质,在使用一定时间后主动更换;②视磨损程度及时更换;③减少粗纱根数,通常以切割2根粗纱为宜;④提高空气压,增大空压机容量
空洞、气泡	①脱泡不充分;②树脂浸渍不良;③脱泡程度难以判断;④纤维含量过高;⑤在凝胶前就送入高温的后固化炉	①选用适当工具,加强脱泡作业检查;②加些消泡剂,再次检查树脂和纤维的质量;③将模具做成黑色,以便容易观察脱泡和浸渍情况;④减少纤维含量或增加树脂喷射量;⑤应该在室温下固化后再送入炉内后固化
制品厚度不均匀	①喷射操作不当,喷枪走向不均;②纤维的切割性不好;③纤维的分散性不好	①通过训练,以提高操作熟练程度;②调整或更换切割器;③检查粗纱的质量
制品表面发白及龟裂	①树脂的反应活性高,在短时间内固化,固化时发热量大,而引起树脂和纤维的界面剥离;②纤维表面附有妨碍树脂浸润的物质(如水、油、润滑脂等);③一次喷射太厚;④喷枪中各喷嘴的喷出量不均匀;⑤树脂中混有水	①选用反应活性适宜的树脂,检查引发剂和促进剂的种类和用量以及固化条件;②应作适当处理,平时要注意粗纱的保管和使用;③采用分次喷射,每次喷射厚度不超过3mm;④调整树脂的喷出量;⑤改善树脂的保管、操作方法、使用条件,空压机的冷凝水管要经常放水

2.5 实用举例

喷射成型树脂适用于大型船体、浴缸、机器外罩、整体卫生间、汽车车身构件及大型浮雕制品等。由于玻璃钢制品所需要的性能不同,应选用适合该制品性能的喷射成型树脂。如制造船体,应选用耐水性好的喷射成型树脂;汽车车身构件则应选用耐候性好的喷射成型树脂等。

喷射工艺可成型玻璃钢救生艇、游艇及浴缸等。

2.5.1 喷射成型汽车方向盘

其工艺流程如下。

① 将方向盘的金属框架放入烘箱中,在80～100℃下预热1h。

② 将预热好的金属框架嵌入最初喷射模具中,将不透明树脂喷入最初喷射模具,在金属框架上形成最初喷射层,然后将所得最初喷射层的金属框架再次放入烘箱中,在80～100℃下保温干燥。

③ 参照②中最初喷射层的边界线,在边界线的上侧或下侧分别进行自动转印嵌入最初图案,从而形成上部图案或下部图案,然后将带有图案的金属框架放入烘箱,在80～100℃下加热至少3h。

④ 将③中形成最初图案的金属框架嵌入第二喷射模具中,并喷射透明树脂,形成2～3mm厚的沉积层,即第二喷射层,并将喷射有透明树脂的金属框架再次放入烘箱,在80～100℃下,进行加热固化。

⑤ 参照第二喷射层，在其上侧或下侧分别进行自动转印，嵌入第二图案，形成上部图案或下部图案，并在 80～100℃ 下固化 3h。

⑥ 将⑤中形成第二图案的金属框架嵌入第三喷射模具中，并喷射透明树脂，形成 2～3mm 的沉积层，即第三喷射层。

⑦ 从第三喷射成型模具中撤去金属框架，完成喷射成型过程，在此基础上进行方向盘的其他制造工序（如聚氨酯发泡等），可获得最终产品。

2.5.2 KLQ6129 客车玻璃钢覆盖件

（1）模具清理 模具清洗干净并擦干后喷涂脱模剂。

（2）胶衣喷射 喷射时，喷枪嘴距离模具表面 40～60cm，且尽可能垂直，以 12cm/s 的速度移动喷枪，确保共 2 次来回的遍数。同时，保持扇形面的 1/3 相互重叠，胶衣覆盖均匀全面，不得看见模具颜色，模具转角、死角不得堆积，要求胶衣厚度为 0.35～0.50mm。

（3）积层准备（边缘铺层） 胶衣层基本固化后，将用二氧化硅调配的腻子涂刷前后围模具进气格栅、灯框等处的拐角、死角部位，腻子刷成薄薄的一层，不宜太厚，以后道工序的短切纤维能平顺过渡且能与模具表面滚压贴合为宜；对于后围中部凸台、进风格栅等短切纤维不易滚压部位，刷腻子后铺一层表面毡，并滚压脱泡，从而避免该处产品表面气泡的出现。

（4）首遍纤维喷射 固化剂配比以 15～20min 凝胶，25～35min 固化为宜。首遍喷射不能太厚，厚度控制在 1.75～2mm，整体确保共 3 次来回的遍数，按 12cm/s 的速度进行；喷枪距离模具表面 40～60cm 为宜；纤维在模具上分散均匀，相邻来回 2 次喷射扇形重叠 1/3，模具边缘的纤维超出模具 1～2cm 为宜。同时，为了保证前后围周边埋铁的顺利进行，前后围周边埋铁处需重复两次来回的遍数，基本保证边缘厚度达 2.5mm。

（5）首遍滚压脱泡 首先两位操作人员持猪鬃滚筒分模具的两边且沿模具的某一方向（以免遗漏）进行滚压脱泡，将产品的有效面的散乱纤维压平，以便后续铁辊的滚压；其余操作人员持铁辊筒和毛刷依模具状况进行分布操作，并紧随着猪鬃辊筒进一步滚压脱泡；对于溢出的树脂用毛刷进行转移，铁辊筒操作完毕，需迅速检查所滚压的部位，确保无遗漏，表面必须平整，无气泡、毛刺与树脂淤积。

（6）二遍纤维喷射 固化剂配比以 15～20min 凝胶，25～35min 固化为宜。第二遍喷射纤维厚度控制在 2～2.5mm，整体确保共 3 次来回的遍数，按 8cm/s 的速度进行；喷枪距离模具表面 40～60cm 为宜；纤维在模具上分散均匀，相邻来回两次喷射扇形面重叠 1/3，模具边缘的纤维超出模具 1～2cm 为宜。

（7）二遍滚压脱泡 操作方法同首遍滚压脱泡。

（8）产品固化削边 当产品已初步固化，用削边刀刀口紧贴模具边缘约 45°

方向，做到"刀前人后"，按照模具边缘弧线切削。

（9）骨架放置　骨架放入模具，让骨架与模具的定位线对齐，使骨架与产品贴合。

（10）骨架包覆　将骨架包覆两层带有树脂的 M300 玻璃纤维布。

（11）产品后固化及脱模　在 60～70℃固化 45～60min，待产品冷却后脱模。

参考文献

［1］　汪泽霖. 玻璃钢原材料手册［M］. 北京：化学工业出版社，2015.

［2］　胡保全等. 先进复合材料［M］. 北京：国防工业出版社，2013.

［3］　李玲. 不饱和聚酯树脂及其应用［M］. 北京：化学工业出版社，2012.

［4］　黄家康. 复合材料成型技术及应用［M］. 北京：化学工业出版社，2011.

［5］　李燕军. 客车玻璃钢覆盖件喷射成型工艺及应用［J］. 客车技术与研究，2011（1）：36-39.

［6］　益小苏等. 复合材料手册［M］. 北京：化学工业出版社，2009.

［7］　黄发荣等. 先进树脂基复合材料［M］. 北京：化学工业出版社，2008.

［8］　贾立军等. 复合材料加工工艺［M］. 天津：天津大学出版社，2007.

［9］　张玉龙. 高技术复合材料制备手册［M］. 北京：国防工业出版社，2003.

［10］　倪礼忠等. 复合材料科学与工程［M］. 北京：科学出版社，2002.

［11］　沃定柱等. 复合材料大全［M］. 北京：化学工业出版社，2000.

第3章

连续制板成型工艺

连续制板成型工艺是指在薄膜上用树脂浸渍短切粗纱连续成型平板或波纹板的一种方法。

3.1 原材料

3.1.1 增强材料

增强材料采用玻璃纤维无捻粗纱，其技术要求应符合 GB/T 18369—2008。该类无捻粗纱的要求主要是短切性好、抗静电、浸透快、分散性好等。这些要求实际上和喷射成型用无捻粗纱的要求基本相同，所不同的是对于要求生产透光玻璃钢平板或波纹板时，对浸润剂的要求极为严格，首先要求浸润剂必须要赋予玻璃纤维无捻粗纱良好的短切性、分散性、抗静电性；还必须同时满足在相应树脂基体中完全的溶解性，不留可见痕迹，这是获得透光玻璃钢制品的必要条件。与此同时，还必须考虑到制品长期使用的耐老化性能。因此，这类浸润剂是相当复杂的。最好采用不饱和聚酯树脂水乳液为主体，加入 A-174 偶联剂以及不影响浸润速度的润滑剂等组分。

表 3-1 列出了巨石集团有限公司生成的表面涂覆硅烷基浸润剂的透明板材用无碱玻璃纤维合股无捻粗纱的品种、性能及应用。

表 3-1　巨石集团透明板材用无碱玻璃纤维合股无捻粗纱品种、性能及应用[①]

产品牌号	典型线密度/tex	产品特点	适用树脂	典型应用
8725		低静电,浸透适中,在低张力下,短切分散性优良	不饱和聚酯树脂、亚克力树脂	半透明和不透明 FRP 板材
838	2400	低静电,浸透快,无白丝	不饱和聚酯树脂	通用型透明 FRP 板材
872		浸透极快,无白丝,透明度高	环氧树脂	透明性要求苛刻的 FRP 板材

① 巨石集团有限公司 2012 年资料。

3.1.2 基体树脂

3.1.2.1 不饱和聚酯树脂

连续制板成型工艺用不饱和聚酯树脂按产品性能可分为普通型（CB）、透光型（TB）、阻燃型（F1 氧指数为 30％，F2 氧指数为 26％）和阻燃透光型。

（1）普通型不饱和聚酯树脂　部分厂家树脂的物化性能见表 3-2。

表 3-2　连续制板成型工艺用不饱和聚酯树脂的物化性能

生产厂家	牌号	类别	黏度 /mPa·s	凝胶时间 /min	负荷变形温度/℃	拉伸强度 /MPa	断裂伸长率 /％	冲击强度 /(kJ/m²)	氧指数 /％
天和树脂[①]	DS106N	间苯	180～300	5～9	70	60	3.0	7	
	DS287N	反应型	180～300	5～9	73	50	5.0	7	≥30
	DS285N	反应型	180～300	5～9	75	50	5.0	10	≥26
	DS321	邻苯	180～300	5～9	70	60	3.0	7	

① 数据来源于该公司 2015 年复合材料展览会产品说明书。

不饱和聚酯树脂胶液配方见表 3-3。

表 3-3　不饱和聚酯树脂胶液配方　　　　单位：质量份

树脂	过氧化甲乙酮	过氧化环己酮	异辛酸钴	颜料糊	BPO(1∶1 糊)
100		2	0.3～1	0.2	2
100	2		0.1～0.5		

（2）透光型不饱和聚酯树脂　透光型不饱和聚酯树脂固化后，树脂的折射率与玻璃纤维的折射率相近，因此它与无碱玻璃纤维可以制成透光玻璃钢。普通的不饱和聚酯树脂固化后浇铸体的折射率都高于无碱玻璃纤维的折射率，它们不能用作透光型波纹板树脂，除非降低它们的折射率。一般有两种方法：一是调整交联剂，即添加折射率低的甲基丙烯酸甲酯；二是调整二元醇或二元酸的品种，以降低整个树脂的折射率。

① 含有甲基丙烯酸甲酯透光树脂　因为每种聚酯树脂的固含量都有所规定，所以要想把聚酯树脂的折射率调整到接近玻璃纤维的折射率，一定要添加折射率低于苯乙烯的另外一种交联剂，如甲基丙烯酸甲酯，调整它的百分含量就可能达到所要求的折射率，195# 聚酯树脂就是添加了甲基丙烯酸甲酯，而使它的浇铸体折射率达到 1.5480，与无碱玻璃纤维的折射率一致，成为早期常用的一种优良的透光型波纹板用树脂。但是这类树脂的最大缺点是，操作工人不喜欢甲基丙烯酸甲酯的气味，因此现在较少使用。透光不饱和聚酯树脂胶液配方见表 3-4。

② 无甲基丙烯酸甲酯透光树脂　采用不同品种的二元醇和二元酸及其用量同样也可以降低树脂的折射率。

表 3-4   透光不饱和聚酯树脂胶液配方

原料	195# 水晶 不饱和聚酯树脂	苯乙烯：甲基丙烯酸 甲酯(1：1)	过氧化 环己酮	异辛酸钴
用量/质量份	100	35	2	1

a. 增大顺丁烯二酸的量可以降低树脂折射率，但同时也增加了它的反应活性及收缩率，要给予适当考虑。

b. 二元醇中对于降低树脂折射率的效果，是二乙二醇＞丙二醇＞乙二醇，因此作为透光型波纹板树脂一般都不使用乙二醇。

当前采用的透光型树脂一般都不含有甲基丙烯酸甲酯。

我国国家标准规定的透光型波纹板可见光透光率见表 3-5。

表 3-5   波纹板各等级透光率   单位：％

公称厚度	0.5mm， 0.7mm	0.8mm，0.9mm， 1.0mm	1.2mm	1.5mm， 1.6mm	2.0mm	2.5mm
透光型	82	80	77	75	64	60
阻燃透光型	78	76	73	70	60	55

透光树脂主要用来制造透光波纹板，其基本性能见表 3-6。

表 3-6   透光波纹板基本性能

拉伸强度 /MPa	拉伸 模量 /GPa	弯曲强度 /MPa	弯曲模量 /GPa	冲击强度 /(J/cm²)	载荷变形 温度 /℃	密度 /(g/cm³)	热导率 /[W/(m·℃)]	吸水率 (24h) /%	热膨胀 系数 /℃⁻¹
70～100	5～7	200～250	5～7	12～15	120	1.40～ 1.80	0.20～ 0.30	0.1～ 0.2	35.0×10^{-6}～ 43.5×10^{-6}

注：树脂含量不低于 60％，树脂的固化度不低于 82％。

（3）阻燃型不饱和聚酯树脂　用作连续板成型的阻燃树脂有两种：反应型和添加型。它们的液体树脂性能同样要满足成型工艺的要求，除此之外，用它们制成的波纹板的氧指数，一级（Z1）不小于 30％，二级（Z2）不小于 26％。

另外还有含有卤族元素的苯酐，如四溴苯酐、四氯苯酐等，用它们可以合成阻燃型不饱和聚酯树脂，使其氧指数有大幅度提高（表 3-7）。

表 3-7   反应型阻燃不饱和聚酯树脂氧指数

树脂牌号	193#	107#	107DY	108#
氧指数/%	≥28	≥32	≥34	≥30

（4）阻燃透光型不饱和聚酯树脂　至于阻燃透光型不饱和聚酯树脂也是采用两种方法：一是添加型，即添加既有阻燃效果又能降低树脂折射率的阻燃剂；二是反应型，即采用既有阻燃效果又能降低树脂折射率的二元醇或二元酸，通过化

学反应，合成符合要求的阻燃型透光波纹板树脂。

①添加型阻燃透光树脂　目前所使用的阻燃剂绝大多数是卤素衍生物或含锑阻燃剂等。这里介绍的是添加甲基膦酸二甲酯（DMMP）磷系阻燃剂，用作机制波纹板添加型阻燃透光树脂。DMMP 为无色或淡黄色透明液体，折射率（25℃）为 1.4110 ± 0.0005。它的折射率与甲基丙烯酸甲酯的接近，所以用它同样可以将树脂的折射率调低，而接近玻璃纤维的折射率，从而可以得到添加型阻燃透光树脂。至于 DMMP 加入量对氧指数、透光率的影响，添加多少比较理想，添加了 DMMP 之后液体树脂、树脂浇铸体及玻璃钢的性能以及液体树脂的储存期，下面分别介绍。

a. DMMP 添加量与玻璃钢氧指数的关系　树脂的氧指数大小取决于 DMMP 的添加量，加入量越多则氧指数越大，在 100 质量份树脂中分别加入不同量的 DMMP，其玻璃钢的氧指数和液体树脂的折射率（25℃）见表 3-8。

表 3-8　加入不同量的 DMMP 的树脂折射率和玻璃钢氧指数

DMMP/质量份	8	10	12	14	16	18
折射率(25℃)	1.5251	1.5221	1.5199	1.5173	1.5156	1.5139
氧指数/%	23.1	24.3	25.0	26.8	27.5	27.9
测氧指数的试样厚度/mm	约 1			2~3		

b. DMMP 添加量对玻璃钢透光率的影响　波纹板的透光率与固化后树脂的折射率有直接关系，而 DMMP 的添加量影响着液体树脂的折射率，也影响着固化后树脂的折射率，当 DMMP 的添加量从 8 份增至 18 份时，液体树脂 25℃的折射率由 1.5251 降至 1.5139（见表 3-8），也就是说随着 DMMP 量的增加，固化后树脂的折射率也随之下降，当它与玻璃纤维的折射率接近时，玻璃钢透光率达到最大值。若 DMMP 的量加入过多，固化树脂的折射率低于玻璃纤维的折射率，这时玻璃钢的透光率也随之下降。

c. DMMP 加入量的确定　由上面的叙述可知 DMMP 的加入量影响着波纹板的阻燃性能，同时也影响着波纹板的透光性能，加入量大，氧指数提高了，加入量过多，则透光率反而下降。按国标规定，阻燃 2 级的氧指数不低于 26%，DMMP 可加入 13 份，此时波纹板的透光率相对较大。

d. 树脂和玻璃钢性能　当不饱和聚酯树脂内添加了 13 份 DMMP 之后，调节其他性能，以满足机制波纹板树脂的要求，其性能指标见表 3-9。这种树脂的浇铸体性能见表 3-10。再用 $450g/m^2$ 玻璃纤维毡三层增强该树脂，常温成型玻璃钢，测得的性能见表 3-11，其中测透光率的板的厚度为 1.2mm。

e. 储存期试验　为探究添加有 DMMP 膦酸酯的树脂的稳定性如何，是否会过早地发生质量变化，进行了如下试验：将盛有 1kg 添加型阻燃树脂的塑料瓶放在室温下，每隔一定时间取样测试黏度和反应活性。数据见表 3-12。

表 3-9 液体树脂性能

外观	黏度(25℃)/mPa·s	固含量/%	酸值/(mgKOH/g)	凝胶时间(25℃)/min	固化时间/min	放热峰温度/℃
蓝色透明	160～190	56～60	21～27	16～20	30～34	160～164

表 3-10 浇铸体性能

拉伸强度/MPa	拉伸模量/GPa	伸长率/%	弯曲强度/MPa	弯曲模量/GPa	载荷变形温度/℃	密度/(g/cm³)	巴氏硬度	吸水率/%	收缩率/%
39.8	1.63	3.84	68.3	1.68	58	1.21	20.5	0.38	2.56

表 3-11 玻璃钢性能

巴氏硬度	拉伸强度/MPa	弯曲强度/MPa	弯曲模量/GPa	氧指数/%	透光率/%
45	105	164	4.62	≥26	≥73

表 3-12 透光树脂储存期试验数据

放置时间/月	黏度(25℃)/mPa·s	凝胶时间(25℃)	固化时间	放热峰温度/℃
初始	317	6min18s	19min26s	136
1		5min28s	17min6s	141
3	940	3min57s	7min43s	123

从上述数据可见，在三个月保质期内，黏度的增加和凝胶时间的缩短是明显的。说明 DMMP 的加入缩短了树脂的储存期，值得注意。不过，树脂放在塑料瓶内是最差的储存条件，一般放在金属桶内效果要好得多。

②反应型阻燃透光树脂　部分连续板成型反应型阻燃透光树脂性能见表 3-13。树脂浇铸体性能见表 3-14。

表 3-13 部分连续板成型反应型阻燃透光树脂性能

生产厂家	树脂牌号	外观	酸值/(mgKOH/g)	固含量/%	黏度/Pa·s	凝胶时间/min
泽源化工[①]	ZY2958	透明预促	16～22	62～68	0.25～0.29	11～20
	ZY2959	透明预促	20～28	64～70	0.25～0.29	23～25
利德尔[①]	EL-907F				0.35	
	EL-908F				0.5	

① 2015 年该公司复合材料展览会产品说明书。

3.1.2.2 丙烯酸类树脂

（1）甲基丙烯酸树脂　甲基丙烯酸树脂的主要原料是甲基丙烯酸甲酯。透光率可达 92%（可见光）。这类树脂透紫外线能力强，能透过 300μm 光波达 70% 以上。折射率（D 光源）为 1.491，折射率温度系数（D 光源）为 $1.3×10^{-4}/℃$。

表 3-14 部分连续板成型反应型阻燃透光树脂浇铸体性能

生产厂家	树脂牌号	拉伸强度/MPa	拉伸模量/MPa	断裂伸长率/%	弯曲强度/MPa	负荷变形温度/℃	巴氏硬度
泽源化工[①]	ZY2958	≥60		≥2.5	≥100	≥65	≥41
	ZY2959	≥60		≥2.5	≥100	≥65	≥41
利德尔[①]	EL-907F	58	2600			75	
	EL-908F	60	2600			80	

① 资料来源于该公司 2015 年复合材料展览会产品说明书。

（2）改性甲基丙烯酸树脂 由于甲基丙烯酸树脂的折射率为 1.491，与玻璃纤维的折射率（1.512～1.544）相差很大。为了提高树脂的折射率，改善玻璃钢的透明性和降低成本，把折射率高（1.58～1.60）的乙烯基芳香族化合物单体与甲基丙烯酸甲酯按一定的比例混合共聚，使获得的树脂折射率和玻璃纤维一致，调整两种单体的比例，可以使树脂的折射率适用于玻璃纤维。

3.1.3 表面防护材料和防老剂

3.1.3.1 薄膜

（1）标称 20μm 的美国 DuPont 公司 Melinex301 薄膜（通用型，隔热型，无烟型）。

（2）标称 20μm 的美国 Garware 薄膜（阻燃型，经济型）。

（3）标称 20μm 的美国 DuPont 公司 Melinex389 薄膜（耐用型）。

（4）表面涂覆标称 100μm 的美国 silmar 公司所生产的防紫外线胶质具有超强的耐候和耐腐蚀性能力（耐气候型，网状型）。

3.1.3.2 光稳定剂

光稳定剂品种非常多，选用了三个品种 UV-41（企业编号）、UV-329［2-(2′-羟基-5′-叔辛基苯基)苯并三唑］和 UV-P［2-(2′-羟基-5′-甲基苯基)苯并三唑］，采用不同量添加在不饱和聚酯树脂透光玻璃钢中，然后进行自然老化试验，试验数据见表 3-15 和图 3-1。

表 3-15 光稳定剂对不饱和聚酯树脂透光玻璃钢板老化性能的影响

光稳定剂名称		2132F	UV-41		UV-329		UV-P	
树脂内含量/%		0	0.05	0.1	0.1	0.5	0.1	0.5
原始值	L	26.75	26.72	26.47	26.01	25.47	27.96	32.87
	a	−0.69	−0.77	−0.76	−0.89	−1.05	−0.72	−0.50
	b	0.33	0.49	0.33	0.60	1.09	0.43	0.62
7d	ΔL	1.05	1.14	0.81	1.44	1.44	3.41	3.32
	Δa	−0.17	−0.02	−0.03	0.18	0.37	0.36	0.15

光稳定剂名称		2132F	UV-41		UV-329		UV-P	
7d	Δb	0.48	0.34	0.24	−0.08	−0.34	0.14	−0.31
	ΔE	1.17	1.19	0.84	1.45	1.52	3.43	3.34
15d	ΔL	1.62	0.99	1.08	1.55		1.84	4.65
	Δa	−0.17	−0.07	0.02	0.23		0.24	0.14
	Δb	0.76	0.54	0.39	−0.03		−0.14	−0.16
	ΔE	1.80	1.13	1.14	1.56		1.86	4.66
76d	ΔL	1.29	0.68	1.50	2.14	1.81	2.63	10.94
	Δa	0	0.06	0.10	0.34	0.53	0.32	0.18
	Δb	1.89	1.24	0.99	0.50	0.15	0.29	1.06
	ΔE	2.28	1.50	1.81	2.22	1.92	2.68	10.99

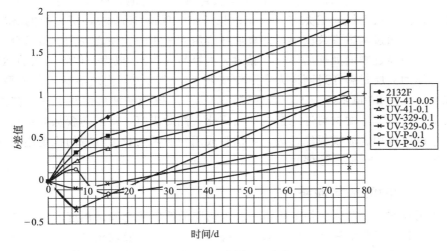

图 3-1　Δb 随时间的变化

3.2 连续制板成型工艺过程及设备

连续制板机组长 48~80m，波纹板宽度为 0.5~1.53m（最宽可达 3m），机组生产能力为 0.8~2.5m/min。机组主要由以下几部分组成：树脂的配料和加料、切丝沉降、纤维浸润及去除气泡、烘窑及通风和切割（图 3-2）。

波纹板的主要生产工艺过程：从带有张力的薄膜架上，引出下薄膜，水平方向向前移动（有的机组首先将胶衣树脂涂覆于下薄膜上通过薄膜炉）。将配制好的树脂通过滤网落在运行着的薄膜上，用刮刀将树脂均匀地涂布在薄膜上，树脂含量由刮刀和薄膜间的间隙大小（或使用百分表）来控制。在下薄膜上方是一个

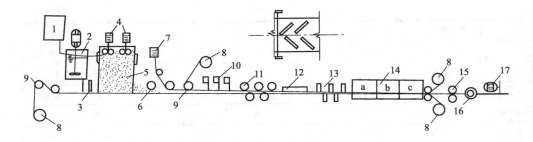

图 3-2 连续制板机组

1—树脂储罐；2—搅拌器；3—铺胶刮板；4—玻璃纤维粗纱；5—沉降室；
6—压辊；7—纵向纤维；8—薄膜；9—均布辊；10—加压钢丝；11—压辊；
12—刮板；13—成型模板；14—固化室（a—预热定型；b—定型固化；
c—保温）；15—牵引辊；16—纵向切割；17—横向切断

切丝沉降室，把无捻粗纱切成 50mm 定长纤维，均匀地降落在涂有树脂的下薄膜之上，然后放上纵向尼龙（或涤纶）长纤维（间隔 10mm），把蓬松的玻璃纤维网住，再通过两道螺纹压辊，把玻璃纤维压入树脂中，使之浸润，最后合上上薄膜（可用经过表面处理的薄膜，黏附后不容易脱落），成为一体继续向前运行。合成一体的夹层材料通过两道人字形橡皮刮板，被除去气泡之后送入预成型区。预成型区是由 20 道木模板上下错开排列而成。木模板的波形由浅到深，波宽由宽到窄。初具瓦形的材料进入窑内加热固化，然后出窑，聚酯薄膜从波纹板上剥离收卷以备再用。波纹板经切边、再切割成用户所需的长度（有的机组还有对波纹板进行清洗及干燥的程序）。

3.2.1 树脂的配料与加料

使用胶衣树脂和薄膜炉的机组。胶衣树脂的厚度及薄膜炉温度的控制是至关重要的。胶衣树脂的好坏是用手触摸来检验的，良好的胶衣树脂应在薄膜炉出口处发黏，当进入芯子树脂区域应软而不黏。胶衣树脂的凝胶与否是靠调节温度来控制的，而调节炉温的依据是生产线速度。如果要提高或降低生产线速度，必须调整胶衣树脂凝胶温度。否则胶衣树脂就会出现过老或过嫩。过老的胶衣树脂结合不好，易产生起皮、气泡、脱落；过嫩的胶衣树脂会被芯子树脂部分或全部"吃"掉——溶解。这样就失去了胶衣树脂的保护作用。

真空泵把树脂从树脂桶内抽到反应锅内，锅底有两根管子通至搪瓷配料桶，桶内装有搅拌器，桶下端有阀门，配好的树脂由阀门流出，经尼龙网筛流至下薄膜上（聚酯薄膜厚度以 0.03mm、0.04mm 为好）。薄膜上树脂胶液用量由刮刀来控制，刮刀座落在下薄膜两边的支座上，刮刀在支座上旋转来控制与薄膜间的间隙（有刻度来表示），1mm 厚的波形瓦，间隙为

0.9mm（可用百分表控制）。当停车时电磁铁将刮刀吸下，阻止树脂向前移动。刮刀本身的锐角，角度越小，线性越好，越容易控制。刮刀材料可用玻璃钢、铝板或五夹板制作。

3.2.2 切丝沉降

（1）切丝 在成型室内把无捻粗纱经导纱装置送入带有一排切刀的短切机，短切成 50mm 的定长纤维。成型室内有调温调湿装置控制房间里的温、湿度。有的机组的制毡房是由 3 个风流系统、8 对纤维切割器及 1 套温度湿度控制装置组成。

短切机一般采用三辊式，即底下一组为切丝轮组，刀轮为长刀型，直径 94mm，长 200mm，其圆周为 6 把刀，一根轴上有两组刀，刀片材料为 $W_{18}Cr_4V$，硬度为 RC 63°~66°，橡胶轮为聚氨酯橡胶，直径 100mm，其邵尔硬度为 70 左右。选用长刀，纱在摆动的木条上在刀刃范围内来回，刀的寿命延长了，管理也方便，减轻了劳动强度。

短切机坐在沉降箱之上，由于工艺上要求瓦在运行中速度有时作无级变化，短切纤维的供应量也随之而无级变化，因而采用无级变速特性的电磁调速电机，其型号为 JZT31-4。

（2）沉降 用高压气流把切断的短切纤维吹散，无定向地均匀地分布在沉降箱底下的薄膜上。

直接沉降风量大小的调节，通过刀轮下风口处的阀加以控制，沉降箱为长方形，尺寸为 1000mm×1200mm×3000mm。通过沉降后的纤维达到工艺上的要求，均匀地分布在薄膜上。

（3）切丝量的计算 单位面积切丝量按下式计算：

$$Q = n\pi DTV_{切} \times 10^{-6}/NWV_{车} \tag{3-1}$$

式中 Q——单位面积切丝量，kg/m^2；

n——纱的筒数；

D——送丝辊直径，mm；

T——纱股数；

$V_{切}$——切丝速度，r/min；

N——纱支数，m/g；

W——波瓦展开面的宽度，m；

$V_{车}$——机组开车速度，m/min。

3.2.3 去除气泡

采用三只滚筒，第一只滚筒有小槽起固定尼龙丝作用，第二、第三只是压辊，10mm 内分别有 1.5mm 和 1.0mm 齿。滚筒下面有尼龙丝，通过滚筒将玻璃纤维压入树脂中，然后覆盖上薄膜，夹层材料通过5只错位滚筒，再用4个橡胶刮刀去除板中的气泡。

3.2.4 波形瓦成型及烘窑

（1）成型区 在烘窑内，赶好气泡的夹层材料，通过20道木模板逐渐成波形的过程称为成型。成型架长度为4～9m，架子上放着20道上下错开、由浅入深、由宽到窄的小模板，模板间隔为200mm，架子前区的2m长为夹层材料波形的变化区域，成型区内有加热设施。里面以红外灯泡加热，由变压器调节温度。

（2）凝胶区 波纹板在进入加热烘窑时尚未完全固化，尚存在发生变形可能，这就要采取措施来保证波纹板形状稳定。通常是采用直径33mm圆管子，两头弯成90°，其上端有弹簧加压并作导向，其长为700mm，放在波谷里，波纹板通过时，能随着波纹板的厚度变化而调节，但始终压在波纹板上，对波纹板起到了稳定形状的作用，效果良好。烘窑后部加上模板防止波纹板收缩。

（3）固化区 固化区有两个烘窑，两个烘窑前后相距有2m长的空隙，前面烘窑是使凝胶态的玻璃钢波纹板达到放热阶段，温度很高，空隙使它自然冷却一下，不致因放热温度太高，使波纹板瓦产生气泡、发白等现象。波纹板进入后面烘窑进一步固化完全。

薄膜回收是通过上下两层薄膜各有一套卷取机构，加以卷取回收，为使卷取平整，并与机组运行同步，简化机构，可选用力矩电机，力矩输出的大小由调压器来控制。

3.2.5 切割

由气缸加压的二排牵引轮把波纹板引向前，根据用户要求可切割成任意长度。横向砂轮切割机和三个气缸座落在可移动的小车上，而小车座落在波纹板的下面，切割时由于电磁阀作用使气缸伸出活塞杆把波纹板夹住，使小车与波纹板同步运行，保证了波纹板的90°切割。砂轮是外径为300mm的金刚砂轮片。砂轮切割以水冷却，水中含有大量玻璃钢粉尘，水在流进下水道之前要让粉尘沉淀。在切割过程中不断有粉尘落在板材表面，机组应增加对波纹板进行清洗和干燥的过程。波纹板表面的粉尘及水分不清除干净，连续不断高速度生产的板材内部积压大量的水分及粉尘将造成波纹板上无法去除的白斑，严重影响波纹板的外观和透光率。

3.2.6 电器控制

在切丝、赶气泡与切割三个部位各有一个控制板，当机组发生故障时，三个控制板上都有停车开关，按停车后，控制板上都显示红灯，也就是说若切割部位因故障而停车后，其他两块板上也显示红灯。当故障排除后揿电钮板上显示绿色，全部是绿色则说明机组正常，切丝房内可开车。停车时纵向切边不停。另外各部分也可以单独试车。

图 3-3 为法国泰勒达舍米公司波形板生产机组示意图。该机组生产速度为 6～12m/min，波纹板宽度为 1m，厚度为 0.8～2.5mm。生产速度快慢取决于所生产的板材厚度，厚则慢，薄则快。

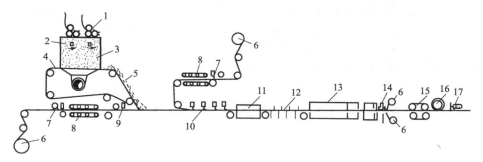

图 3-3　法国泰勒达舍米公司波形板生产机组示意图

1—纤维切割器；2—分散器；3—成毡室；4—成毡传送带；5—毡片；
6—薄膜；7—表面树脂层铺设器；8—加热器；9—浸胶树脂；
10—排气钢丝组；11—预热室；12—成型模板；13—固化室；
14—冷却水；15—牵引机；16—纵向切边机；17—横向切断器

图 3-4 为美国菲隆公司连续生产波形板机组示意图。

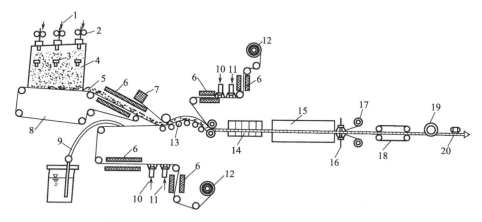

图 3-4　美国菲隆公司连续生产波形板机组示意图

1—玻纤粗纱；2—切断装置；3—松散器；4—沉降室；5—毡片；
6—加热器；7—纵向纱；8—传送带；9—浸胶树脂；10—固化剂；
11—耐候性树脂；12—薄膜；13—弧面辊台；14—成型和校准装置；
15—固化室；16—冷却水；17—薄膜；18—牵引机；
19—纵向切边；20—横向切断

参考文献

［1］　汪泽霖 . 玻璃钢原材料手册［M］. 北京：化学工业出版社，2015.

［2］　李玲 . 不饱和聚酯树脂及其应用［M］. 北京：化学工业出版社，2012.

［3］　黄家康等 . 复合材料成型技术及应用［M］. 北京：化学工业出版社，2011.

［4］　益小苏等 . 复合材料手册［M］. 北京：化学工业出版社，2009.

［5］　曾黎明 . 功能复合材料及其应用［M］. 北京：化学工业出版社，2007.

［6］　刘雄亚等 . 透光复合材料、碳纤维复合材料及其应用［M］. 北京：化学工业出版社，2006.

［7］　邹宁宇 . 玻璃钢制品手工成型工艺［M］.2 版 . 北京：化学工业出版社，2006.

［8］　刘雄亚等 . 复合材料制品设计及应用［M］. 北京：化学工业出版社，2003.

［9］　沃定柱等 . 复合材料大全［M］. 北京：化学工业出版社，2000.

第4章

纤维缠绕成型工艺

纤维缠绕成型工艺是在纤维张力和预定成型控制条件下，将浸过树脂胶液的连续纤维按照一定规律连续地缠绕至模芯或内衬上，待树脂固化后脱模，获得制品。

4.1 原材料

4.1.1 增强材料

纤维缠绕用增强材料有无碱玻璃纤维、高强 S 玻璃纤维、碳纤维、芳纶纤维、超高分子量聚乙烯纤维和 PBO 纤维等。缠绕法用玻璃纤维无捻粗纱应具备的特性是原丝张力均匀、起毛少、成带性好、浸渍性好等。一般都采用直接无捻粗纱，单丝直径可达 $24\mu m$。如美国 PPG 公司的 Hybon2084、Hybon2079、Hybon2080、Hybon2082 以及 Hybon2026 五个品种的缠绕法用直接无捻粗纱，其主要规格有 2000tex、1099tex 以及 735tex 三种。巨石集团有限公司生产的缠绕用无碱玻璃纤维直接无捻粗纱的牌号有 386、386T、318、308、310 和 306 等。淄博中材庞贝捷金晶玻纤有限公司生产的缠绕用无碱玻璃纤维直接无捻粗纱的牌号有 HB2006、HB2002、HB2026、Tufrov4588 和 R710 等。

4.1.2 树脂胶液

缠绕工艺用树脂的凝胶时间要长，通过固化体系的调节，胶液的凝胶时间应大于 4h；为了保证纤维被浸透、含胶量均匀和在纱片内的气泡被排出，树脂黏度一般控制在 0.25～0.85Pa·s 范围内；树脂浇铸体的拉伸断裂伸长率应和增强材料相匹配，不能太小。

4.1.2.1 不饱和聚酯树脂

缠绕树脂胶液配方（质量份）：不饱和聚酯树脂 100，过氧化甲乙酮 2，辛酸钴 0.1～0.3。

4.1.2.2 乙烯基酯树脂

缠绕成型工艺用乙烯基酯树脂的物理性能见表 4-1。

表 4-1　缠绕成型工艺用乙烯基酯树脂的物理性能

牌号	类型	液体树脂性能				浇铸体性能					
		外观	黏度 /mPa·s	凝胶时间 /min	拉伸强度 /MPa	拉伸模量 /GPa	断裂伸长率 /%	弯曲强度 /MPa	弯曲模量 /GPa	载荷变形温度 /℃	巴柯尔硬度
MFE-10①	双酚 A 型	淡黄	350~550	10~20	75	3.3	4.0	142	3.4	130	40

① 资料来源于华东理工大学华昌聚合物有限公司 2014 年上海复合材料展览会产品说明书。

4.1.2.3　环氧树脂

（1）环氧树脂胶液组成如下。

① 环氧树脂　低黏度环氧树脂 E-51、E-44、E-42、F-51，溴化环氧树脂或脂环族环氧树脂 TDE-85、711 等。

② 固化剂　液体甲基四氢苯酐、甲基纳迪克酸酐，胺类固化剂选用时一般要考虑使用期。

③ 促进剂　常用的有 DMP-30、BDMA、2MI 等。

（2）湿法缠绕环氧树脂胶液　对树脂的黏度要求较高，不允许使用非活性稀释剂来降低树脂的黏度。室温固化的缠绕树脂配方应现用现配，缠绕结束，对浸胶辊、张力辊等接触树脂的部件须马上维护刷洗，以免树脂固化后影响后续缠绕工艺的进行。

① 环氧树脂胶液配方见表 4-2 和表 4-3。

表 4-2　环氧树脂胶液配方（一）　　　　　　　　单位：质量份

材料名称	1#	2#	3#	4#	5#	6#
环氧树脂	（6207 环氧）100	（CyD 环氧）100	100	E-44 环氧树脂 100	E-44 环氧树脂 100	6101 环氧树脂 100
616 酚醛树脂					60	10
邻苯二甲酸酐			37~40			
顺丁烯二酸酐	40					
液态甲基四氢苯酐(SYG-8801)		82~85				
2-甲基咪唑				8		
苄基二甲胺		0.3~0.5				
二甲基苯胺				4		
间苯二胺						14~16
桐油酸酐		5~8				
一缩二乙二醇				4		
丙三醇	7					
丙酮			60	适量	40	适量
邻苯二甲酸二丁酯				4		10~15
适用产品	高压气瓶	绕包式干式变压器	玻璃钢管			

表 4-3　环氧树脂胶液配方（二）　　　　　　单位：质量份

材料名称	1#	2#	3#	4#	5#	6#
环氧树脂	(6207 环氧)100	100	(E-51)100	(E-51)100	(E-51)100	(E-51)90
活性稀释剂 501						10
70 酸酐						74
647 酸酐	136.5	70				
液态甲基四氢苯酐(SYG-8801)			75		80～85	
DDS				25		
DMP-30			3			
苄基二甲胺						1
二甲基苯胺	1	1.2				
三乙烯四胺				1		
促进剂					0.5～1	
液体丁腈橡胶	7.5					
增韧剂					10～15	
丙三醇	7.5					
适用产品	火箭壳体		"O"形环氧圈,9# 配方更适应			

② 胶液配制　1# 配方：加热混合，室温使用。7# 和 8# 配方：将丙三醇加入已熔化的 647 酸酐中，在 50～60℃下搅拌均匀，然后加入 6207 环氧，搅拌至 6207 树脂全部溶化、混合物透明为止，冷却后加入液体丁腈橡胶和二甲基苯胺。

（3）干法缠绕环氧树脂胶液　对树脂的黏度选择范围较宽，可选择非活性稀释剂降低缠绕树脂的黏度。

预浸纱带的含胶量以 25%～30% 比较适宜，挥发分含量应控制为（3.0±0.5）%，而不溶性树脂含量不应超过 10%。预浸纱带树脂胶液配方及工艺参数如下。

① 环氧/酚醛胶液（表 4-4）　该配方制成的制品能够兼顾耐热性及力学性能，胶纱带具有明显的 B 阶段，后续工艺的工艺性良好，有较长的储存和适用期。

表 4-4　环氧/酚醛胶液配方及工艺参数

胶液配方/质量份			工艺参数		
E-42 环氧	1134 或 3201 酚醛	二甲苯和乙醇的 1:1 混合液	胶液相对密度 (20℃)	烘炉温度 /℃	烘干时间 /s
60～65	35～40	40	1.05～1.06	120～140	60～96

② 环氧胶液（表 4-5） 该配方工艺性较好，制成的制品具有中等强度。

表 4-5 环氧胶液配方

胶液配方/质量份			工艺参数			
E-51 环氧	E-20 环氧	甲基亚甲基四氢化邻苯二甲酸酐（MNA）	苯基二甲胺（BDMA）	胶液相对密度（25℃）	烘炉温度/℃	烘干时间/s
40	60	55	1	0.888	130	30～60

4.1.2.4 酚醛树脂

酚醛树脂可用于缠绕成型，酚醛树脂缠绕工艺成型方法已用于生产火箭发动机推进器蒙皮，并已逐渐取代了纯环氧树脂，不仅提高了火箭性能，而且使高能量火箭也得以使用。

NR9420 缠绕用酚醛树脂（常熟东南塑料有限公司）的性能和成型方法如下。

① 树脂性能（25℃） 外观棕色透明液体；固含量（135℃）＞70％；黏度 400～800mPa·s；适用期（100 份树脂 10 份 C100）＞20min；相对密度＞1.200。

② 催化剂及增强剂 催化剂 C100 的正常用量是 100 份树脂 4～6 份，适用期为 20～40min（25℃），其用量视操作情况、环境温度进行调整。

增强剂的用量是 100 份树脂 0.5 份。增强剂应在催化剂加入树脂之前和树脂混合均匀。

③ 填料及脱模剂 一定量的黏度等可加入树脂中作为填料，也可加入少量炭黑改变制品的色泽及抗静电性，石粉则不适用。

脱模剂可用石蜡，PVC 则不适用。为易于从制品中取出脱模薄膜，建议用双向拉伸的 PVC 薄膜或在聚酯薄膜上再涂上脱模蜡。

④ 固化 绕制完成后，初期固化应在模芯上，用红外灯或红外加热板在 40～60℃下进行加热，避免剧烈加热而影响质量。后固化可在脱模后或在模芯上（24h 内）在 40～80℃下继续固化 1～3h，这时，制品表面呈粉红色或红色。

4.1.2.5 热塑性树脂

热塑性复合材料的缠绕成型工艺原理和缠绕设备与热固性玻璃钢的一样，不同的是热塑性复合材料缠绕制品的增强材料不是玻纤粗纱，而是经过浸胶（热塑性树脂）的预浸纱或预浸带。因此，需要在缠绕机上增加预热装置和加热加压辊。缠绕成型时，先将预浸料加热到软化点，再在与芯模的接触点加热，并由加压辊加压，使其熔接成一个整体。

预浸纤维加热方法有接触加热、传导加热、介电加热、电磁辐射加热等。电磁辐射加热又分为红外辐射加热（IR）、微波（MW）和射频（RF）加热。激光加热是近年来发展的新技术，激光源发射的是连续或脉冲电磁波。激光最佳波长为 $10.6\mu m$，离 IR 区较远，极易被热塑性基体吸收，因为激光束容易聚集，适合逐点加热，可减少能量损失，其加热系统如图4-1所示。图4-2为预浸带缠绕示意图。

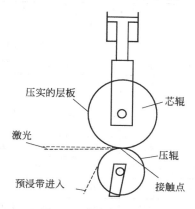

图 4-1 激光加热系统

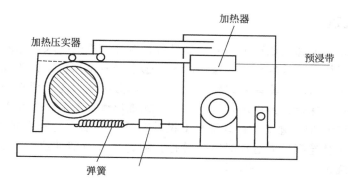

图 4-2 预浸带缠绕示意图

预浸带缠绕多用于高性能复合材料制品生产。如碳纤维增强PPS预浸带缠绕成型。带宽13mm，厚0.3mm，芯模转速2r/min，加在缠绕预浸带上的压力为0.1～0.14MPa，加热器的温度为300～350℃，从加热箱中出来的预浸带温度要保持在熔融状态，加热压实器的温度为370～375℃，保证缠绕过程中上下层能牢固地黏合成整体。压实是保证缠绕制品密实。

目前可用于纤维缠绕的高性能热塑性树脂主要有聚醚醚酮（PEEK）、聚苯硫醚（PPS）、聚醚酰亚胺（PEI）、聚醚砜（PES）、聚酰胺（PA）和聚酰胺酰亚胺（PAI）、聚酰亚胺（PI）等，它们的主要性能及生产厂家见表4-6。

表 4-6 高性能热塑性树脂主要性能和生产厂家

缩写及牌号	T_g /℃	T_m /℃	成型温度 /℃	拉伸强度 /MPa	拉伸模量 /MPa	生产厂家
PEEK	143	343	400	100	3103	英国帝国化学工业公司(ICI)

缩写及牌号	T_g /℃	T_m /℃	成型温度 /℃	拉伸强度 /MPa	拉伸模量 /MPa	生产厂家
PEK	165	365	400～450	110	4000	巴斯夫（BASF）
PEKK	156	338	380	102	4500	杜邦（DuPont）
PPS(Ryton)	90	290	343	82	4344	菲利普聚酯公司（Phillips Pet）
PAS(PAS-2)	215	—	329	100	3241	Phillips Pet
PA(J-1)	145	279	343	69	2206	DuPont
PAI	275		400	63	4599	英国石油公司（Amoco）
PEI(P-IP)	270	380	308～420	95	3000	Mitusi Toastsa
PI	250～280	—	360	102	3690	DuPont
PES	230	—	300	84	2620	ICI

4.2　缠绕机

　　缠绕机是实现缠绕成型工艺的主要设备，对缠绕机的要求：①能够实现制品设计的缠绕规律和排纱准确；②操作简便；③生产效率高；④设备成本低等。

　　缠绕机主要由芯模驱动和绕丝嘴驱动两大部分组成。为了消除绕丝嘴反向运动时纤维松线，保持张力稳定，以及在封头或锥形缠绕制品纱带布置精确，实现小缠绕角（5°～15°）缠绕，在缠绕机上设计有垂直芯轴方向的横向进给（伸臂）机构。为防止绕丝嘴反向运动时纱带转拧，伸臂上设有能使绕丝嘴翻转的机构。微机控制缠绕机有4～5个驱动轴。

4.2.1　机械缠绕机类型

4.2.1.1　绕臂式缠绕机

　　其特点是绕臂（装有绕丝嘴）围绕芯模做均匀旋转运动，芯模绕自身轴线做均匀慢速转动，绕臂（即绕丝嘴）每转一周，芯模即转过一个小角度。此小角度对应缠绕容器上一个纱片宽度，保证纱片在芯模上一个紧挨一个地布满容器表面。芯模快速旋转时，绕丝嘴沿垂直地面方向缓慢地上下移动，此时可实现环向缠绕，使用这种缠绕机的优点是芯模受力均匀，机构运行平稳，排线均匀。适用于干法缠绕中小型短粗筒形容器（如图4-3所示）。

4.2.1.2　滚转式缠绕机

　　这种缠绕机的芯模由两个摇臂支持时芯模绕自身轴旋转，两臂同步旋转使芯模翻滚，翻滚一周，芯模自转一个与纱片宽相适应的角度，而纤维纱由固定的伸臂供给，实现平面缠绕，环向缠绕由附加装置来实现。由于滚翻动作机构不宜过大，故此类缠绕机只适用于缠绕小型制品，且使用不广泛（如图4-4所示）。

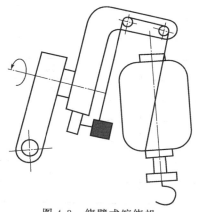

图 4-3　绕臂式缠绕机

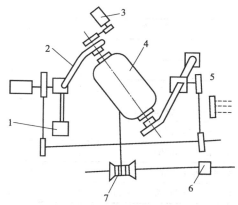

图 4-4　滚转式缠绕机

1—平衡铁；2—摇臂；3—电机；4—芯模；

5—制动器；6—离合器；7—纱团

4.2.1.3　小车环链式缠绕机

小车环链式缠绕机包括卧式和立式两种，它的芯模水平放置，以环链和丝杆带动小车运动。进行螺旋缠绕时，芯模绕自身轴线匀速转动，小车在平行于芯模轴线方向往复运动，调整相对运动的速度可以改变螺旋角，一般为 $12°\sim70°$。进行环向缠绕时，只在筒身段上进行，小车移动速度变慢，芯模转速变快，缠绕角控制范围通常在 $85°\sim90°$。小车环链式缠绕机适合于纵向只有单一角度的管、罐形制品生产（如图 4-5 所示）。

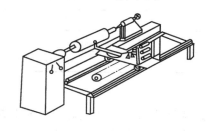

(a)卧式链条缠绕机

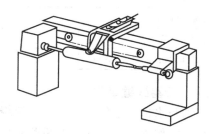

(b)立式链条缠绕机

图 4-5　卧式链条缠绕机和立式链条缠绕机

衡水方晨玻璃钢设备科技有限公司卧式缠绕机主要规格及技术参数见表 4-7，立式缠绕机主要规格及技术参数见表 4-8。

表 4-7　卧式缠绕机主要规格及技术参数

技术参数	FWWS-4000 型	FWWS-10000 型
制品内径/mm	$\phi300\sim1000$ $\phi1000\sim4000$	$\phi4000\sim10000$

技术参数	FWWS-4000 型	FWWS-10000 型
制品长度/mm	≤12000	≤12000
缠绕角范围	45°～90°	45°～90°
主轴转速/(r/min)	≤34	≤12
最大抽纱速度/(m/min)	≤120	≤120
纱片最大宽度/mm	220	220
生产能力/(kg/h)	1200	2000
装机总容量/kW	12	18.5
设备占地面积(长×宽)/m×m	20×10	22×15

表 4-8　立式缠绕机主要规格及技术参数

技术参数	FW-10000 型	FW-15000 型
制品内径/mm	ϕ4000～10000	ϕ4000～15000
制品长度/mm	≤8000	≤9000
缠绕角范围	70°～90°	70°～90°
制品最大质量/kg	32000	45000
主轴转速/(r/min)	≤18	≤12
最大抽纱速度/(m/min)	≤90	≤90
纱片最大宽度/mm	50～300	50～300
生产能力/(kg/h)	2000	2000
装机总容量/kW	15	18
设备占地面积(长×宽)/m×m	10×12	15×18

4.2.1.4　行星式缠绕机

芯轴与水平面倾斜成 α 角（即缠绕角）。缠绕成型时，芯模做自转和公转两个运动，绕丝嘴固定不动。调整芯模自转和公转速度可以完成平面缠绕、环向缠绕和螺旋缠绕。芯模公转是主运动，自转为进给运动。这种缠绕机适合于生产小型制品（如图 4-6 所示）。

4.2.1.5　球形容器缠绕机

球形容器缠绕机有 4 个运动轴，球形缠绕机的绕丝嘴转动、芯模旋转和芯模偏摆，基本上与摇臂式缠绕机相同，第四个轴运动是利用绕丝嘴步进实现纱片缠绕，减少极孔外纤维堆积，提高容器壁厚的均匀性。芯模和绕丝嘴转动，使纤维布满球体表面。芯模轴偏转运动，可以改变缠绕极孔尺寸和调节缠绕角，满足制品受力要求（如图 4-7 所示）。

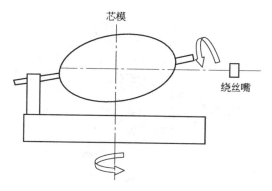

图 4-6　行星式缠绕机

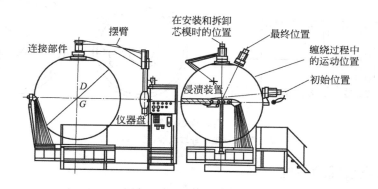

图 4-7　球形容器缠绕机

4.2.1.6　电缆机式纵环向缠绕机

电缆机式纵环向缠绕机适用于生产无封头的筒形容器和各种管道。装有纵向纱团的转环与芯模同步旋转，并可沿芯模轴向往复运动，完成纵向纱铺放，环向缠绕纱团装在转环两边的小车上，当芯模转动，小车沿芯模轴向做往复运动时，完成环向纱缠绕。根据管道受力状况，可任意调整纵环向纱数量比例（如图 4-8 所示）。

4.2.1.7　离心成型缠绕机

离心成型缠绕（如图 4-9 所示）是在高速转动的筒状成型模内侧，借助离心力的作用将玻璃纤维粗纱缠绕到模内侧的方法，此法可制成具有特殊性能的玻璃纤维增强复合材料制品。

4.2.2　缠绕机控制系统

缠绕机按控制方法可分为机械控制缠绕机、数字控制缠绕机和微机控制缠绕机三种。

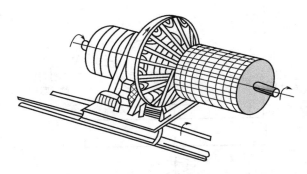

图 4-8　电缆机式纵环向缠绕机

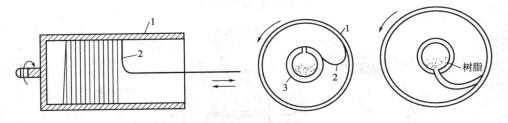

图 4-9　离心成型缠绕工艺图

1—成型模；2—玻璃纤维粗纱；3—粗纱滚筒

4.2.3　缠绕机辅助装置

缠绕机的辅助装置有芯模、纱架、张力器、浸胶槽和绕丝嘴等。

4.2.3.1　纱架

缠绕机的纱架分随动式和固定式两种：随动式纱架安装在缠绕机绕丝嘴小车上，随小车同步运动，纱架到浸胶槽的距离小，不易出现松线、打结现象，但纱架上纱团容量少；固定式纱架安装在缠绕机的一侧或上方，纱架上纱团容量大。但因纱团距绕丝嘴小车较远，容易出现松线问题。

4.2.3.2　张力器

张力器亦称收线装置，为了控制张力，需要设收线装置，防止螺旋缠绕返程时发生松线现象。图 4-10 是哈尔滨复合材料设备开发公司研制的电子张力控制器，已开始在高性能纤维缠绕机上配备。

4.2.3.3　浸胶槽

根据对纤维表面涂胶方式不同，浸胶槽分为浸胶法、擦胶法和计量浸胶法，如图 4-11 所示。

最简单的浸胶槽通常没有运动的部件，它们由浸胶辊、胶槽和压胶辊组成。多根纤维纱通过浸胶辊浸上树脂，然后通过第二浸胶辊和压胶辊及分纱孔，最后

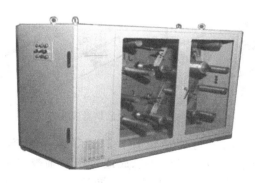

图 4-10　电子张力控制器

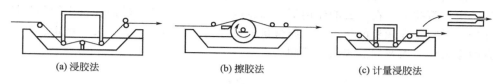

(a) 浸胶法　　　　　　　　(b) 擦胶法　　　　　　　(c) 计量浸胶法

图 4-11　三种不同的浸胶形式

缠绕到芯模上。在高速缠绕时，纤维束的浸润可以通过一个转动的辊使纤维束铺开以改善其浸透性，在此基础上加装限胶孔有助于控制缠绕制件的树脂含量。

　　擦胶法适合于玻璃纤维和芳纶纤维缠绕，因为玻璃纤维和芳纶纤维损伤容限较大。在擦胶法浸渍装置中，一个转动的圆筒和树脂槽内的树脂接触带起树脂，经过刮刀后在圆筒表面形成树脂薄层，纤维在圆筒上部经树脂薄层浸胶。由于纤维在低应力水平下浸胶，因此纤维不易损伤。擦胶法的缺点主要是纤维如有损伤，断裂的纤维会粘在转动圆筒的表面，越积越多，从而影响树脂的含量并增加纤维的损伤，须随时注意并加以清洗。

　　第三种树脂浸渍形式为计量浸胶法，即限胶法浸渍，将纤维和树脂引入一个一端大开口的通道，通道的另一端是一定宽度的机加孔，在通道内树脂充分浸渍纤维，经过机加孔时多余的树脂被挤出。这一方法的优点是树脂含量可严格控制，缺点是纤维的接头不能通过，对于不同的树脂体系和含胶量都必须更换限胶孔。

4.2.3.4　绕丝嘴

　　绕丝嘴又称导丝头，是缠绕机小车的主要部件，绕丝嘴应能前进后退，要求能适合不同缠绕方式及不同制品形状和直径的缠绕要求。图 4-12 为几种常用的绕丝嘴形式。

　　现有缠绕工艺的导丝头是将纤维束等距离的均布于纱片宽度上，其特征是一层且有间距，间距空间由树脂填充，如此增大了材料中的树脂含量，降低了材料

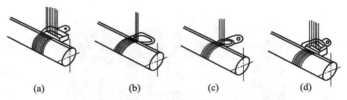

图 4-12   几种常用的绕丝嘴形式

的力学性能等不足之处。为此他设计、制造了新导丝头——无间距导丝头（图 4-13），其结构见图 4-14，导丝头总成通过摆动轴被支架在机座上，在导丝头的机架上，固定连接着（纤维）转向杆，同时，机架还支撑着丝杆（丝杆设有正反螺纹），机架通过销轴，铰接着摇臂，摇臂的一端简支着压辊，摇臂的另一端，由拉簧拉紧，在拉簧的作用下，摇臂摇摆，使压辊趋于转向杆，手轮与丝杆连接。无间距导丝头的优点是树脂含量低、玻璃钢材料强度高、尺寸稳定、纤维束的张力均匀以及制品表面不需刮胶。

图 4-13   无间距导丝头

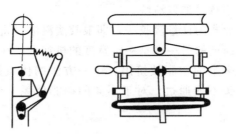

图 4-14   无间距导丝头的结构

4.3   缠绕成型工艺

4.3.1   缠绕成型工艺分类

根据纤维缠绕成型时树脂基体的物理化学状态不同，分为干法缠绕、湿法缠绕和半干法缠绕三种，三种缠绕方法中，以湿法缠绕应用最普遍，干法缠绕仅用于高性能、高精度的尖端技术领域。

4.3.1.1　湿法缠绕成型工艺

湿法缠绕成型时玻璃纤维经集束后进入树脂胶槽浸胶，在张力控制下直接缠绕到芯模上，然后固化成型，待固化后脱模成为复合材料制品的工艺过程，称为湿法缠绕。此法的优点为：①成本比干法缠绕低40%；②产品气密性好，因为缠绕张力使多余的树脂胶液将气泡挤出，并填满空隙；③纤维排列平行度好；④湿法缠绕时，纤维上的树脂胶液，可减少纤维磨损；⑤生产效率高（达200m/min）。

湿法缠绕的缺点为：①树脂浪费大，操作环境差；②纱、带浸胶后马上缠绕，含胶的纱、带质量不易检验和控制；③缠绕过程中张力控制精度不高，该法比较经济。

4.3.1.2　干法缠绕成型工艺

干法缠绕在缠绕前预先将玻璃纤维制成预浸渍纱，然后卷在卷盆上待用。使用时使浸渍纱加热软化后缠绕到芯模上，经固化后，脱模成为复合材料制品的工艺过程，称为干法缠绕。由于预浸纱是专业生产，能严格控制树脂含量（精确到2%以内）和预浸纱质量。因此，干法缠绕能够准确地控制产品质量。

干法缠绕可以大大提高缠绕速度，缠绕速度可达100～200m/min。缠绕张力均匀，设备清洁，劳动条件得到改善，易实现自动化缠绕，可严格控制纱带的含胶量和尺寸，制品质量较稳定。但这种工艺方法须另外配置预浸设备。

4.3.1.3　半干法缠绕成型工艺

半干法缠绕是将纤维纱经胶槽浸渍树脂后，经一烘焙装置使纤维上的胶液得到初步的交联，随即缠绕到芯模上，经固化后，脱模成为复合材料制品的工艺过程，称为半干法缠绕。与湿法相比，增加了烘焙工序。与干法相比，不需整套的预浸胶设备，烘焙时间短，缠绕过程可在室温下进行。这样既除去了溶剂，又减少了设备，提高了制品质量。

4.3.2　工艺过程

4.3.2.1　安装芯模或内衬

4.3.2.2　纤维浸胶

（1）湿法缠绕

① 纤维烘干　在湿度较大的地区和季节烘干处理更为必要。通常，无捻纱在60～80℃烘干24h即可。或者把无捻纱放在有一定温度的封闭纱架上。

② 穿纱　将无捻粗纱以内抽出方式放在纱架上，逐个从羊眼圈引出，均匀穿过排纱板，压纱板，刮胶板进入缠绕机的芯模上。

③ 浸胶　将配制的树脂胶液注入浸胶槽，要浸没压纱板。浸胶的方式有两种，沉浸式浸胶和表面涂胶式浸胶。沉浸式浸胶是通过调整挤胶辊来控制胶量；表面涂胶是通过调节刮刀与胶辊的距离，控制胶辊表面胶液层的厚度，带胶的胶辊紧贴纤维将胶涂覆于纤维上。控制纤维中的含胶量为 17%～25%（质量分数），而以 20% 为最佳，或者 25%～30%（质量分数）。

（2）干法缠绕

① 不饱和聚酯树脂预浸纱缠绕

a. 预浸纱　不饱和聚酯树脂预浸纱的含胶量以 25%～30% 比较适宜，挥发分含量应控制为 (3.0±0.5)%，而不溶性树脂含量不应超过 10%。

b. 加热软化　不饱和聚酯树脂预浸纱经加热软化至黏流，烘炉温度 90～100℃，烘干时间 60～90s。

② 热塑性塑料预浸纱缠绕

a. 张力控制　张力主要是由摩擦力或者阻力施加在预浸料上而产生的，张力的作用主要是防止预浸料的滑移、架空。在整个缠绕过程中要保持纤维受到稳定的张力，以免出现缠绕层内松外紧的情况，需要在缠绕过程中逐步递减张力。

b. 预浸料加热　预浸料加热一般由两部分组成，预加热和缠绕过程加热。一般预浸料都是先通过一个加热通道进行预加热，然后在缠绕过程中进一步加热。加热的作用是在缠绕过程中使预浸料始终保持熔融状态，以防止树脂冷却凝固，导致层内和层间黏结不良。

4.3.2.3　缠绕

开动缠绕机，缠绕到规定的尺寸后停止。在缠绕时要不断地向胶槽中补充胶液，要使缠绕速度随着圆环直径加大而调整，保证张力均匀，调整刮胶板使胶量均匀。

将纱线缠绕到芯模上的线速度（缠绕速度）影响生产效率，也影响制品质量。缠绕速度慢，生产效率低，缠绕速度太快，纱线浸胶时间不足，芯模转动过快，因离心力作用，树脂向外迁移并洒溅，纱线速度最大不宜超过 0.9m/s。当缠绕角较小时，纱线速度大，小车在端部返回时的冲击大，运行不稳。因此小车的速度一般不应超过 0.75m/s，另外缠绕速度一旦确定便不应改变，缠绕速度的改变也会造成缠绕张力、含胶量等工艺参数的改变，影响制品质量。

缠绕张力是指在缠绕过程中，对纤维施加的张紧力。各束纤维的张力均匀性以及各缠绕层间纤维的张力均匀性对制品质量的影响甚大。在缠绕过程中，缠绕张力与制品的强度、疲劳性等有着密切的关系，对缠绕制品的性能影响很大。

在缠绕过程中，随铺层的递增，外层纤维在张力作用下对内层纤维产生压力作用，若自始至终用单一张力缠绕，将发生内层纤维松弛现象，因此必须逐层递减，尽可能使各层纤维在缠绕时张力相等，一般取每层递减 5～10N，也可简化为每 2～3 层递减一次。可通过纤维浸胶的张力辊施加张力，张力辊的直径应大于 50mm。

4.3.2.4　热固性树脂加热固化

将缠绕好的带芯模的制品送入加热烘箱内，并在旋转下进行烘焙。环氧制品的固化条件根据环氧树脂胶液配方而定（见表 4-9）。

表 4-9　环氧制品的固化条件

配方	固　化　条　件
1#	170℃/9h
2#	160℃/7h
3#	160℃/8h
4#	120℃/2h＋160℃/6h＋200℃/6h
5#	100℃/0.5h 凝胶(若加 1 份三乙烯四胺或 T_{31} 可室温凝胶)
6#	150℃/45min 凝胶
7#	由 80℃ 慢慢升至 140℃,然后保持 3～4h

我国科技工作者在国际上最早提出了用流体（导热油等）内加热芯模固化管道的方法，并获专利授权。目前，国内开展了多种不同方式固化技术研究和应用，如红外加热、电磁加热、紫外线固化、电子束固化等技术研究。

后固化条件：不饱和聚酯树脂为 80℃/4h；环氧树脂后固化条件见表 4-10。

表 4-10　环氧树脂后固化条件

配方	5#	6#	7#
后固化条件	180℃/0.5h	180℃/1h	150～160℃、8～10h

4.3.2.5　热塑性树脂冷却定型和后处理

冷却定型是在一定压力作用下，通过冷却实现的。冷却定型压力一般都是采用压力辊在缠绕部件的表面加压获得，也可以对预浸料施加张力，另外就是将缠绕好的"半固结"部件在加压釜中进行冷却定型，即分为原位冷却定型和后冷却定型。

后处理一般采用的都是退火处理，这样可以降低成型过程中产生的热应力。

实例：预浸带宽 13mm，厚 0.3mm，加压辊的压力为 0.10～0.14MPa，加热箱温度为 300～350℃，从加热箱中出来的预浸带要保持熔融状态，加热压实器的温度为 370～375℃，保证缠绕过程中上下层能牢固的黏合成整体。缠绕过程中压实的目的是使制品密实，例如，缠绕时未经压实的复合材料空隙率达 7%～10%，经过 370～375℃ 加热压实后，空隙率接近于零。

4.3.2.6 成品

慢慢冷却至80℃以下，取出进行修补及表面喷涂防湿环氧树脂涂料，待干燥后进行外观检测和包装。

4.3.3 缠绕规律

缠绕规律可分为环向（周向）缠绕、纵向（平面）缠绕和螺旋（测地线）缠绕。

4.3.3.1 环向缠绕

环向缠绕是沿容器圆周方向进行的缠绕。缠绕时，芯模绕自身轴线做匀速转动，绕丝嘴在平行于芯模轴线方向均匀缓慢地移动，芯模每转一周，绕丝嘴向前移动一个纱片宽度，如此循环下去，直到纱片均匀布满芯模筒身段表面为止。环向缠绕只在筒身段进行，只提供环向强度。缠绕角通常为85°～90°（如图4-15所示）。

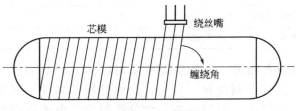

图 4-15　环向缠绕

4.3.3.2 纵向缠绕

纵向缠绕又称平面缠绕。缠绕时，绕丝嘴在固定平面内作圆周运动，芯模绕自身轴线作慢速间隙转动，绕丝嘴每转一周，芯模转过一个微小角度，放映在芯模表面上是一个纱片宽度。纱片与芯模轴线间成0°～25°的交角，纤维轨迹是一条单圆平面封闭曲线（如图4-16所示）。

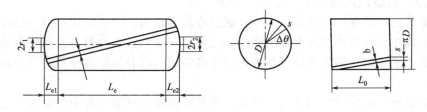

图 4-16　纵向缠绕

4.3.3.3 螺旋缠绕

螺旋缠绕又称测地线缠绕。缠绕时，芯模绕自己轴线匀速转动，绕丝嘴按特定速度沿芯模轴线方向往复运动，于是在芯模的筒身和封头上就实现了螺旋缠绕，其缠绕角约为12°～70°（如图4-17所示）。

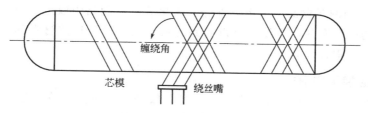

图 4-17　螺旋缠绕

4.3.4　芯模

　　成型中空制品的内模称芯模。一般情况下，制品固化后，芯模要从制品内脱出。

4.3.4.1　芯模设计的基本要求

　　芯模设计必须考虑在缠绕工艺全过程中的要求，也要考虑制造方法、脱模方式及经济性诸方面的内容。其基本要求如下。

　　（1）强度和刚度　芯模在使用过程中要承受各种荷载，如自重造成的弯曲、缠绕张力、固化时的热应力及脱模力等，在这些外荷载作用下，要求芯模有足够的强度和刚度，能够保证制品的结构尺寸及成型要求。

　　（2）精度和尺寸　芯模的尺寸和精度就是制品内腔的尺寸和精度。芯模轴线的同心度、直线段对轴线的不平直度以及截圆面上的椭圆度、芯模的脱模斜率等，必须满足制品对芯模提出的精度和尺寸要求。

　　（3）脱模　当制品成型工艺全部完成后，要求制品能方便地从芯模上取出，不能因脱模而影响制品的质量或性能。

　　另外，芯模材料的来源、制造工艺、价格、使用次数等应同时考虑。有时因工艺需要芯模必须加热，或在芯模内要预埋加热元件。

4.3.4.2　芯模材料

　　缠绕成型芯模材料分为两类：熔、溶性材料，组装式材料。

　　（1）熔、溶性芯模材料　石蜡、水溶性聚乙烯醇型砂、低熔点金属等，这类材料可用浇铸法制成空心或实心芯模，制品缠绕成型后，从开口处通入热水或高压蒸汽，使其溶、熔，从制品中流出，流出的溶（熔）体，冷却后可重复使用。

　　（2）组装式芯模材料和内衬材料　组装式芯模材料常用的有铝、钢、夹层结构、木材及石膏等。

　　① 金属芯模一般设计成可拆式结构，制品固化后，从开口处将芯模拆散取出，重复使用。钢、铝和夹层结构芯模，可重复使用，适合于批量产品生产。

　　② 石膏、木材材料来源广，价格低，制造和脱模比较方便。石膏芯模是一次性使用，不能回收。小型产品可用实心芯模，大型制品则与木材等组装成空心芯模。

③ 内衬材料是制品中的组成部分，固化后不从制品中取出，内衬材料的作用主要是防腐和密封，当然也可以起到芯模作用，属于这类材料的有橡胶、塑料、不锈钢和铝合金等。

4.3.4.3　芯模结构形式

（1）石膏隔板式组合结构芯模　石膏芯模是一次性使用品，它由金属芯轴、石膏封头、石膏隔板、铝管及石膏面层组成，也可以用铝金属型块组合封头代替石膏封头。这种芯模的特点为：制作简单，成本低，拆除方便，最适用于精度要求高的大、中型单件或少件制品，其尺寸精度可达 1mm 以内。

（2）管道芯模　分为整体式和开缩式两种，整体式芯模适用于直径小于 800mm 的玻璃钢管生产，整体式芯模是用钢板卷焊而成，也可以用无缝钢管加工制造。为了脱模方便，整体式芯模表面要经过打磨、抛光，芯模沿长度方向要大于 1/1000 锥度。

直径大于 800mm 的管芯模，采用开缩式芯模，芯模壳体由经过酸洗的优质钢板卷成，表面经过抛光、打磨，具有高精度和高光洁度。芯模中心轴，沿轴长度方向，每隔一定距离有一组可伸缩式辐条机构支持的轮状环，用于支持芯模外壳。脱模时，通过液压机械装置，使芯模收缩，从固化制品中脱下来。再用时，将芯模恢复到原始尺寸。

为了提高生产效率，减少缠绕过程中装、卸管芯模的时间，在缠管机上增设多轴芯模装置，它是一个圆盘回转架，架上可同时装 3～6 根相同或不同直径的芯模。回转架使每根芯模依次置于缠绕工位进行缠绕，在回转架底座旁边有一个液压动力升降机，将缠好的管正确地放在脱模机上脱模。这种装置能提高 3～6 倍生产率。

（3）储罐芯模　一般由封头和罐身组成。可分别制成封头和罐身构件，然后再胶黏成整体。通常罐身用缠绕成型，封头用手糊或喷射成型。也可以将预制的封头和罐身粘成芯模，然后再整体缠绕。

4.3.4.4　内衬

（1）内衬材料的要求

① 内衬材料的致密性要高，不透水，不透气，密度尽量小；

② 根据容器的使用条件，内衬材料应具有防腐蚀或耐高温低温性能等；

③ 与缠绕结构层有相同的断裂伸长率和膨胀系数，能共同承受载荷；

④ 能与缠绕结构层牢固地粘接在一起，耐疲劳、不分层；

⑤ 材料易获得，价格便宜。

（2）常用的几种内衬材料　目前用作内衬的材料有铝、不锈钢、橡胶和塑料等。

① 铝、不锈钢内衬　铝内衬气密性高，缠绕过程中能够起到芯模作用，成

型后铝内衬不再从制品中取出。铝内衬在缠绕和固化过程中变形小，与缠绕玻璃钢的结构层相容性好，已成功用于各种高压气瓶的生产，能保证制品耐疲劳寿命2000次以上。铝内衬的缺点是焊接技术要求高、制造复杂、不耐腐蚀等，不锈钢内衬耐腐蚀，但密度大，两种金属内衬制造都比较复杂。

② 塑料、橡胶内衬 这类材料内衬气密性好，耐化学腐蚀，制造工艺简单，成本低，有弹性等。橡胶内衬属弹性材料，无刚度，不能满足缠绕成型过程中的芯模承载作用，必须加支持结构。塑料内衬材料有尼龙6、ABS、聚氯乙烯、聚乙烯等，这类材料气密性好，耐化学腐蚀，制造简单，有一定的强度和刚性，可起到内衬和芯模作用，成本低。其缺点是耐温（高、低温）性差，选用时必须考虑到制品固化温度和塑料内衬相适应。

4.4 实用举例

4.4.1 纤维缠绕气瓶

按照气瓶内的气体种类有氧气瓶、氩气瓶和 CND 气瓶（天然气）等。

4.4.1.1 内衬结构设计

内衬由接头、气口端封头、筒段、密封端封头和密封端接头五部分组成，具体结构如图 4-18 所示。为了提高气瓶的性能，充分发挥纤维的作用，内衬通常设计为长圆柱形薄壁结构，内衬壁厚根据机械加工能力、气瓶疲劳寿命、复合层缠绕工艺等确定内衬的基础壁厚。

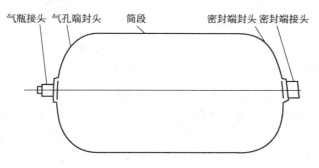

图 4-18 气瓶内衬结构图

4.4.1.2 制造工艺

（1）缠绕规律 圆柱段缠绕有四种主要的组合类型：单螺旋缠绕、螺旋缠绕加环向缠绕、螺旋缠绕加平面缠绕以及环向缠绕加平面缠绕。封头缠绕既可采取螺旋缠绕，也可采用平面缠绕，具体采取何种线型取决于内衬的结构形式，如封头形状、极孔尺寸、内衬长径比等。圆柱形气瓶的纤维缠绕层，一般采用螺旋或平面加环向的双轴缠绕方法。

（2）复合层设计　根据强度计算得到的纵、环向层数，进行纵、环向交叉缠绕。纵向和环向每次缠绕层数都为双数。

（3）缠绕张力　缠绕张力从靠近内衬的缠绕层到最外层应逐层递减。以保证纤维在整个容器壁厚方向上受到尽可能相等的预应力。这样在内压作用下能使所有纤维受到相同的载荷，以利于提高容器的强度。

（4）容器固化工艺　容器采用分层固化的工艺规范，以保证纤维强度的发挥；同时也保证容器整个壁厚方向上含胶量的均匀性。

4.4.2　纤维缠绕玻璃钢管

4.4.2.1　定长管缠绕

定长管缠绕法是采用螺旋缠绕和/或环向缠绕工艺，在定长管模的长度之内，由内至外逐层制造管材的一种生产方法（如图 4-19 所示）。定长管缠绕法制管最大长度可达 400cm，管径 1～40cm，壁厚 0.2～2cm。

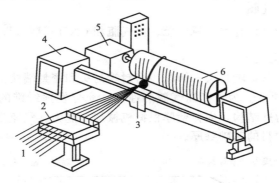

图 4-19　纤维缠绕成型示意图

1—连续纤维；2—树脂槽；3—纤维输送架；4—输送架驱动器；5—芯模驱动器；6—芯模

（1）主要生产设备　缠绕机、管芯、固化炉、脱管机。

（2）生产工艺流程　湿法缠绕是将纤维放在纱架上，每股以内抽方式（外抽纤维，产品表面光滑，但是要有附加设备）通过羊眼进浸胶槽，按照纤维纱的宽度及缠绕规律调节小车的移动速度，将管芯固定在缠绕机的支架上，用手将纤维束拉出一段，固定在管芯端头。开动电动机使管芯转动和小车移动，纤维束就按一定的螺旋规律缠到管芯上，随之调节张力，使之符合规定要求。当纤维束缠到另一端时，小车向反相移动。这样反复缠绕，一直达到规定的厚度，剪断纤维束。缠绕后期用刮板刮掉表面多余的树脂，树脂可重复使用。

4.4.2.2　连续管缠绕

在连续输出的管模上，把树脂、连续纤维、短切纤维和石英砂按一定要求采用环向缠绕方法连续铺层，并经固化后切割成一定长度的管材产品的一种生产方法。连续管缠绕的特点是生产效率高、产品质量稳定、劳动强度低。但技术水平较高，设备一次性投资较大，适用于管径规格少的大批量产品生产。连续管接头少，有利于安装和降低成本。尤其是车装连续制管机可在施工现场制管，技术和经济效益明显。国外纤维连续缠绕玻璃钢管尺寸及性能见表4-11。

表 4-11　国外纤维连续缠绕玻璃钢管尺寸及性能

名义内径/mm	壁厚/mm	最大质量/(kg/m)	工作压力/MPa	最大外部载荷(内压为零时)/N·m	管长/m
350	5	10.284	1.3	44.48	12
400	5	11.733	1.2	49.32	12
450	5	13.283	1.0	54.12	12
500	5	14.632	0.9	57.84	12
550	5	16.081	0.9	63.00	12
600	6.5	23.455	1.0	70.92	12
650	6.5	25.368	1.0	75.84	12
700	6.5	27.301	1.0	80.88	12
750	6.5	32.632	0.8	86.04	12
800	8	39.035	1.0	93.96	12
850	8	41.451	0.9	98.81	12
900	8	43.867	0.8	104.16	12

4.5　缠绕制品的缺陷产生原因及解决措施

常见纤维增强不饱和聚酯树脂缠绕制品的缺陷形式、产生原因及解决措施见表4-12。

表 4-12　缠绕制品的缺陷形式、产生原因及解决措施

缺陷形式	产生原因	解决措施
表面发黏	①空气中氧气的阻聚作用；②空气中湿度太大，水分对聚酯树脂固化有延缓并阻碍固化；③不饱和聚酯树脂中石蜡加得太少或石蜡不符合要求；④固化剂、促进剂用量不符合要求；⑤苯乙烯挥发量较多，造成树脂中的苯乙烯用量不足	①使用聚酯薄膜或石蜡将制品表面与空气隔离；②控制相对湿度低于80%；③加适量的石蜡或更换石蜡或用其他方法；④在配制胶液时应严格控制用量；⑤禁止树脂凝胶前加热，降低环境温度
制品气泡	①缠绕速度太快，纤维没有浸透，将空气滞留于制品中；②树脂黏度太大，带入树脂中的空气泡不能被赶走；③增强材料选择不当，浸润性差；④操作工艺不当	①调整缠绕速度使纤维浸透，并用刮胶板将其余胶刮去；②调整基体树脂配方，降低黏度或提高浸胶槽温度；③选择适用于缠绕的增强材料；④选择合适的浸胶、刮胶、缠绕角度、缠绕速度等工艺参数，并严格生产的管理

续表

缺陷形式	产生原因	解决措施
制品分层	①树脂黏度太大,纤维没有浸透;②树脂用量不够,纤维没有浸透;③缠绕速度过快,纤维没有浸透,或芯模转速过快,胶液流失产生贫胶;④基体树脂配方不合适,纤维与树脂的界面性能差,或固化制度不合理;⑤操作不当,树脂或纤维被污染,如脱模剂等物质混入缠绕层中;⑥生产环境洁净度差,缠绕层被污染	①调整基体树脂配方,降低黏度或提高浸胶槽温度;②调整设备,增加纤维在胶槽中的停留时间;③减低缠绕速度;④改进基体树脂配方,制定合理的固化工艺制度;⑤严格生产管理;⑥改善生产环境

参考文献

[1] 牛绍祥. 纤维缠绕工艺中导丝头的新思考 [J]. 纤维复合材料,2015.

[2] 王祥龙等. 复合材料缠绕氢气瓶研制技术 [J]. 纤维复合材料,2015.

[3] 汪泽霖. 玻璃钢原材料手册 [M]. 北京:化学工业出版社,2015.

[4] 蔡金刚等. 我国纤维缠绕技术及产业发展历程与现状 [J]. 玻璃钢/复合材料,2014.

[5] 邢丽英. 先进树脂基复合材料自动化制造技术 [M]. 北京:航空工业出版社,2014.

[6] 中国航空工业集团公司复合材料技术中心. 航空复合材料技术 [M]. 北京:航空工业出版社,2013.

[7] 唐见茂. 高性能纤维及复合材料 [M]. 北京:化学工业出版社,2012.

[8] 李玲. 不饱和聚酯树脂及其应用 [M]. 北京:化学工业出版社,2012.

[9] 陈平等. 环氧树脂及其应用 [M]. 北京:化学工业出版社,2011.

[10] 黄发荣等. 酚醛树脂及其应用 [M]. 北京:化学工业出版社,2011.

[11] 张以河. 复合材料学 [M]. 北京:化学工业出版社,2011.

[12] 黄家康等. 复合材料成型技术及应用 [M]. 北京:化学工业出版社,2011.

[13] 倪礼忠等. 高性能树脂基复合材料 [M]. 上海:华东理工大学出版社,2010.

[14] 益小苏等. 复合材料手册 [M]. 北京:化学工业出版社,2009.

[15] 黄发荣等. 先进树脂基复合材料 [M]. 北京:化学工业出版社,2008.

[16] 贾立军等. 复合材料加工工艺 [M]. 天津:天津大学出版社,2007.

[17] 俞翔霄等. 环氧树脂电绝缘材料 [M]. 北京:化学工业出版社,2007.

[18] 邹宁宇. 玻璃钢制品手工成型工艺 [M].2版. 北京:化学工业出版社,2006.

[19] 郭生武等. 油田用玻璃钢管 [M]. 北京:石油工业出版社,2004.

[20] 张玉龙. 先进复合材料制造技术手册 [M]. 北京:机械工业出版社,2003.

[21] 倪礼忠等. 复合材料科学与工程 [M]. 北京:科学出版社,2002.

[22] 沃定柱等. 复合材料大全 [M]. 北京:化学工业出版社,2000.

第5章

拉挤成型工艺

拉挤成型技术 1948 年起源于美国，50 年代末期趋于成熟。玻璃钢拉挤成型工艺是将树脂、填料和固化剂等按比例配成混合物放入料槽中，增强材料通过料槽，带着混合物一起进入被加热的模具内，树脂经加热而凝胶，再固化形成玻璃钢制品。其优点如下。

① 生产过程完全实现自动化控制，生产效率高。

② 拉挤成型中纤维含量可高达 80%，浸胶在张力下进行，能充分发挥增强材料的作用，产品强度高。

③ 生产过程中无边角废料，产品不需后加工，故较其他工艺省工、省原料、省能耗。

④ 制品质量稳定，重复性好，长度可任意切割。

这种工艺最适合于生产各种断面形状的增强塑料型材，如棒、管、实体型材（工字型、槽型、方形型材）和空腹型材（门窗型材、叶片等）等。

5.1 原材料

5.1.1 增强材料

拉挤成型用增强材料主要是玻璃纤维粗纱及特别用途的碳纤维、芳纶纤维、硼纤维以及玻璃纤维连续原丝毡、聚酯纤维无纺布等。

拉挤工艺用无捻粗纱的特性和要求基本上和缠绕法用无捻粗纱是一致的，两者可以通用。为了增强玻璃钢型材的横向强度和外观质量，国外专门研究开发了用于拉挤成型的无捻粗纱，如圈状无捻粗纱、空气膨化无捻粗纱等。

作者曾从润湿角度来探讨拉挤工艺用无捻粗纱单丝的直径，认为单丝的直径粗，有利于树脂对纤维的浸润，也有利于提高玻璃钢制品的性能。如今一般使用的无捻粗纱直径为 $24\mu m$。重庆（国际）复合材料有限公司生产的拉挤工艺用无捻粗纱的品种有直接无捻粗纱 469L、469P、469HT、469H、465、466 和 468A，合股无捻粗纱 560A、550E 和 555MA，以及膨体纱 ET 等。巨石集团有限公司生产的拉挤工艺用无捻粗纱的品种有 312、312T、310T、386T、316、302 和 752A 等。

5.1.2 基体树脂

拉挤成型树脂是采用加热固化配方，树脂凝胶时间短、固化速度快，树脂的黏度低，以便在短时间内可以迅速渗透玻璃纤维。

选择拉挤工艺用的树脂，除满足产品使用要求外，从工艺角度考虑，还应满足以下要求。

① 树脂黏度要低，固化过程无挥发物，一般黏度应低于 2Pa·s，最好是无溶剂型树脂或反应型溶剂树脂，使用过程中易浸透纤维，易消除气泡。

② 适用期要长，配制好的胶液在室温下的适用期应在 8h 以上。

③ 固化收缩小，与填料相容性好，一般要保证固化收缩率在 4% 以内。

5.1.2.1 不饱和聚酯树脂

（1）树脂技术指标　部分厂家的拉挤成型工艺用不饱和聚酯树脂牌号如下。日新树脂公司的牌号有 RX-1002、RX-2002、RX-239 和 RX-P107 等。泽源化工公司的牌号有 ZY7015、ZY7016、ZY7021、ZY7022、ZY7026、ZY7027、ZY7028、ZY7036、ZY7039、ZY7050 和 ZY7120 等。天和树脂公司的牌号有 DS681、DS606、DS627、DS629 和 DS625 等。金陵帝斯曼公司的牌号有 P61-972、P61-972B、P65-972、A400-972、A402-902 和 A409-972 等。

（2）引发剂　引发剂是决定拉挤成型工艺固化反应的重要因素，拉挤工艺用引发剂一般都采用中、高温引发剂 2 种或 3 种组合使用，使基体树脂在较低的温度下就能引发，以保证内层和外层的基体树脂能够同时固化，消除由于内外基体树脂固化时间不一样而产生的裂纹和型材弯曲现象，采用这种引发剂组合体系，还可以在很大程度上缩短凝胶时间，提高胶凝体的强度，减少工艺事故的发生，提高了拉挤速度，且增大了固化度，从而提高了型材的表面质量。组合体系中每种引发剂所占比例对不饱和聚酯树脂固化特性有所影响，如 TBPB/TBPO 组合体系中，其中 TBPO 占引发体系质量分数从 10% 增加到 100%，固化反应峰值温度由 142℃ 降低到 120.8℃，凝胶时间由 214s 降为 79.5s，固化时间由 634.5s 缩短为 171.5s。表 5-1 所列引发剂的组合配比供选用参考。

表 5-1　引发剂的组合配比

| 序号 | 引发剂组合(100 份树脂中)/质量份 | | | | | | | | 备注 |
	P-16	BPO(糊)	TBPB	MEKPO	Lm-Kp	Usp-245	TBPO	叔酮	
1	0.5		0.1						
2	0.75		0.5						
3	1		0.5						

续表

序号	引发剂组合(100 份树脂中)/质量份								备注
	P-16	BPO(糊)	TBPB	MEKPO	Lm-Kp	Usp-245	TBPO	叔酮	
4	1.5		0.5						
5	2		0.6						
6		0.5		0.5					拉 φ8mm 棒
7		0.5			1.5				拉小型异材速度快 50%
8		0.7	1						
9		1	1						
10		1.25	0.5						拉 φ8mm 棒
11		1.5							
12		2	0.5						
14		2	1						
15		2.5	0.5						拉小型异材速度快 50%
16		3							
17		3	0.5						
18	0.75		0.25				0.5		
19	1		0.3			0.3			
20	2		0.3			0.3			
21		0.66(粉状)	0.5					0.6~0.7	门窗

注：P-16 为双（4-叔丁基环己基）过氧化二碳酸酯（TBCP）；BPO 为过氧化苯甲酰；TBPB 为叔丁基过氧化苯甲酸酯；MEKPO 为过氧化甲乙酮；TBPO 为过氧化（2-乙基）己酸叔丁酯。

（3）胶液主要组分及实用配方　拉挤成型树脂是采用加热固化配方，树脂凝胶时间短、固化速度快，树脂的黏度偏低，以便在短时间内可以迅速渗透玻璃纤维。表 5-2 和表 5-3 列举了拉挤工艺用不饱和聚酯树脂糊配方实例。

表 5-2　不饱和聚酯树脂糊配方实例（一）　　　　单位：质量份

成分与性能	1#	2#	3#	4#	钓鱼竿
间苯拉挤树脂	100	100	100	100	100
苯乙烯单体					15
P-16(有效成分≥94%)	0.75	0.75	0.75		
TBPO(有效成分≥97%)	0.5	0.5	0.5		
TBPB(有效成分≥98%)	0.25	0.25	0.25	0.5	
BPO(糊)				2	3
内脱模剂	1	1	1	1	

续表

成分与性能		1#	2#	3#	4#	钓鱼竿
低收缩剂 PE 粉					3	
高岭土填料		0	20	50		
氢氧化铝 F-8					30～40	
碳酸钙						20～25
色膏(视何种颜色决定)						15
黏度/mPa·s	21℃	800	1600	7040		
	38℃	280	680	4000	2800(39℃)	
	63℃	110	370	2630		
反应活性(82.2℃)	凝胶时间/min	1.6	1.3	2.6		
	固化时间/min	3.0	2.0	4.22		
	放热峰温度/℃	200	196	190		

表 5-3　不饱和聚酯树脂糊配方实例（二）　　　　单位：质量份

组成		商品名称(公司)	1#	2#	3#	4#
不饱和聚酯树脂		DION8101(Copper 公司)	100	100		
		DION8200(Copper 公司)			100	
		DION8300(Copper 公司)				100
引发剂		P-16N(Nourychem 公司)	0.5～1.0			0.5～1.0
		TBPB	1	1	0.5	0.5
		TBPO		0.5	0.5	
USP24(促进剂)		Lupersol256(Witcochem)			0.5	
内脱模剂		ZelecUN(杜邦公司)	1	1	1.4	1
填料	高岭土	ASP-100				0～5
		ASP-400P(Englehard 公司)		25～35	3～5	
	氢氧化铝	Solem SB 336(Solem 工业)			30	0～20
	碳酸钙	Vicron15-15(Pfizer 公司)	10		0.5	
颜料			1～2	1～2	按要求	1～3

作者曾在拉挤工艺中，添加树脂质量2%～5%的低密度聚乙烯粉末，由于其与树脂的相容性差，在树脂固化前，容易从树脂相中浮出，可以明显地提高拉挤玻璃钢制品的表观质量和耐水性（见表5-4）。

表 5-4　拉挤工艺用不饱和聚酯树脂糊配方

间苯拉挤树脂	TBPB(有效成分≥98%)/质量份	BPO(糊)/质量份	内脱模剂/质量份	低收缩剂 PE 粉/质量份	氢氧化铝F-8/质量份	黏度(39℃)/mPa·s
100	0.5	2	1	3	30～40	2800

5.1.2.2　乙烯基酯树脂

拉挤成型工艺用的乙烯基酯树脂是一种由环氧树脂主链同甲基丙烯酸反应而制成的双酚 A 乙烯基酯树脂，如华东理工大学华昌聚合物有限公司的 ETER-SET2960-3、MFE-10、MFE-760 和 MFE-780HS 等。为保证在成型时具有一定的拉挤速度，乙烯基酯树脂大都需要使用促进剂。另外阻燃型乙烯基酯树脂也开始用于拉挤成型工艺，这类树脂大都是溴化双酚 A 环氧甲基丙烯酸聚合物，或者是在通常的乙烯基酯树脂中加入反应性溴化物。表 5-5 列出了一组典型的拉挤用乙烯基酯树脂体系。

表 5-5　一组典型的拉挤用乙烯基酯树脂体系

产品尺寸	配方/质量份	树脂	Perkaox16	CHP	TBPO	脱模剂	填料	玻璃化转变温度/℃	固化度
φ25mm 实心棒	1	100	0.4	0.75		0.5	15	189	97.1
	2	100	0.6	1.13		0.5	15	197	
	3	100	0.8	1.5		0.5	15	174	97.4
	4	100	0.8			0.5	15	186	93.2
11×11 方棒		100			2.0	1.0	20	197	

5.1.2.3　环氧树脂

（1）树脂　用于拉挤成型工艺的环氧树脂一般都采用低黏度的双酚 A 型环氧树脂，国外牌号有 Epon 828、826，Araldite My 750、6010。国内牌号为 E-51、E-44、CyD-128、CyD-127。环氧树脂黏度太高则用活性稀释剂来降低。

（2）固化剂　以液体酸酐如甲基四氢苯酐、甲基纳狄克酸酐为主，也有少量用改性液体胺固化剂。环氧树脂的固化体系对拉挤工艺及制品性能都有很大影响。理想的固化剂能降低树脂黏度、减少树脂对成型模具的黏附力、缩短树脂固化时间、提高树脂热变形温度、改善制品的力学性能。

在环氧树脂与酸酐类交联固化反应中，不同结构酸酐的反应活性顺序是：顺丁烯二酸酐＞邻苯二甲酸酐＞四氢邻苯二甲酸酐≥六氢邻苯二甲酸酐＝T-2 酸酐衍生物＞甲基四氢邻苯二甲酸酐＞二苯酮四酸酐。

（3）促进剂　环氧树脂与酸酐类交联固化反应速度比较缓慢，通常需要加入促进剂，提高交联固化反应速度。适用于环氧树脂与酸酐类交联固化反应体系的促进剂可分为亲电型促进剂、亲核型促进剂和金属羧酸盐促进剂。其中亲核型促进剂应用较普遍。适用于环氧树脂与酸酐类交联固化反应体系的促进剂有 DMP-30、BDMA、2MI 等。

（4）稀释剂　环氧树脂黏度太高则用活性稀释剂来降低。

（5）脱模剂　拉挤工艺的模具在连续生产过程中是闭合的，不可能涂脱模剂，为了使制品顺利从模具中脱出，必须使用内脱模剂。环氧树脂拉挤成型工艺用内脱模剂对于拉挤成型工艺的实现是非常重要的。哈尔滨玻璃钢研究所研制的 HBT-6、HB-7 是分别应用于酸酐/环氧和胺/环氧树脂体系有效的内脱模剂，其用量一般为 2% 以内。其性能与美国 Axel-1846、Axel-1850、Axel-1854 等相当。

（6）阻燃剂　可加入氢氧化铝、四溴双酚 A、三氧化二锑或磷酸三甲酚酯。

（7）色料　常采用无机颜料，用量为 0.5%～3%。

（8）树脂胶液配方及性能　典型的拉挤工艺用树脂胶液配方及性能见表 5-6。工艺参数见表 5-7。

表 5-6　典型的拉挤工艺用树脂胶液配方及性能

类别	项目							
树脂/质量份	E-51				100			
				100				
	Epon 9102					100		
	Epon 9310	100						
	Epon 9312						100	100
	EL-301		100					
固化剂/质量份	甲基四氢苯酐			80	75			
	9360	33						
	H86063		80					
	CA 9150					41.5		
	CA 9350						3	8
促进剂/质量份	537	0.65						
	DMP-30		1.5	1.5	3			
	Vybar 825					4.2	5	5
填料/质量份	高岭土				37			
	硅酸铝粉末 400	13						
	白垩粉		20					
	ASP-40					14	10	10
内脱模剂/质量份	Axel 1846	1.0						
	内润滑剂 VN		0.5		1			
混合料黏度/mPa·s		960				740	850	700
凝胶时间(149℃)/s						65	40	25
使用期(25℃)/h						6.5	8.0	5.0
负荷变形温度/℃						171	127	104
断裂伸长率/%						3.0	2.8	6.0

续表

拉挤温度	420℉	150℃		170~200℃	
拉挤速度/(cm/min)			0.5	15~25	

注：1. Epon 9102 和 Epon 9312 两种树脂均为双酚 A 型环氧树脂。

2. CA 9150 是一种颗粒状酸酐，CA 9350 是一种液体杂环胺类。

表 5-7　拉挤工艺参数（模具长 1.2m）

拉挤速度/(m/min)	Ⅰ区温度/℃	Ⅱ区温度/℃	Ⅲ区温度/℃	放热峰温度/℃	固化时间
0.07	120	174	172	226.0	10min29s

5.1.2.4　酚醛树脂

酚醛树脂具有耐热性、耐磨性、阻燃性、电绝缘性能以及成本低优势，但是，作为拉挤复合材料基体树脂，其固化速度慢、成型周期长，且固化时有副产物水生成。所以不能应用于高速连续生产的拉挤成型工艺。因此，需要对酚醛树脂进行改性，对拉挤成型工艺进行改进才能实施。通过对其组成、分子结构重新设计，已试制出满足拉挤新工艺要求的酚醛树脂。如 BP 化学公司和 Plenco 公司使用间苯二酚催化技术，既加快了固化速度，又不增加酚醛树脂的黏度和脱水量，取得较好的效果。拉挤工艺用酚醛树脂产品有北京金介特新材料科技有限公司的组分 A 和组分 B。酚醛树脂胶液配方见表 5-8。

表 5-8　拉挤用酚醛树脂胶液配方

组分		规格	用量/g
树脂	A 阶酚醛树脂	固体含量 60%（游离酚含量不大于 10%）	1300
固化剂	对甲基苯磺酸	试剂级	65
改性剂	聚丙烯醇	平均分子量 200~300	65
偶联剂	A-1100	硅烷偶联剂	3
填料	滑石粉 二氧化硅	相对密度 2.71 相对密度 2.1	130

常熟东南塑料有限公司的 NR9450 酚醛树脂胶液配方和拉挤工艺如下。

（1）配方

① 脱模剂　配套 WIZI850HT 脱模剂，加入量为树脂量的 1%。

② 促进剂　本厂配套的专用促进剂 P280，加入量为树脂量的 4%~6%。

③ 固化剂　本厂配套的专用固化剂 C640，加入量为树脂量的 6%~8%。

④ 增强剂　本厂配套的专用增强剂 R962，加入量为树脂量的 0.5%。

（2）拉挤工艺

① 按脱模剂、增强剂的顺序加入树脂中搅匀，再加入促进剂、固化剂搅匀，

然后加入一定量的填料搅匀便可放入浸胶槽内使用。

② 建议模具加热温度　第一区：120～140℃；第二区：165～180℃；第三区：180～200℃。

拉挤速度 0.2～0.5m/min，拉挤产品表面呈紫色。

5.1.2.5　热塑性树脂

纤维增强热塑性树脂的拉挤成型工艺与热固性玻璃钢的基本相似。只要把进入模具前的浸胶方法加以改造，生产热固性玻璃钢的设备便可应用。目前应用较广泛的基体材料是尼龙和聚丙烯，聚醚醚酮、聚砜、聚醚、聚酰亚胺、聚苯硫醚、聚碳酸酯等也有应用。由于纤维增强热塑性树脂在拉挤成型工艺过程中没有化学反应，因此纤维增强热塑性树脂的拉挤成型工艺比纤维增强热固性树脂的拉挤成型工艺容易进行，增强材料制品的质量更稳定、更容易控制。热塑性树脂断裂伸长率为 8%～12%，其拉挤制品的韧性好、纤维不易露出制品表面、制品表面性能好。其制品有宽 25～254mm 的条材，直径为 9.5mm 的圆杆、矩形梁、中空柱、汽车板簧、冲浪板的加强筋、网球拍的嵌件等。纤维增强热塑性树脂拉挤有如下三种成型工艺。

（1）预浸纤维拉挤成型　即先用热塑性树脂浸渍纤维，制得预浸纤维，再用预浸纤维进行拉挤成型。预浸纤维在进入挤压模之前，需先加热，使预浸纤维逐渐由硬变软，入模时必须使树脂基体达到黏流态温度，在牵引机的作用下，熔融的预浸纤维在模腔内挤压成型，并连续不断向前运动，刚出模的复合材料型材是弹性体，经冷却定型后，恢复到玻璃态，具有强度。经过牵引的型材，按需要定长切断。用预浸纤维进行拉挤成型的工艺流程见图 5-1。

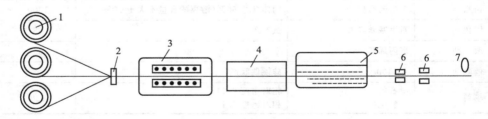

图 5-1　预浸纤维拉挤成型的工艺流程图

1—预浸纤维；2—集束板；3—加热箱；4—成型模具；5—冷却液；6—牵引机；7—切割机

实用举例：洋麻增强聚乳酸（PLA）和聚丁二酸丁二醇酯（PBS）。

① 洋麻　有捻纤维束（40 根），纤维直径 0.8mm。

② 聚乳酸　聚乳酸也称为聚丙交酯，属于聚酯家族，颗粒状（粒径约 4mm）。聚乳酸是以乳酸为主要原料聚合得到的聚合物，原料来源充分而且可以再生。聚乳酸的生产过程无污染，而且产品可以生物降解，实现在自然界中的循环，因此是理想的绿色高分子材料，其性能见表 5-9。

表5-9　聚乳酸性能

拉伸强度 /MPa	拉伸模量 /MPa	断裂伸长率 /%	弯曲模量 /MPa	玻璃化转变温度 /℃	熔点 /℃
40～60	3000～4000	4～10	100～150	58	148

③ 聚丁二酸丁二醇酯（PBS）由丁二酸和丁二醇经缩合聚合而得，树脂呈乳白色颗粒（粒径约3mm），无臭无味，易被自然界的多种微生物或动植物体内的酶分解、代谢，最终分解为二氧化碳和水，是典型的可完全生物降解聚合物材料。具有良好的生物相容性和生物可吸收性；密度 $1.26g/cm^3$，熔点114℃，根据分子量的高低和分子量分布的不同，结晶度在30%～45%。

聚丁二酸丁二醇酯的性能介于聚乙烯和聚丙烯之间，可直接作为塑料加工使用。PBS的典型性能见表5-10。

表5-10　聚丁二酸丁二醇酯性能

拉伸强度 /MPa	断裂伸长率 /%	弯曲强度 /MPa	弯曲模量 /MPa	悬臂梁缺口冲击强度 /(kJ/m²)	负荷变形温度 /℃	熔点 /℃
30	400	25	400	4	97	114

④ 拉挤成型工艺　用挤出机将基体树脂颗粒通过加热的料筒成为液体，挤出至十字头模具内，洋麻通过该模具被树脂胶液浸透，然后由牵引机将含有胶液的洋麻引入加热的模具（截面尺寸 15mm×2mm），在模具口除去多余的树脂，引出模具后慢慢地冷却，成型速度由牵引速度来调节。成型工艺参数见表5-11。

表5-11　成型工艺参数

树脂	料筒温度/℃	十字头模具温度/℃	模具温度/℃	螺杆转速/(r/min)	牵引速度/(mm/min)
PLA	185	185	150	3～4	41
PBS	190	190	140	3～4	41

（2）纤维纱直接拉挤成型　先将适用的纤维纱经过纤维分配器进入模具，粉状树脂或粒料在挤出机内加热混炼，塑化成熔融态注入成型膜片，在模具内，树脂浸透纤维纱成型，出模，经冷却定型，牵引和定长切断成制品。各段温度必须严格控制，以保证纤维能被树脂浸透。纤维直接拉挤成型工艺流程见图5-2。

（3）反应拉挤成型　该工艺最适合生产尼龙6复合材料。尼龙6可以通过ε-己内酰胺阴离子聚合生产，单体在加热到熔点69℃以上时具有低黏度。ε-己内酰胺容易浸入纤维束内部并浸润其表面。ε-己内酰胺在100～160℃的范围内反应生成尼龙6，反应由异氰酸酯或内酰胺化合物作为引发剂。常规的催化剂包括己内酰胺的钠盐和溴化镁。在160℃下，1min内单体转化率可迅速超过95%，生成高分子量的聚合物。反应产生的温度较低，使在拉挤成型工艺进行时聚合反应能够稳定进行。

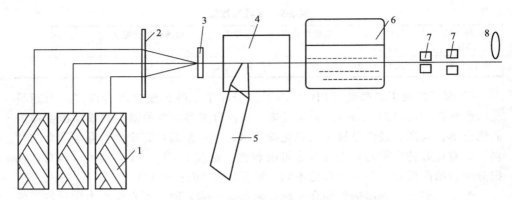

图 5-2　纤维直接拉挤成型工艺流程

1—纤维纱；2—分纱板；3—纤维分配器；4—成型模具；5—树脂注射机；

6—冷却液；7—牵引机；8—切割机

（4）混纺纱（增强纤维与基体树脂纤维）直接拉挤成型　例如玻璃纤维与聚丙烯纤维混纺（日本商品名称ツインテックス），玻璃纤维含量（质量分数）分别为 60％（PP60）和 53％（PP53），将这种混纺纤维用于拉挤，通过加热的模具就能形成所需的形状，其力学性能见表 5-12。

表 5-12　玻璃纤维增强聚丙烯力学性能

产品	拉伸强度/MPa	拉伸模量/GPa	弯曲强度/MPa	弯曲模量/GPa
PP60	760	29.5	740	24.5
PP53	690	25.5	610	22.0

5.1.3　填料

通常用的填料都是粉状，其细度约为 $150\sim300$ 目，常见的填料有硅藻土、石墨、碳酸钙、氢氧化铝、高岭土、氧化铝及二硫化钼等。填料的用量变化幅度较大，可以为树脂用量的 $10\%\sim150\%$。

5.1.4　阻燃剂

在拉挤工艺中，使用反应型阻燃树脂比较方便，但是树脂价格昂贵。添加型阻燃树脂价格便宜，但是阻燃剂一般都会降低树脂的反应活性，所以必须采用反应活性高的树脂。另外，拉挤成型工艺对树脂的各项性能指标也有严格的要求，树脂任一项指标的改变，往往牵涉到拉挤成型工艺的参数调整，如此才能生产出符合质量要求的产品。所以，拉挤树脂的反应活性是影响产品质量的非常重要的因素之一。添加型阻燃剂加入到树脂内，对树脂的反应活性有影响，下面探讨几种阻燃剂及其添加量以及固化体系的改变对反应树脂反应活性的影响，以供研究添加型阻燃树脂配方的工作和使用人员参考。

① 随着阻燃剂 DMMP 添加量的增大，树脂反应活性下降，说明 DMMP 添加的量越多，树脂的反应活性下降越大。

② 不同品种的阻燃剂对树脂反应活性的影响也不一样，配方中添 TCEP10 份，它的反应活性仍比配方中只添加 6 份 DMMP 的反应活性高，说明 DMMP 阻燃剂使树脂反应活性下降的影响比 TCEP 大。

③ 在两种阻燃剂混合体系中，其使树脂反应活性下降的程度比分别使用时往往要小，它说明这两种阻燃剂之间有协同作用。两个配方的阻燃剂添加量都是 10 份，配方是由 TCPP 和 DMMP 两者组成，结果树脂的反应活性比单纯使用 TCPP 的树脂反应活性高。又如，采用混合型阻燃剂和采用一种阻燃剂相比较，前者阻燃剂的用量比后者的用量多，阻燃效果好，但是对树脂的反应活性影响两者相差不大。

④ 固化剂用量增加可以增加树脂的反应活性，随着 BPO 糊用量的减少，添加阻燃剂的拉挤树脂反应活性下降，为了满足产品阻燃的要求，需要添加足够的阻燃剂，这样会降低树脂的反应活性，这时可通过调整固化剂用量来解决。

⑤ 不同固化剂体系，树脂的反应活性不一样，使用 2 份 BPO 和 1 份 TBPB 与采用 3 份 BPO 相比较，结果后者的阻燃树脂反应活性比前者的阻燃树脂反应活性大。

⑥ 促变剂的添加量对树脂反应活性影响不大。

5.2　拉挤成型工艺过程及设备

拉挤成型工艺过程是由送纱、浸胶、预成型、固化、牵引、切割等工序组成。拉挤成型时，在纱架与预成型模之间，设有一个浸胶槽，其中放置有预先配制好的树脂，纤维浸渍树脂后经导向装置进行排布，纤维首先穿过与玻璃钢制品尺寸相同的预成型模，然后进入加热模具使树脂固化，加热模的温度分布，是经过精心设计的，以确保拉挤制品在离开模具后部端口时，树脂已完成固化过程。再经牵引机后，由切割机切割为所需的尺寸。拉挤成型工艺过程示意图如图 5-3 所示。

5.2.1　送纱

5.2.1.1　送纱装置

送纱装置的作用是从纱架上的纱团中引出无捻粗纱，通过导纱装置进入浸胶槽中浸渍树脂胶液（如图 5-4 所示）。

典型的通用拉挤机中内抽头玻璃纤维粗纱配置在纱架上，纤维从纱筒内壁引出的，纱筒固定，但纱发生扭转；纤维从纱筒外壁引出的，应采用旋转芯轴附加张力器，可避免粗纱扭转并且有一定张力。

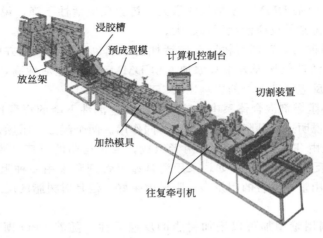

图 5-3　拉挤成型工艺过程示意图

图 5-4　拉挤纤维的引出

　　纱架一般为多格层排列，适用于外抽头纱锭配放，锭芯轴附加张力器，使开放纱不扭捻并且有一定张力，但对实心物也可用内抽头的纱。为了放纱引出、排布合理，纱架上装有瓷牙导纱柱。

　　张力是指拉挤过程中玻璃纤维粗纱张紧的力。它可使浸胶后的玻璃纤维粗纱不松散。其大小与胶槽中的调胶辊到模具的入口之间距离有关，与拉挤制品的形状、树脂含量要求有关。一般情况下，要根据具体制品的几何形状、尺寸，通过实验确定。

5.2.1.2　玻璃纤维纱用量计算

　　当制品的几何形状、尺寸、玻璃纤维和填料的质量含量确定后，玻璃纤维纱的用量可按下式计算：

$$\rho_h = 1/\{[W_t/\rho_t + (1-W_t)/\rho_R](1+V_h)\} \quad (5\text{-}1)$$

式中　ρ_h——树脂和填料混合物密度，g/cm^3；

　　　W_t——填料的质量分数，%；

　　　ρ_t——填料的密度，g/cm^3；

　　　ρ_R——树脂密度，g/cm^3；

　　　V_h——树脂与填料混合物孔隙率。

如果混合物的孔隙率不知道，可以用下式计算：

$$\rho_{混} = W_{混}/V_{混} \quad (5\text{-}2)$$

式中　$W_{混}$——树脂和填料混合物质量，g；

　　　$V_{混}$——树脂和填料混合物体积，cm^3。

玻璃纤维体积分数按下式计算：

$$V_g = (W_g/\rho_g)/\{[W_g/\rho_g + (1-W_g)/\rho_h](1+V_{gc})\} \quad (5\text{-}3)$$

式中　V_g——玻璃纤维的体积分数，%；

　　　W_g——玻璃纤维的质量分数，%；

　　　V_{gc}——玻璃纤维、填料和树脂复合后的孔隙率；

　　　ρ_g——玻璃纤维密度，$2.54g/cm^3$；

　　　ρ_h——树脂和填料混合物密度，g/cm^3。

拉挤制品所用纱团数按下式计算：

$$N = (1000A\rho_g V_g)/t \quad (5\text{-}4)$$

式中　A——制品截面积，cm^2；

　　　t——玻璃纤维公制号数，tex，即 g/km；

　　　ρ_g——玻璃纤维密度，$2.54g/cm^3$；

　　　V_g——玻璃纤维体积分数，%；

　　　N——制品所用纱团数。

5.2.2 浸胶

5.2.2.1 浸胶装置

浸胶方式基本有两种：浸渍法和压注法（注入浸渍法）。无论哪一种方法，都要求在树脂黏度最低的情况下进行。浸胶装置的设计好坏，主要看移动是否简便和清理是否方便。

（1）浸渍法　浸渍法浸胶主要有以下几种。

① 长槽浸渍法　浸渍槽通常是钢制的长槽。入口处有纤维滚筒，纤维从滚筒下进入浸渍槽而被浸在树脂里。槽内有一系列分离棒，将纱和毡隔开，以便使二者能充分浸渍树脂，然后从浸渍槽出来进入预成型导槽，预成型导槽刮掉浸渍纤维、浸渍毡上的多余的树脂。

② 直槽浸渍法　在浸渍槽的前后各设有梳理架，架上有窄缝和孔，分别用于通过和梳理毡及轴向纤维，纤维纱和毡首先通过浸渍槽后梳理板，进入浸渍槽，浸渍树脂后通过槽前梳理板，再进入预成型导槽。整个浸渍过程中的纤维和毡排列十分整齐（如图5-5所示）。

图 5-5　直槽浸渍法的应用

③ 滚筒浸渍法　在浸渍槽前有一块导纱板，浸渍槽中有两个钢制滚筒，滚筒直径下部泡在树脂中，滚筒通过旋转将树脂带到其直径的上部，纤维纱紧贴在滚筒上面进行树脂浸渍。这种方法适宜细股纱的树脂浸渍。

④ 浸胶槽长度约为600～1000mm，并与布纱的范围相对应，内装适形布纱浸渍器及预成型冷模。浸胶槽下面有接胶盘，它带有树脂槽和循环泵，以便把储存的树脂泵回浸胶槽，再利用。该模式还有可供选择的循环水套管和控制树脂温度的Mokon加热器。粗纱引导和挤胶套管系统位于模具入口处，多余的树脂被漏斗状套管挤出并流回接胶盘。

（2）压注法　压注法一般将树脂加热到60℃时压入模内，因此还必须有加热保温系统。玻纤增强材料进入模具后，被注入模具内的树脂所浸渍。此法适于凝胶时间短、黏度高、生产附产物的树脂基体，如酚醛、环氧、双马来酰亚胺树脂。

5.2.2.2　浸胶时间

所谓浸胶时间是指无捻粗纱及其织物通过浸胶槽所用时间。时间长短以玻璃纤维被浸透为宜，浸胶时间一般控制在15～20s为宜。

5.2.2.3　胶量控制

树脂与玻璃纤维比例的控制是决定产品性能和质量的主要因素。在生产流水线中，形状合适的模孔是很好的胶量控制装置。然而它们必须与树脂黏度相配合。模孔还使速度有所限制，因为它强迫过量树脂回流。所有增强材料都有回弹力，所以模具本身容许树脂稍微过量，以便压实纤维，驱逐可能出现的气泡。

5.2.3　成型

浸渍后的纤维和毡通过预成型导槽，然后再进入模具，进行成型固化后从模具拉出。

5.2.3.1　预成型导向装置

在进入模具前，所有材料都要求预成型（整形）使之具有近似要求的形态。拉挤棒时可用环状模，拉挤角板时用金属导向板，拉挤空芯管材时则用芯轴。预成型时须注意纤维定向，为此可充分利用机械器具如角架、管筒、蜂窝、导环等（如图 5-6 所示）。

图 5-6　预成型导向模具

5.2.3.2　模具

成型模具按结构形式可分为整体成型模具和组合式成型模具两类。整体模具是由整体钢材加工而成，一般适用于棒材和管材。组合成型模具槽孔由上、下模对合而成。这种类型的模具易于加工，可生产各种类型的型材，但制品表面有分型线痕迹（如图 5-7 所示）。

要求设计的钢模具横截面至少为制品横截面的 10 倍，以保证制品加热均匀和稳定。模具长度一般为 0.5～1.5m。

模腔表面要求光洁，耐磨，硬度大于 50HRC，模腔尺寸应比制品尺寸大 1.5%～3.5%，模腔进出口两端有倒角，圆角半径在 1.5～6mm 范围。

在连续拉挤中，成型模具一般为钢模，内表面镀铬（也可以采用表面氧化代替镀铬），可降低牵引力，减少摩擦，延长模具的使用寿命，并使制品易脱模。国产模具材料见表 5-13。

图 5-7 拉挤模具

表 5-13 国产模具材料

种类	牌号	化学成分/%							热处理/℃			硬度(大于)/HRC
		C	Si	Mn	V	B	Cr	Ti	渗碳	淬火	回火	
渗碳钢	20Cr	0.17~0.24	0.17~0.37	0.5~0.8			0.17~1.0		910~950	770~820,油或水冷	180~200	60
	20CrMnTi	0.17~0.24	0.17~0.37	0.5~1.1			1.0~1.3	0.6~0.12	910~950	800~860,油或水冷	200	60
	20Mn$_2$B	0.17~0.24	0.2~0.4	1.5~1.8					910~950	880油冷	200	60
	20MnVB	0.17~0.24	0.2~0.4	1.2~1.6	0.7~0.12	0.001~0.004			910~950	880油冷	200	60
调质钢	40Cr	0.37~0.45	0.17~0.37	0.5~0.8			0.8~1.1			850油冷	550,油或水冷	45~50
	45Mn$_2$	0.42~0.49	0.2~0.4	1.4~1.8						840油冷	550,油或水冷	50
	40MnB	0.37~0.44	0.2~0.4	1.1~1.4		0.001~0.035				850油冷	550,油或水冷	50
	40MnVB	0.37~0.44	0.2~0.4	1.1~1.4	0.05~0.1	0.001~0.004				850油冷	550,油或水冷	50

5.2.3.3 加热温度和加热方式

（1）加热温度 对于卧式拉挤设备来讲，由于模具长度一定，固化炉长度一定，故制品的固化温度和时间主要取决于树脂的引发固化体系。而通用的不饱和聚酯树脂，多采用有机过氧化物为引发剂，其固化温度一般要略高于有机过氧化物的临界温度。若采用协同引发剂体系，则通常是通过不饱和聚酯树脂固化放热曲线来确定引发剂的类型和用量。

酚醛拉挤模具采用特殊的三阶段加热，其最佳温度是 140～160℃、170～190℃和 150～180℃。

模具内设 3 个加热区域及模具外 1 个冷却区。

第 1 区预热区，温度较低，以热电偶控制。主要是使物料黏度降低，使其流动性提高。

第 2 区温度再提高 20～30℃，使树脂液产生凝胶（胶凝区）。

第 3 区温度可降低，此时树脂达到放热峰阶段，温度升高（固化区）。

第 4 区冷却，距离模具出口约 3～5m，以便型材在周围空间冷却。冷却温度最宜小心操作，否则最易产生内部气孔现象（冷区）。

增强材料以等速穿过模具，而树脂则不同，在模具入口处树脂的行为近似牛顿流体，树脂与模具内壁表面处的黏滞阻力减缓了树脂的前进速度，并随离模具内表面距离的增加，逐渐恢复到与纤维相当的水平。预浸料在前进过程中，树脂受热发生交联反应同时也受热降低黏度，物理变化和化学变化交织在一起，但最初受热降低黏度有利于浸润增强材料，而进一步受热则交联使分子增大而成凝胶状态，有利于成型。在固化区逐渐变硬、收缩并与模具脱离，树脂与纤维一起以相同的速度均匀向前移动，并保证出模时达到规定的固化度。固化温度通常大于胶液放热峰的峰值，并使温度、凝胶时间和牵引速度相匹配。预热区温度应较低，温度分布的控制应使固化放热峰出现在模具中部靠后，脱离点控制在模具中部。三段的温度差控制在 20～30℃，温度梯度不宜过大，还应考虑固化反应放热的影响。通常模具内区域分别用三对加热系统来控制温度。

（2）加热方式　加热方式是拉挤成型技术的核心问题，它决定着生产效率和产品质量。

① 电热棒加热（每根 1kW）　这是国内目前最常用的，采用智能仪表固态继电器温控系统，温控精度为±1℃，电控系统采用 PLC 可编程控制器。

② 70 兆周高频介质加热装置加热　电极匹配得当，可大大提高成型速度和产品质量，可制造大截面的制品，减少电能消耗且把模具缩短至 0.4～0.5m。由于模具缩短，减轻了摩擦牵引力，有利于制品表面不受损伤，保证工艺顺利地进行。因此采用高频加热，靠树脂本身极化时产生的热而使制品内外同时固化，固化均匀、速度快、质量高，是国内外发展新型连续设备大都采用的热源。

③ 红外线加热　这种热源材料简单便宜，但耗电量大（一台管用设备需 250kW），且对树脂有一定选择性，为保证快速成型，在热固性树脂中需含有 5%～15%双键。

④ 微波加热　这是高效快速的加热方式，但微波的发生和防护却需专用设施。

5.2.3.4 模内的热平衡（thermal balance）

根据 R. A. P Spencet 的研究，在拉挤成型的过程之中，拉挤速度不能突然减缓或停止，否则拉挤成型模内的热平衡就会受干扰而使整段材料卡死在模中。从实验观察，短暂的停顿（0～3s）还不至于将模内的热平衡状况完全破坏。但下列的情况可能会改变模内的热平衡。

① 在实验当中，改变油槽的温度而改变模内温度的分布。

② 实验中，改变促进剂及填料的质量分数。

③ 长时间的停顿（3s 以上）。

④ 实验中，改变拉挤速度或预热箱的温度。

5.2.4 牵引

5.2.4.1 牵引速度（拉挤速度）

拉挤速度与树脂的固化特性、模具温度分布和模具的长度有关。在确定拉挤速度时，首先应由树脂体系的固化放热曲线来确定模具的温度，在一定的温度下，树脂体系的凝胶时间对拉挤速度的确定非常重要。一般在选择拉挤速度时应尽量使凝胶、固化分离点在模具中部并尽量靠前，以保证产品在模具中部凝胶固化。拉挤速度过快，可能导致制品固化不良或者不能固化，影响产品质量；拉挤速度过慢，制品在模具中停留时间过长，可能导致制品固化过度，影响生产效率。

一般来说，酚醛树脂的拉挤速度要比不饱和聚酯树脂的拉挤速度慢一些，可以适当增长模具来提高拉挤速度。

5.2.4.2 牵引力

牵引力是保证制品顺利出模的关键。牵引力一般分为启动牵引力和正常牵引力两种，通常前者大于后者。

牵引力的变化反映了制品在模具中的反应状态，并与纤维含量、制品形状和尺寸、脱模剂、模具内温度、牵引速度等有关。

① 牵引力随着模具内三个区的温度的升高而增大，但在预热区由于温度的升高，树脂黏度变小，也会降低牵引力，试验证明，提高温度明显降低拉伸载荷。

② 牵引力的大小取决于产品与模具间的界面剪应力。在脱离点后，剪应力随牵引速度的增加而降低。试验证明，牵引速度加快，拉伸载荷增加。

③ 在研究玻纤/聚酯体系时，得到的拉伸力与非树脂成分量（纤维和填料）的体积分数之间的关系，如预料的指数关系一样，所得到曲线的拐点出现在约67%体积分数处。

④ 牵引力随树脂在预热区黏度、凝胶态摩擦系数、固态摩擦系数的增大而增大。一般认为，凝胶区由于摩擦作用产生的拉伸力最高；其次是预热区，除非体系黏度非常高（填充质量分数达到50%）；制品固化后与模具内壁摩擦而产生

的力较小；也随膨胀系数的增大而增大；树脂收缩率的影响与产品形状有关，无芯模的制品收缩率大，牵引力小。

⑤ 制品形状与模具壁面的接触面积大，也就是液态树脂表面积 A_1 大、凝胶态树脂表面积 A_g 大，则牵引力大。

⑥ 国外学者观察到，压力随时间衰减。

5.2.4.3 牵引设备

处于高速牵引状态中的型材必须在模具内固化，这就要求精确地控制型材的牵引速度。所以说型材的夹持/牵引性能是拉挤机的基本机械特性，夹持/牵引系统是拉挤机的重要组成部分（如图5-8所示）。

图 5-8 拉挤产品的牵引

常用的夹持/牵引系统有3种。

（1）上、下对置履带式牵引系统 履带式牵引系统由上、下两个对置的不断转动的楔形传动带组成，上、下传动带紧紧夹住并牵引固化的型材。履带式牵引系统的造价低于交替往复式。对于复杂形状的产品，需要特殊加工两条足够长（约2m）的夹持垫，覆盖在上、下履带上。另外，当拉挤大型制品和拉挤力很大时，由于夹持力与牵引力不能分开，而大夹持力传递给旋转的轴承，带来不利影响。

（2）交替往复夹持/牵引系统 交替式往复牵引系统克服了履带式的缺点，采用液压式，利用两对长500mm包覆型材的外轮廓的垫块，一个固定，一个运动。夹持力来自夹持的垫块自身，两垫块之间的距离根据产品需要调节。液压式可无级调节拉挤速度和夹紧力。

（3）转动压板（电极）或钢带对压制品夹持前进，该系统专门适用于板状制品。

5.2.5 切割

拉挤机的最后部分是切割锯。它的边缘镶着圆形金刚砂锯片。锯片经湿法冷却和润滑，切割时它与牵引器同步运动，并由一个定长切割开关控制。液压伺服驱动和程序控制是通用拉挤机最新的驱动和控制技术。

5.3 实用举例

5.3.1 不饱和聚酯树脂制品

5.3.1.1 不饱和聚酯树脂条板 30×10

（1）树脂糊配方（见表 5-14）

表 5-14 树脂糊配方　　　　　　单位：质量份

2834（间苯）	BPO（糊）	TBPB	氢氧化铝 F-8	内脱模剂 PS-125（科拉斯公司）	PE 粉	聚苯乙烯溶液	玻璃纤维无捻纱[①]/股
100	2	0.5	40	1	3	2	41~42

① 重庆产 9600tex 纱。

（2）工艺参数（见表 5-15）

表 5-15 工艺参数（模具长 1m）

配方编号	拉挤速度/(m/min)	Ⅰ区温度/℃	Ⅱ区温度/℃	Ⅲ区温度/℃	固化时间	放热峰温度/℃	出口温度/℃
1	0.31	100	140	125	2min45s	206.6	192.2
1	0.31	104	127	123	3min08s	210.6	205.6
1	0.27	104	127	123	3min20s	204.2	189.2
3	0.16	90	115	115	5min16s	176.5	

拉挤成型时，树脂在模具内凝胶和放热峰的位置对产品的质量影响很大，这与树脂的反应活性、与之配合的固化剂体系以及阻聚剂的含量、树脂含量等有关。在实验室中可以采用工艺过程中的真实树脂含量、实际使用的固化剂，油浴温度也是根据模具内实际温度确定，通过测定树脂的放热曲线来选择树脂及其相配的固化剂体系。

5.3.1.2 玻璃钢窗

玻璃钢窗具有轻质高强、节能保温、密封性能佳、耐腐蚀和使用寿命长等特点。拉挤玻璃钢窗的一般配方见表 5-16。

表 5-16 拉挤玻璃钢窗的一般配方

原料	196# 树脂	引发剂	填料	阻燃剂	偶联剂	内脱模剂	低收缩添加剂	颜料糊
用量/质量份	100	2~3	20~30	20~30	0.5~1	1~3	10~15	2~3

5.3.2 乙烯基酯树脂制品

5.3.2.1 槽楔

（1）树脂胶液的配制　胶液的组成见表 5-17。

表 5-17　树脂胶液的组成　　　　　单位：质量份

乙烯基酯树脂	轻质碳酸钙	硬脂酸锌	聚苯乙烯树脂	亚磷酸三苯酯	叔丁基过氧化氢	苯乙烯
100	5～10	1～3	5～10	0.5～3	1～3	7～10

除轻质碳酸钙和硬脂酸锌外先搅拌均匀，然后加入轻质碳酸钙及硬脂酸锌搅拌 30～40min。

（2）工艺过程

① 取 100g 配制好的胶液，在 120℃ 油浴中测凝胶时间为 2～4min，放热峰在 3～5min，放热温度为 165℃ 以上，可以满足工艺要求。

② 加热模具及烘箱，使其温度符合工艺要求，即模具一区温度控制在 100～120℃，二区温度 125～145℃，烘箱温度 150～180℃。

③ 将配制的胶液注入胶槽，要浸没压纱板。

④ 牵引速度一般为 0.1～0.5m/min，牵引机压力控制在 0.196～1.47MPa。

5.3.2.2　碳纤维连续抽油杆

基体树脂为具有耐热结构的拉挤型酚醛乙烯基酯（NVE）树脂，通过加入耐高温的高交联密度乙烯基酯（HCLVE）树脂进行低成本共混改性；纤维的体积含量为 65% 左右；引发剂采用 P-16 和 C 两种过氧化物；拉挤模具的 3 段温度分别为 95℃、130℃、145℃；拉挤速度为 35cm/min。

5.3.3　环氧树脂制品

5.3.3.1　环氧树脂条板 30×10

（1）树脂配方（见表 5-18）。

表 5-18　环氧树脂配方

原料名称	环氧 128	四氢苯酐	DMP-30	内脱模剂
配比/质量份	100	86	1.5	1.5

注：该配方夏季使用期短，需作调整。

（2）工艺参数（见表 5-19）

表 5-19　工艺参数（模具长 1.2m）

拉挤速度/(m/min)	Ⅰ区温度/℃	Ⅱ区温度/℃	Ⅲ区温度/℃	放热峰温度/℃	固化时间
0.07	120	174	172	226.0	10min29s

5.3.3.2　拉挤环氧棒

拉挤环氧棒，可以用作断路器拉杆、合成绝缘子的芯棒等高压电器设备中绝缘零部件。介电性能与力学性能要求较高的拉挤制品都由纯环氧树脂制备。

（1）拉棒机的主要参数　开卷纱架锭数 250 个；制品最大面积 2cm²；生产

速度＜1m/min；浸渍时间 0.7～7min；烘箱容量（钨灯）420kW；模具容量（电阻加热）4kW；传动功率：牵引电机 1.1kW，油泵电机 0.8kW；设备全长 18m；占地面积 4m×24m。

（2）树脂胶液组成　E-51 环氧树脂 100 份；HK-021 液体酸酐 80～90 份；促进剂 0.3～0.5 份；脱模剂 1～2 份。

（3）配纱　采用无碱无捻纱，规格为 Tex 2400 或 Tex 4800，例如：

① 芯棒 ϕ6mm，则用 Tex 2400，18±1 或 Tex 4800，9±1；

② 芯棒 ϕ12mm，则用 Tex 2400，72±1 或 Tex 4800，36±1。

5.4　拉挤成型制品质量控制及质量问题解决措施

5.4.1　拉挤成型过程监控

拉挤成型质量控制系统可监控各个加工参数，如牵引力、牵引速度、模具内复合材料的温度和压力等。将特殊、低价和一次性传感器置入复合材料内，当其通过模具时，便可以得到其温度和压力的连续分布。由于受热引起增强材料的膨胀和树脂固化收缩的相互作用，导致了压力曲线上存在很多的波谷和波峰，从而为产品质量的改善提供了信息。如在树脂中加入无机填料来减少树脂固化时的收缩，提高树脂凝胶时的压力。这样，制件的表面质量明显改善，孔隙率明显降低。模具外的压力峰是由钳子夹持压力传感器造成的，这个压力值可以显示传感器在拉挤过程中是否完好和持续发挥作用。

5.4.2　拉挤产品质量问题产生原因及解决措施

表 5-20 列出了拉挤产品质量问题产生原因及解决措施。

表 5-20　拉挤产品质量问题产生原因及解决措施

质量问题	产生原因	解决措施
产品在模具内破坏	①纤维断了；②纤维悬垂的影响；③树脂黏度高；④纤维黏附着的树脂太多；⑤牵引速度过快；⑥模具入口的设计不合理	①重新接上；②消除纤维悬垂；③调整树脂胶液配方；④增加纤维含量；⑤降低牵引速度；⑥改进模具入口设计
粘模	①纤维体积分数小，填料加入量少；②内脱模剂效果不好或用量太少	①增加纤维或填料的量；②调换内脱模剂或增加用量
起鳞	①脱离点应力太高，产生爬行蠕动；②脱离点太前于固化点	①降低脱离点应力；②推迟脱离点位置
裂纹	①产品未完全固化，苯乙烯单体的蒸气压力太高或冷凝物太多，苯乙烯闪蒸时使产品产生裂纹；②由于产品的内部固化远滞后于产品表面固化，而引起产品出现内部裂纹；③表层树脂过厚，产生表层裂纹；④树脂固化不均匀，引起热应力集中，形成应力开裂，此裂纹较深	①降低牵引速度；②降低模内温度；③增长模具；④找出树脂固化不均匀的原因，如胶液未搅拌均匀或模具内加热不均匀，针对产生原因解决

续表

质量问题	产生原因	解决措施
产品表面附有白粉	①模具内表面光洁度差；②脱模时产品粘模，导致产品表面损伤	①提高模具内表面光洁度；②按照粘模产生原因给予解决
产品表面有黏稠液体	①产品固化不完全；②纤维含量少，收缩大，未固化树脂逸出	①升高模内温度或降低牵引速度；②增加纤维含量
纤维毡制品表面有白斑	①树脂凝胶时间短，毡未浸透；②树脂黏度太大不易浸透毡层；③纤维中含树脂量少，进模具内挤出的树脂少，产品表面树脂层过薄，浸不透毡	①调整树脂均匀配方；②降低树脂黏度；③降低纤维含量
产品的平面部分不平整	①纤维含量低，局部的纤维纱过少；②模具粘制品、划伤制品	①增加纤维含量；②按照粘模产生原因给予解决
表面起毛	①纤维过多；②树脂与纤维不能充分黏结	①减少纤维含量；②检查树脂和纤维是否符合拉挤工艺要求
制品变形	固化不均匀，产生内应力所致，制品中材料分布不均，导致固化收缩不均匀；出模时制品固化度太低，在牵引力作用下变形	调整材料分布，提高制品固化度
缺边角	纤维含量不足；上下模具配合精度差或已划伤，造成合模面上固化物黏结、积聚，导致制品缺角、缺边	增加纤维含量；改善上下模具的配合精度或修复模具划伤处

5.5　拉挤成型工艺的发展

5.5.1　曲面制品拉挤成型工艺

这种拉挤方法是美国 Goldworthy Engineering 公司在现有拉挤技术的基础上，开发的一种可以连续生产曲面型材的拉挤工艺，例如用来生产汽车用弓形板簧。这种拉挤的工作原理是用活动的旋转模代替固定模，旋转模包括阴模和阳模，可以通过控制实现相对旋转，它们之间的空隙即成型模腔。浸渍了树脂的增强材料被牵引进入由固定阳模与旋转阴模构成的闭合模腔中，然后按模具的形状弯曲定型、固化。制品被切割前始终置于模腔中。待切断后的制品从模腔中脱出后，旋转模即进入到下一轮生产位置（如图 5-9 所示）。

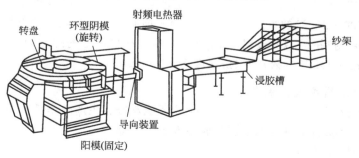

图 5-9　曲面制品拉挤成型工艺设备示意图

5.5.2　反应注射拉挤工艺 (RIP)

这种拉挤方法是 20 世纪 70 年代后期发展起来的，它实际上是树脂传递成型与拉挤工艺的结合，增强纤维通过导纱器和预成型模后，进入连续树脂传递模具中，在模具中以稳定的高压和流量，注入专用树脂，使增强纤维充分浸透和排除气泡，在牵引机的牵引下进入模具固化成型，从而实现连续树脂传递成型。这种方法所用原料不是聚合物，而是将两种或两种以上液态单体或预聚物，以一定比例分别加到混合头中，在加压下混合均匀，立即注射到闭合模具中，在模具内聚合固化，定型成制品（如图 5-10 所示）。

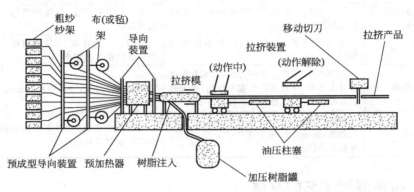

图 5-10　反应注射拉挤工艺示意图

这种注射拉挤工艺方法有以下两个优点：①树脂组分配料较为准确，可利用计量泵连续计量，以避免手工混合带来的误差；②树脂浸渍槽由开放形式变成了全封闭形式，大大降低了树脂溅散的可能性，从而改善了拉挤工艺的工作环境。

5.5.2.1　玻璃纤维增强尼龙 6

（1）反应液配方　己内酰胺阴离子开环聚合以异邻（间）苯二酰胺二己内酰胺（35mmol/L）为引发剂、己内酰胺-溴化镁（108mmol/L）为催化剂。

（2）成型工艺　玻璃纤维拉过一个"喂料"区，加有催化剂和引发剂的己内酰胺单体同时注射入该区中。在喂料区中低黏度的单体很好地润湿了纤维，而后在温度为 130～200℃的模腔中聚合，在模腔前有牵引器拉出玻璃纤维增强尼龙 6 的复合材料。拉挤成型的玻璃纤维/尼龙 6 复合材料典型的配方为 75%玻璃纤维和 25%尼龙 6（质量分数）。拉挤速度 1～2m/min。

5.5.2.2　玻璃纤维增强聚氨酯

聚氨酯拉挤制品性能优异、生产作业环境友好、生产效率高、极具竞争力的性价比等优点吸引了有远见卓识的业界人士的眼球。

聚氨酯用原料如下。

① 聚醚多元醇。

② 异氰酸酯　聚氨酯 RIM 广泛采用碳化二亚胺改性的二苯基甲烷二异氰酸酯（MDI）及聚氨酯改性的 MDI。

③ 原料供应　稳定供料期≥1 周；液体状态温度 $T≤100℃$，一般 $T≤60℃$；可用泵输送，搅拌后保持 24h 稳定；有填料时，填料悬浮稳定，能用泵输送。

④ 计量　双组分；理论配比误差±0.5%。

5.5.3　变截面部件的连续拉挤

传统的拉挤成型过程仅局限于恒定截面形状制品的生产，许多公司试图扩展可成型制品的几何形状范围，如变截面部件的连续拉挤。其中一种方法是把拉挤技术和模压技术相结合，在其最简单的一个工艺过程中，拉挤模具被用来连续生产预浸的预成型体，为了实现在线变形加工，传统拉挤系统的标准液压牵引机被热板液压机代替，通过适当调整加工参数，热固性树脂复合材料以部分固化的状态从第一模具拉出，这种 B 阶段的材料再被拉牵到压机两个模板之间，这里的压机既是成型模又是牵伸夹具，然后，加热的压机模板合闭，使拉挤而成的预制体重新塑形，在压机完成对拉-压制件的固化的同时，压机重新牵拉下一件的材料。

5.5.4　在线编织拉挤成型

编织拉挤即编织和拉挤相结合的一种拉挤工艺，最适合生产管状制件。编织原理与编织套管相似，编织物所有的纤维均斜交，与轴线夹角不呈 0°与 90°。在编织过程中，纤维的运动轨迹为螺旋线。选择合理的纤维角度可调节成品管材径向强度与轴向强度的比例，选择适宜的纤维排列密度可满足强度与外观的要求。在线编织的坯管由拉挤机的牵引装置牵引，芯模固定不动。坯管沿芯模织好，由芯模前端进入模具，在模具前端的树脂浸渍区内浸渍树脂（树脂是在压力下源源不断注入模腔），经牵引通过加热的模具（基体树脂在模内凝胶、固化），最终成为 FRP 管材成品（如图 5-11 所示）。

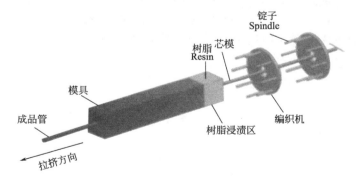

图 5-11　在线编织拉挤成型工艺示意图

环氧树脂胶液配方（质量份）：环氧树脂 100、甲基四氢邻苯二甲酸酐 80、苄基三乙基氯化铵 2（以咪唑取代季铵盐）。模具长 900mm。温度控制分为三段：120℃/140℃/170℃。

参考文献

［1］　汪泽霖．玻璃钢原材料手册［M］．北京：化学工业出版社，2015.

［2］　陈博．我国复合材料拉挤成型技术及应用发展情况分析［J］．玻璃钢/复合材料，2014（9）.

［3］　倪秋如等．TBPB/TBPO 引发不饱和聚酯树脂固化特性研究［J］．玻璃钢/复合材料，2014（7）.

［4］　邢丽英．先进树脂基复合材料自动化制造技术［M］．北京：航空工业出版社，2014.

［5］　中国航空工业集团公司复合材料技术中心．航空复合材料技术［M］．北京：航空工业出版社，2013.

［6］　李玲．不饱和聚酯树脂及其应用［M］．北京：化学工业出版社，2012.

［7］　陈平等．环氧树脂及其应用［M］．北京：化学工业出版社，2011.

［8］　黄发荣等．酚醛树脂及其应用［M］．北京：化学工业出版社，2011.

［9］　张以河．复合材料学［M］．北京：化学工业出版社，2011.

［10］　黄家康等．复合材料成型技术及应用［M］．北京：化学工业出版社，2011.

［11］　倪礼忠等．高性能树脂基复合材料［M］．上海：华东理工大学出版社，2010.

［12］　益小苏等．复合材料手册［M］．北京：化学工业出版社，2009.

［13］　陈博．编织—拉挤工艺及其产品优势．20090518.

［14］　黄发荣等．先进树脂基复合材料［M］．北京：化学工业出版社，2008.

［15］　贾立军等．复合材料加工工艺［M］．天津：天津大学出版社，2007.

［16］　姜振华等．先进聚合物基复合材料技术［M］．北京：科学出版社，2007.

［17］　俞翔霄等．环氧树脂电绝缘材料［M］．北京：化学工业出版社，2007.

［18］　邹宁宇．玻璃钢制品手工成型工艺［M］．2 版．北京：化学工业出版社，2006.

［19］　［美］T.G. 古托夫斯基．先进复合材料制造技术［M］．李宏远，等，译．北京：化学工业出版社，2004.

［20］　［美］R.S. 戴夫等．高分子复合材料加工工程［M］．方征平，等，译．北京：化学工业出版社，2004.

［21］　张玉龙．高技术复合材料制备手册［M］．北京：国防工业出版社，2003.

［22］　倪礼忠等．复合材料科学与工程［M］．北京：科学出版社，2002.

［23］　沃定柱等．复合材料大全［M］．北京：化学工业出版社，2000.

第6章

手糊成型工艺

玻璃钢手糊成型工艺是将加有固化剂（常温固化还要添加促进剂）的树脂和纤维毡（或织物）在模具上用手工铺放层合，用滚筒或涂刷的方法赶出包埋的空气，使二者黏结在一起，如此反复添加增强材料和基体树脂，直到形成所需厚度的制品的方法。

与其他成型工艺相比，手糊成型工艺有如下的优缺点。

优点是操作简便、操纵者容易培训；设备投资少、生产费用低；能生产大型的和复杂结构的制品；制品的可设计性好，且容易改变设计；模具材料来源广；可以制成夹层结构。

缺点是它是劳动密集型的成型方法，生产效率低；制品质量与操作者的技术水平有关；生产周期长；制品力学性能波动大。

6.1 原材料

6.1.1 增强材料

用于手糊成型的增强材料最常用的是玻璃纤维制品，如玻璃纤维短切原丝毡、玻璃纤维无捻粗纱布、单向织物、玻璃纤维复合毡和玻璃纤维表面毡等；其次有碳纤维、芳纶纤维和玄武岩纤维等各种纤维及两种纤维混杂的制品。

6.1.1.1 玻璃纤维制品及对增强塑料性能的影响

（1）玻璃纤维制品 常用的玻璃纤维制品有玻璃纤维短切原丝毡、玻璃纤维无捻粗纱布、单向织物、玻璃纤维复合毡和玻璃纤维表面毡等。

（2）玻璃纤维制品对增强塑料性能的影响 作者用不同的玻璃纤维制品增强不饱和聚酯树脂，测得的增强塑料性能见表 6-1。

6.1.1.2 碳纤维制品

碳纤维的优点是密度小（$1.6\sim2.15g/cm^3$），拉伸强度和模量高，耐热性好（$400\sim1000℃$无变化），热膨胀系数小（$200\sim400℃$时膨胀系数为零），导电，耐磨，阻尼和透声性好，耐化学腐蚀，透 X 射线及疲劳强度高等。碳纤维的最大缺点是价格高。

表 6-1 不同玻璃纤维制品增强不饱和聚酯树脂的性能

织物规格	织物组织	短切纤维毡			无捻粗纱布		
	玻璃成分	中碱	无碱		中碱		无碱
	公称质量/(g/m²)	450	300	450	400②	600	600
玻璃钢性能	拉伸强度/MPa	79.7	87.7	78.1	319	285	296
	拉伸模量/GPa	5.60	10.4	5.40	15.6	17.6	16.3
	拉断伸长率/%	1.51	1.17	—	2.54	2.23	—
	压缩强度/MPa	83.9	204①	179①	238①	95.1①	270
	压缩模量/GPa	6.00	7.92①	6.31①	15.6①	16.9①	20.3
	弯曲强度/MPa	141	219	129	376	330	300
	湿态弯曲强度/MPa	140	192	126	323	238	257
	弯曲模量/GPa	6.23	9.04	4.86	15.6	14.4	17.6
	湿态弯曲模量/GPa	4.78	6.35	4.20	14.4	10.2	13.6
	冲击强度/(kJ/m²)	18.9	78.1	64.5	224	193	167
	断纹剪切强度/MPa		113				
	巴氏硬度	47	56	48	52.5	51.5	56
	吸水率/%	0.451	0.206	0.165	0.161	0.268	0.275
	树脂含量/%	66.6	65.5	81.4	43.1	40.0	39.5
	固化度/%	90.8	93.6	94.9	89.8	91.8	91.5

① 薄板压缩。

② 玻璃纤维采用 811 浸润剂。

（1）碳纤维薄毡　碳纤维薄毡具有高强度、高弹性、高导电性能，且耐磨性、耐腐蚀耐候性好，可替代模具胶衣用作模具表面。

（2）碳纤维布　碳纤维可以纺织成碳纤维布，供复合材料制造单位选用。

（3）延展碳纤维大方格布　该布非常薄，可减重 25%～30%，增加了复合材料表面纤维含量，提高了复合材料力学性能和表面平整度。

（4）碳纤维经编织物　碳纤维经编织物是将碳纤维在织机上用涤纶纱线缝编而成的织物，按纤维分布分为单轴向、双轴向和多轴向织物。它是由多层、不同角度（0，90°，－45°，＋45°）织物的复合。

6.1.1.3　芳纶纤维制品

芳纶纤维的密度为 1.39～1.44g/cm³，拉伸强度为 3.1～4.1GPa，拉伸模量为 75～186GPa，热膨胀系数小，能在 180℃和－170℃条件下正常工作，疲劳寿

命达 15×10^6 次。缺点是压缩强度低，耐光老化性能差等。芳纶纤维可用作先进复合材料和高性能增强塑料。芳纶纤维增强环氧树脂可用来制造导弹火箭发动机壳体；可制造飞机整流罩、机翼、机体整流罩、挂架、襟翼、方向舵与升降舵后缘安定面翼尖等；武装直升机外蒙皮、旋翼、螺旋桨和雷达天线罩等；战术导弹发动机壳体、弹体结构件、轻质装甲、厚板装甲夹层、坦克装甲车辆多功能内衬等。还可用来制造游艇、赛艇、帆船、小型渔船、救生艇、巡逻艇壳体。与玻璃纤维制造的船相比，一条 7.6m 长的使用芳纶纤维制造的船，其船体质量减轻28%，整船减轻 16%；消耗同样燃料时，速度提高 35%，航行距离也延长了35%。使用芳纶纤维制造的船，尽管一次性投资较贵，但因节约燃料，在经济上是合算的。使用芳纶纤维代替玻璃纤维在赛车上应用，可减重 40%，同时提高了耐冲击性/振动衰减性和耐久性。芳纶-环氧复合材料也可以用作桥梁和大型建筑的修补材料。

芳纶纤维可以提高复合材料的冲击性能，是防弹击的理想材料，可用来制备防弹背心、防弹头盔、运钞车防弹板和军用车辆防弹板等。

芳纶增强塑料亦可用来制备电子电气零部件、体育用品和医疗器械等。

6.1.1.4 玄武岩纤维制品

玄武岩纤维是一种无机纤维，颜色呈棕色。它的拉伸强度和模量接近玻璃纤维，耐热性和耐碱溶液性能较好，与环氧树脂的黏结性能好。

玄武岩纤维是以纯天然火山岩为原料，在 $1450 \sim 1500℃$ 熔融后，通过铂铑合金拉丝漏板，高速拉制而成的连续纤维。

玄武岩纤维原料来源广泛，成本低。但是由于含有氧化铁而呈棕色，这导致它的应用领域受到限制。它可被制成连续无捻粗纱、纤维布、单向布等制品。

6.1.1.5 混编布

混编布是指两种或多种纤维材料组成的集合制品，如，碳纤维/超细对位芳纶纤维、碳纤维/黑色聚酯纤维、玻璃纤维/碳纤维、碳纤维/彩色凯夫拉（Kevlar）、碳纤维/彩色聚酯纤维以及碳纤维/VECTRAN 等。

（1）芳纶纤维与碳纤维混编布　其规格见表 6-2。

表 6-2　芳纶纤维与碳纤维混编布系列[①]

规格型号	组织类型	纤维类型		织物密度/(根/cm)		厚度/mm	单位面积质量/(g/m²)
		经向	纬向	经向	纬向		
H3K-CAP165	平纹	T300-3000	Kevlar1000D	5.5	5.5	0.26	165
H3K-CAP185（红）	平纹	3K+1500D	3K+1500D	5	5	0.28	185
H3K-CAT190（橘）	斜纹 2/2	3K+1500D	3K+1500D	5	5	0.28	185
H3K-CAT190（蓝）	斜纹 2/2	3K+1500D	3K+1500D	5	5	0.28	185

续表

规格型号	组织类型	纤维类型		织物密度/(根/cm)		厚度/mm	单位面积质量/(g/m²)
		经向	纬向	经向	纬向		
H3K-CAP190(1)	平纹	3K+1500D	3K+1500D	5	5	0.28	185
H3K-CAP190	平纹	3K×3+1500D	3K×3+1500D	5	5	0.28	190
H3K-CAP200	平纹	T300-3000	Kevlar1000D	5	5	0.28	200
H3K-CAP200	平纹	3K+1500D	3K+1500D	8	4	0.35	200
H3K-CAT200	斜纹 2/2	3K+1500D	3K+1500D	5	5	0.28	200
H3K-CAS260	缎纹	3K+1500D	3K+1500D	7	7	0.32	260
H3K-CAGP220	平纹	E300	E300	5	5	0.25	220

① 宜兴市华恒高性能纤维制造有限公司 2012 年资料。纤维布的组织类型、厚度、单位面积质量等参数可根据用户要求而定。

（2）芳纶纤维与玻璃纤维混编布　其规格见表 6-3。

表 6-3　芳纶纤维与玻璃纤维混编布系列①

规格型号	组织类型	纤维类型		织物密度/(根/cm)		厚度/mm	单位面积质量/(g/m²)
		经向	纬向	经向	纬向		
H1100D-AGP120	平纹	Kevlar1000D	EC30D	7	7	0.22	120
H1500D-AGP135	平纹	Kevlar1500D	EC30D	6	6	0.22	135
H1500D-AGT140	斜纹 2/2	Kevlar1500D	EC300	6.5	6.5	0.23	140
H1500D-AGP280	斜纹 2/2	1500D+EC350	1500D+EC350	7	7	0.35	280

① 宜兴市华恒高性能纤维制造有限公司 2012 年资料。纤维布的组织类型、厚度、单位面积质量等参数可根据用户要求而定。

（3）玻璃纤维与碳纤维混编布　其规格见表 6-4。

表 6-4　玻璃纤维与碳纤维混编布系列①

规格型号	组织类型	纤维类型		织物密度/(根/cm)		厚度/mm	单位面积质量/(g/m²)
		经向	纬向	经向	纬向		
H1K-CGP125	平纹	3K+EC27×3	3K+EC27×3	9	9	0.15	125
H3K-CGP280	平纹	3K+EC350	3K+EC350	4.5	4.5	0.35	280
H3K-CGP360	平纹	T300-3000	EC500	5.5	5	0.4	360
H6K-CGP350	平纹	T300-6000	EC500	4.5	4	0.42	350
H6K-CGP430	平纹	T300-6000	EC600	4.5	4	0.48	430
H12K-CGP650	平纹	T300-12000	EC1200	3.5	3	0.65	650
H12K-CGP850	平纹	T300-12000	EC1200	3	3	0.92	850

① 宜兴市华恒高性能纤维制造有限公司 2012 年资料。纤维布的组织类型、厚度、单位面积质量等参数可根据用户要求而定。

6.1.2　胶衣树脂

胶衣树脂是不饱和聚酯树脂中的一个特殊品种，主要用于树脂制品的表面，起保护制品性能、延长使用寿命的重要作用。

胶衣树脂的施工一般有两种方法：手涂和喷射。前者要求胶衣树脂的黏度偏大，后者黏度偏小。

它是在优质不饱和聚酯树脂内添加活性二氧化硅、硅油，以及根据需要再添加颜料糊、紫外线吸收剂等助剂，经充分搅拌至混合均匀而成。

胶衣树脂具有良好的耐水、耐化学、耐腐蚀、耐磨、耐冲击等性能，其力学性能高，有韧性和回弹性。树脂固化后有良好的光泽，并可着色，能达到美观效果。

当发现树脂的黏度太大时，操作人员往往会在树脂内加点苯乙烯或丙酮，黏度就下降了。但是对于胶衣树脂黏度的改变要慎重，因为每种胶衣树脂有它的一定组成，不能随意增加任何组分，否则将影响它的固有性能。

6.1.3　基体树脂

6.1.3.1　不饱和聚酯树脂

不饱和聚酯树脂是手糊成型中用量最大的树脂，占各种树脂用量的 80% 以上，树脂品种多，应根据玻璃钢制品所要求的性能合理选用，如造船用的树脂应该具有好的耐水性能，浇铸体吸水率小；抗冲击性能好，在船冲撞时，不易产生微裂纹而发生渗水现象，一般要求浇铸体断裂伸长率大于 2.0%，巴氏硬度大于 35；载荷变形温度要大于 55℃；船体不同部位，如甲板等，对树脂耐热性和耐磨性也有一定要求，并且通过有关船级社的认证。

手糊成型树脂的交联剂一般都采用苯乙烯，但由于苯乙烯在常温下的蒸气压比较高，而易于挥发，在玻璃钢的成型过程中，散发到空气中的量较大，造成环境污染和影响人身的健康。因而不少国家陆续规定了在车间空气中苯乙烯含量的极限值。

在手糊成型时，树脂要容易浸透纤维增强材料，容易排除气泡，与纤维粘接力强；在室温条件下，全年四季树脂的凝胶、固化特性不要变化太大，而且要求收缩率小，挥发物少；黏度一般为 $0.2 \sim 0.75 \mathrm{Pa \cdot s}$，对于施工有斜面的制品，树脂要有促变度，不能产生流胶现象。

（1）树脂胶液的组成

① 不饱和聚酯树脂　手糊成型工艺用不饱和聚酯树脂的物化性能应满足成型工艺要求。

a. 黏度适中，一般为 $0.2 \sim 0.5 \mathrm{Pa \cdot s}$，黏度适中的树脂浸渍性好，易浸透纤维，易排除气泡，在室温条件下，全年树脂的凝胶时间、固化特性不要变化太大。

　　玻璃钢手糊成型时，一般环境温度没有控制，随着天气的变化而变化，一年四季温度变化很大，有时 1d 之内也有很大的差别，环境温度的变化就导致树脂的黏度变化，从而影响了树脂对纤维的浸透，影响了制品的质量，为此，作者在树脂的黏度与温度之间的关系方面做了一点研究。

　　高聚物熔体的黏度与温度之间的关系，一般符合阿累尼乌斯方程，可以表示为：

$$\eta = A \, e^{E/RT} \tag{6-1}$$

两边取对数得：

$$\ln\eta = \ln A + \Delta E/RT \tag{6-2}$$

式中　η——黏度，mPa·s；

　　　A——常数；

　　ΔE——流动活化能（其值可以通过测定不同温度下液体的黏度，然后作 $\ln\eta$ 对 $1/T$ 图，从所得到直线的斜率计算出来）；

　　　T——热力学温度，K。

　　不饱和聚酯树脂是苯乙烯的高聚物溶液，它的黏度和温度之间的关系也可用式(6-1) 和式(6-2) 来描述。以 TM1032 树脂为例，测试了不同温度下的黏度，数据见表 6-5，并绘制了黏度-温度曲线（图 6-1）和 $\ln(\eta)$-$1/T$ 曲线（图 6-2），再整理成如下公式。

$$\ln(\eta) = 1854.8/T - 3.7276 \tag{6-3}$$

式中　η——黏度，mPa·s；

　　　T——热力学温度。

表 6-5　TM1032 树脂（天马）黏度与温度的关系

温度/℃	0.5	2.5	11	12	22	25	28.5	34	36.5
黏度/mPa·s	1170	1080	614	564	360	296	255	217	196
计算值	1133	1011	636	603	363	314	266	206	184
差值	37	69	−22	−39	−3	−18	−11	11	12

　　注：TM1032 树脂（天马）固含量 54.60%。

　　表 6-6 列出了几种树脂的特性。从表 6-6 的数据可以看出，黏度大的树脂，其对数黏度-温度的直线斜率也大，这就导致在标准规定的 25℃ 时，两种树脂的黏度相差不大，但是在低温时却相差甚大。如在 25℃ 时，两种树脂的黏度仅相差 7mPa·s，但在 2℃ 时，却相差 134mPa·s，比 25℃ 时的黏度增大了近 20 倍。这也说明为什么在标准温度下黏度相差不大的两种树脂，在 20℃ 以上使用时都可以，但是在低温下，有的树脂黏度太大，不好使用。

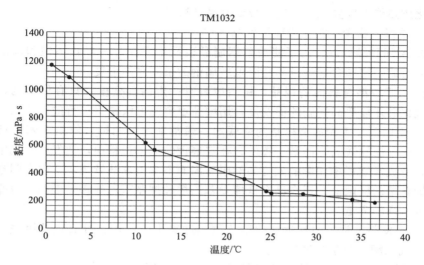

图 6-1　黏度-温度曲线

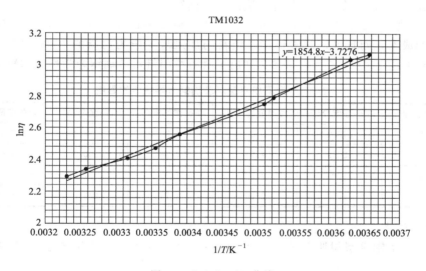

图 6-2　ln(η)-1/T 曲线

表 6-6　树脂性能

树脂	A	B	C	D	E
黏度(25℃)/mPa·s	1240	1338	296	494	289
斜率	2727	3333	1855	2482	1720
固含量/%			54.6	60.6	56.9
促变度(25℃)	无	无	2.06	1.82	2.0

b. 成型薄制品，树脂固化放热峰温度要高，固化会完全；成型厚制品，树

脂固化放热峰温度要低，否则会导致制品分层。

c. 易挥发物少，制品表面不发黏。

d. 层间黏结性好。为了使玻璃钢制品表面不发黏，一般在不饱和聚酯树脂内添加石蜡，树脂含蜡量过高会降低玻璃钢的层间黏结强度。

e. 对于成型有斜面的制品，树脂应具有一定的促变度。只有促变剂，如活性二氧化硅才能提高树脂的促变度，用增加填料的方法是不可行的。

② 交联剂 手糊成型树脂的交联剂一般都采用苯乙烯，但由于苯乙烯在常温下的蒸气压比较高，而易于挥发，在玻璃钢的成型过程中，散发到空气中的量较大，造成环境污染和影响人身的健康。因而不少国家陆续规定了在车间空气中苯乙烯含量的极限值。现在已有低挥发苯乙烯和抑制苯乙烯挥发助剂可以降低空气中苯乙烯的含量。

③ 引发剂 常用的有过氧化甲乙酮、过氧化环己酮、过氧化苯甲酰、过氧化 2,4-戊二酮、叔丁基过氧化氢等。

④ 促进剂 异辛酸钴、环烷酸钴和 N,N-二甲基苯胺等。

⑤ 促变剂 活性二氧化硅、液体促变剂等。

⑥ 填料 碳酸钙、滑石粉等。在纤维增强塑料的生产中，加入填料不仅可以降低成本，而且可以改善性能，填料的加入量一般为树脂的 15%～30%。填料的细度为 120～300 目。表 6-7 列出了滑石粉用量对玻璃钢力学性能的影响。

表 6-7 滑石粉用量对玻璃钢力学性能的影响

滑石粉含量/%	拉伸强度/MPa	拉伸模量/GPa	断裂伸长率/%	弯曲强度/MPa	弯曲模量/GPa
15	118.1	9.23	1.39	193.4	6.27
20	120.9	7.92	1.78	200.5	9.08
25	112.4	7.94	1.71	187.7	6.72
30	120.3	7.86	1.71	213.0	7.21

⑦ 色浆

（2）手糊成型树脂胶液配方见表 6-8。多数使用过氧化甲乙酮＋异辛酸钴配方。

表 6-8 手糊成型树脂胶液配方

编号	不饱和聚酯树脂	过氧化甲乙酮（或过氧化环己酮）	过氧化苯甲酰	异辛酸钴或环烷酸钴	10%二甲基苯胺苯乙烯溶液
1	100	2(4)		1～4	
2	100		2～3		2～4

（3）树脂胶液的配制 树脂胶液的配制是手糊成型工艺的重要步骤之一，它直接关系到制品的质量。树脂胶液的配制是将树脂、引发剂、促进剂、填料

和助剂等混合均匀，值得注意的是引发剂和促进剂不能同时加入树脂中，应首先加一种搅拌均匀后再加入另外一种，否则会引起剧烈反应，严重时会导致爆炸。

树脂胶液配制的关键是凝胶时间和固化程度的控制。凝胶时间是指在一定温度下树脂、引发剂、促进剂混合以后到凝胶所需要的时间。手糊成型工艺要求树脂在成型操作完成以后 40～60min 内凝胶，使树脂能充分浸透增强材料。如果凝胶时间过短，在成型操作过程中树脂黏度迅速增加，树脂胶液难以浸透增强材料，造成黏结不良，影响制品质量；如果树脂凝胶时间过长，成型操作完成以后长期不能凝胶，引起树脂胶液流失和交联剂挥发，使制品固化不完全，强度降低。

树脂的凝胶时间除与配方有关外，还与环境温度、湿度、制品厚度等有关。因此，在每次生产以前，一定要做凝胶试验，随时修改配方。凝胶试验测得的凝胶时间一般要比制品的凝胶时间短。对于中等厚度（5～6mm）的复合材料制品其凝胶时间约等于凝胶试验所需时间的 3～4 倍。

不饱和聚酯树脂凝胶时间的控制是通过调节促进剂（如环烷酸钴或异辛酸钴）的用量来实现的，凝胶时间随促进剂用量的增加而缩短。不同种类、不同生产企业的促进剂其凝胶时间具有很大的差异。不饱和聚酯树脂的固化程度与引发剂、促进剂、固化温度等因素有关，配方确定以后，固化温度对固化程度有较大的影响，当室温低于 15℃时，不饱和聚酯树脂的固化速率非常慢，相同的固化时间内固化程度较低。因此，在室温低于 15℃时，应当采取加热或保温措施。

6.1.3.2　乙烯基酯树脂

（1）乙烯基酯树脂主要产品（液体树脂指标见表 6-9，树脂浇铸体性能见表 6-10）

表 6-9　乙烯基酯树脂指标[1]

项目	MFE-2	MFE-W3	MFE-711
类型	双酚 A 型	酚醛环氧型	双酚 A 型
外观	浅绿色透明液体	淡黄色透明液体	淡黄色透明液体
酸值/(mgKOH/g)	10.0±4.0	10.0±4.0	10.0±3.0
黏度(25℃)/mPa·s	400±100	300±70	350±80
凝胶时间(25℃)/min	12.0±4.0	12.0±4.0	20.0±5.0
固体含量/%	57.0±3.0	64.0±3.0	55.0±3.0
热稳定性(80℃,≥)/h	24	24	

① 资料来源于华东理工大学 2014 年复合材料展览会产品说明书。

表 6-10　乙烯基酯树脂浇铸体性能①

项目	MFE-2	MFE-W3	MFE-711
拉伸强度/MPa	85	80	80～95
拉伸模量/MPa	3500	3500	3200～3700
断裂伸长率/%	4.5	3.5	5.0～6.0
弯曲强度/MPa	140	145	120～150
弯曲模量/MPa	3200	3600	3300～3800
热变形温度(1.8MPa)/℃	110	150	100～106
巴氏硬度		45	38～42

① 资料来源于华东理工大学 2014 年复合材料展览会产品说明书。

（2）树脂固化配方

① 常温固化配方（见表 6-11）　适用固化温度为 10～40℃。

表 6-11　常温固化配方　　　　　　　　　　单位：质量份

树脂类型	双酚 A 型		酚醛环氧型	
乙烯基酯树脂	100	100	100	100
过氧化甲乙酮	1.0～3.0		1.0～3.0	
异丙苯过氧化氢		2.0～4.0		2.0～4.0
环烷酸钴	0.5～4.0	0.5～4.0		
异辛酸钴			0.1～2.0	0.1～2.0

② 低温固化配方（见表 6-12）　适用固化温度为 0～10℃。

表 6-12　低温固化配方　　　　　　　　　　单位：质量份

树脂类型	双酚 A 型		酚醛环氧型	
乙烯基酯树脂	100	100	100	
过氧化甲乙酮	2.0～4.0		2.0～4.0	
过氧化苯甲酰		2.0～4.0		2.0～4.0
环烷酸钴	3.0～4.0			
异辛酸钴			1.0～2.0	
二甲基苯胺溶液(10%)	0.5～2.0	0.5～2.0	0.5～2.0	0.5～2.0

6.1.3.3　环氧树脂

（1）胶液组成

① 环氧树脂　手糊成型常选用低分子量双酚 A 型环氧树脂，平均分子量在 300～700，软化点在 30℃以下，常用的牌号为 E-51（618）、E-44（6101）、E-42

（634）等。脂环族环氧树脂耐热、耐紫外线好，常用的牌号有 R-122（6207）及 300#、400# 环氧树脂等。

与不饱和聚酯树脂比较，环氧树脂黏度较大，有的品种在使用时要加入稀释剂；固化剂用量变动范围小，胶液使用期不易调节；用胺类化合物作固化剂时，毒性较大。用环氧树脂制造的复合材料制品力学性能、耐腐蚀性能好，固化收缩率低，但是脆性较大，价格较贵。因此，环氧树脂主要用于制造各种受力结构制品、电绝缘制品和耐碱制品。

环氧树脂凝胶时间的控制不如不饱和聚酯树脂那样方便，这是由于环氧树脂固化剂的用量不能随意增减的缘故。环氧树脂使用脂肪族伯胺类固化剂时，凝胶时间较短，不便操作。为了增加树脂的适用期，常采用活性低的固化剂如二甲基苯胺、二乙氨基苯胺、咪唑、聚酰胺等与伯胺共用来调整凝胶时间。活性低的固化剂反应温度高，而伯胺反应活性大，反应温度低，二者共用后可利用伯胺反应的放热效应，来促进低活性固化剂反应，从而使伯胺的用量减少，以延长凝胶的时间。

② 固化剂 乙二胺、二乙烯三胺、三乙烯四胺、多乙烯多胺、三乙醇胺、间苯二胺、间苯二甲胺、低分子量聚酰胺等。

③ 助剂 邻苯二甲酸二丁酯、丙酮等。

（2）常用室温固化环氧树脂胶液配方见表 6-13，呋喃环氧树脂配方见表 6-14。

表 6-13　常用室温固化环氧树脂胶液配方

组分	1	2	3	4	5	6	7	8
环氧树脂(E-51,44,42)	100	100	100	100	100	100	100	100
助剂(邻苯二甲酸二丁酯、丙酮)	5~20	5~20	5~20	5~20	5~20	5~20	5~20	5~20
乙二胺	6~8							
二乙烯三胺		8~11						
三乙烯四胺			10~14					
多乙烯多胺				10~15				
三乙醇胺					10			
间苯二胺						14~15		
间苯二甲胺							20~22	
低分子量聚酰胺(低毒)								40

为了缩短玻璃钢制品的生产周期，常常采用加热后处理措施，环氧玻璃钢的热处理温度通常控制在 150℃ 以内。

表 6-14　呋喃环氧树脂配方

编号	环氧树脂 E-44	2104 呋喃树脂	瓷粉或石墨粉	乙二胺
1	70	30	20	6
2	50	50	20	4

6.1.3.4　酚醛树脂胶液组成及配比

（1）酚醛树脂　2130# 酚醛树脂是以碳酸钠为催化剂生产的（技术指标见表 6-15），加入固化剂可常温固化。2130# 酚醛树脂也可与环氧树脂配成环氧酚醛防腐树脂，使用该树脂不但能提高环氧树脂的耐酸性能而且能降低防腐工程的成本。

表 6-15　酚醛树脂技术指标

牌号	外观	固体含量/%	游离酚含量/%	pH	黏度/mPa·s	相对密度	含水量/%
2130	透明红棕色	≥80	≤12		600～1500(4♯杯,25℃)		<12
NR9430①	棕色透明液体	>70%(135℃)		6.5～7.0	400～800	>1.200	

① 常熟东南塑料有限公司。

（2）固化剂　苯磺酰氯、苯磺酰胺、石油磺酸或对甲苯磺酸作固化剂常温固化（质量指标见表 6-16），用量一般为 8%～15%，也可用磷酸、稀硫酸作固化剂，用量为树脂质量的 5%～8%，配制好的树脂适用期为 10～30min，较不饱和聚酯树脂的适用期短。固化后在 120℃以下可耐盐酸、稀硫酸、氢氟酸、氨气及二氧化硫等。

表 6-16　酚醛树脂常用固化剂质量指标

名称	外观	含量/%	熔点/℃	沸点/℃	相对密度	含水率/%
对甲基苯磺酰氯	灰白色结晶	>97	69			
苯磺酰氯	无色油状	>95	14.5～16		1.384	<2
硫酸乙酯	无色油状			208	1.180	
石油磺酸	褐色黏液	>56				41～42

NR9430 树脂固化剂 C120（或 C100）的正常用量是 100 份树脂 6 份，适用期为 20～30min。根据环境温度及工作时间，其用量可在 5～10 份调整。

增强剂的用量是 100 份树脂 0.5 份。增强剂应在催化剂加入树脂之前先和树脂混合均匀。

NR9430 树脂的固化温度、固化剂用量、固化脱模参考时间（厚度 3mm）见表 6-17。

表 6-17　NR9430 树脂的固化温度、固化剂用量、固化脱模参考时间（厚度 3mm）

固化温度	C100 用量	表面不粘时间	脱模时间	表面色泽
25℃	6 份	3h	24h	乳色
	8 份	2h	24h	
40℃	6 份	40min	4h	粉红色
	8 份	30min	3h	粉红色
60℃	6 份	15min	1h	粉红色
	8 份	10min	0.5h	粉红色

脱模后 24h 内，制品最好在 40～60℃，继续固化 2～4h。

（3）稀释剂　丙酮、乙醇等。

（4）填料　2130# 酚醛树脂不可用碱性物作填料，可用经过酸洗的石英粉、石墨粉。NR9430 可用高岭土、瓷土、二氧化硅等作填料，石粉则不适用。

（5）胶液配方

① 酚醛树脂胶液配方见表 6-18。

表 6-18　酚醛树脂胶液配方　　　　　　单位：质量份

配方	2130# 酚醛	乙醇	填料	苯磺酰氯	石油磺酸	NR9430 酚醛	增强剂 R	固化剂 C100
1	100	15	20	8～10				
2	100	15	20		12～14			
3						100	0.5	8

注：配方 3 的固化工艺：40～50℃/2h；60℃/4h，或室温固化 7d。

② 酚醛环氧树脂胶液配方　建议使用配比：环氧 100、酚醛 30～40、丙酮稀释剂适量、固化剂乙二胺 7～10、填料适量。或按表 6-19 配方。

表 6-19　酚醛环氧树脂胶液配方

组分	环氧树脂 E-44	2130# 酚醛树脂	丙酮或乙醇	瓷粉或石墨粉	乙二胺
1	70	30	15	20	6
2	50	50	15	20	4

6.2　成型工艺

先在模具上刷一层树脂，然后铺一层玻璃纤维毡或布，并注意排除气泡，使玻璃纤维贴合紧密，含胶量均匀，如此重复，直至达到设计厚度。厚的玻璃钢制品应分次糊制，每次糊制厚度不应超过 7mm，否则厚度太大固化发热量大，使制品内应力大而引起变形、分层。

手糊制品一般采用常温固化。糊制场所的室温应保持在 15℃以上，湿度不高于80％。温度过低、湿度过高都不利于聚酯树脂的固化。

　　室温固化的不饱和聚酯玻璃钢制品一般在成型后24h内可达到脱模强度，在脱模后再放置一周左右即可使用，但是要达到最高强度值，往往需要很长的时间。为了缩短玻璃钢制品的生产周期，常常采用加热后处理措施，热处理温度不超过120℃，一般控制在60～80℃下处理2～8h。

6.2.1　模具

6.2.1.1　模具材料

　　模具材料应不受树脂或辅助材料的腐蚀，不影响树脂的固化，能经受一定温度范围的变化，价格便宜，来源方便，制造容易。常用的模具材料有玻璃钢、木材、石膏、石蜡、水泥、金属、陶土、可溶性盐等。应根据玻璃钢产品的形状、数量、表观质量要求等来选择适合的材料制造模具。

6.2.1.2　新模具制造

　　（1）过渡模（母模）制造

　　① 一般过渡模制造　高质量的玻璃钢模具是通过过渡模（母模）翻制出来的。显然，过渡模的表面质量将最终影响玻璃钢制品的外观质量。

　　过渡模的制作材料主要有两类：一是砖砌外敷石膏，简称石膏模；二是根据形面情况设计制成木质框架组合结构，然后采用三合板为模面材料，也可采用剪裁拼接容易、表面光洁度较高的贴塑面板作模面材料（后者可减少表面加工程序）。石膏模成本低，但表面光顺度难以保证，而且石膏过渡模干燥时间较长，影响生产周期。木质组合结构模成本较高，但具有较好的加工性能及优良的表面。

　　过渡模需进行表面加工。如采用石膏模或以三合板为模面材料的木质组合结构过渡模，其表面加工程序如下。

　　a. 涂铁红底漆　在用磨光机进行粗磨后，经样板卡测、目测及手测，至光顺度约为70％～85％，即可涂醇酸铁红底漆。醇酸铁红底漆既可嵌补模具表面的微小孔隙，又能使表面不光顺部位在光照反射下容易被发现。

　　b. 刮腻子　用手工打磨时，以醇酸腻子为宜。若用电动打磨，以聚氨酯腻子或不饱和聚酯树脂加滑石粉作腻子为宜，固化后表面坚硬、耐磨。

　　c. 干磨　用铁砂纸进行打磨，使表面形成均匀的封闭层，防止水磨时水渗透到过渡模内。铁砂纸规格为$1^{\#}$～$100^{\#}$。

　　d. 水磨　在用二道腻子对过渡模表面进行封闭并干磨后，即可进行水磨，以清除表面宏观的微粒及波纹。水砂纸应从低标号到高标号，通常为$400^{\#}$～$1200^{\#}$。

　　e. 上清漆　过渡模表面的清漆膜，要求光亮、坚硬、耐磨、耐水、耐热、耐腐蚀。聚氨酯清漆能满足上述要求，且有良好的抛光效果。

f. 光照检查　侧向光照检查，应穿插在过渡模表面加工的每道工序之中，以便及时发现不光顺部位，采取相应措施。

g. 研磨抛光　最后应进行研磨抛光处理，抛光方式可采用手工或抛光机。对于非平面抛光，以膏状及液体抛光材料为好。使用抛光机时，转速不宜过高。

h. 上脱模蜡　这是制作过渡模的最后一道工序。要在过渡模的表面形成一层均匀的蜡膜，不能漏涂。

② 大型过渡模制造（以木质玻璃钢船舶为例）

ⅰ. 放样　按照设计的线型图及型值表（即线型的坐标数据），在符合放样要求的样台上放出1∶1大样，即船艇纵向、横向各剖面的形状。

ⅱ. 出样板　将放到五夹板上的横剖面锯割下来，即样板（也叫肋骨，纵剖面样板通常作校核用），样板要有一定宽度（＜10cm），并用板材加强。

ⅲ. 立样板　在平整的场地上弹出船体的中线，再按等分点弹出横剖面站号线（小型船艇常分为10等分，每个等分点称作站，从起点开始依0、1、2、…编号，称作站号），将各站号样板依次架设于站号线上，样板的中心点对准架设于中线上空的"天线"上，并用小木方加以固定。

ⅳ. 完成型模　即将样板用制模材料连接起来，成为船的外形（倒扣式）。按用材不同分为木模与泥模两种。木模常用夹板制造，为了牢固，在样板之间用若干小木方连接，再在其上钉上胶合板。弯曲面大的部位可将胶合板裁成长条，使之顺应双曲弧度；泥模实际上并非用泥，而是用石膏及水泥，先将样板之间的空腔用砖块等物砌筑填充，最后的面层用石膏（掺入一定比例的水泥）浆抹平，并修磨光顺。

ⅴ. 型模细加工　进一步精细找准光洁度、光顺度，不断通过找补、打磨、涂装等工序反复修磨，直到符合要求。如是胶合板模具，重点是处理好板的接缝；如是用于小量生产的低成本模具，则可在精细加工前先作玻璃钢加厚措施，然后作细加工；若要翻制玻璃钢模具，则再进行以下工序。

ⅵ. 翻制玻璃钢阴模　翻制工艺同常规做法。

（2）玻璃钢模具翻制　首先在过渡模上喷涂胶衣，胶衣应喷涂三层，每层厚度控制在0.2～0.5mm。每层胶衣可采用不同颜色，以便检查漏涂。最外层胶衣以黑色为宜，灯光检查时黑色吸光，易发现模具表面不平整部位。模具翻制出后经水砂纸研磨，表面将被磨去0.2～0.3mm，留下坚硬的黑色模面。胶衣喷涂时必须在前层胶衣手触摸不粘后再喷涂下一层，并且第二层与第三层的喷涂方向应垂直。同时要注意清除模具表面胶衣中由于喷涂或其他方式而带进的微小气孔和尘埃。

胶衣制作完成后，先铺1～2层表面毡（规格40～45g/m²）作为底层，然后再铺一层短切毡。在铺放过程中要用金属辊来回滚压，起到压实、浸透、排气作用。当整个毡层进入胶凝状态时，开始铺糊无捻粗纱布（若直接采用粗纱布而不用毡，固化收缩后模具表面的布纹痕迹将非常明显）。为提高层间黏结强度和降低收缩率，普遍采用 RM 法，即布毡交叉糊制法。也可在毡层之后，铺糊数层强芯毡，其厚度控制在原玻璃布厚度的 4/5。用强芯毡的优点是模具刚性好，抗冲击性好。

模具糊制厚度根据模具形状尺寸确定。为防止树脂固化收缩和使用过程的变形，必要时可预埋金属或木质加强筋。

（3）模具表面处理

① 粗磨　采用磨光机或水砂纸，对模具表面进行打磨。开始用的砂纸号数不能太低，否则形成的划痕过深不易打磨掉。工艺过程为：首先用 $400^{\#}$ 水砂纸，经水浸泡后，包在表面平顺的木块或硬质塑料块上，反复打磨，直至模具上的原始表层全部被打掉为止（一般需要打磨 3 道以上）；然后用 $600^{\#}$ 水砂纸按上述方法打磨，至模具表面无粗细不均的划痕（一般需打磨 2～3 道）；最后用 $800^{\#}$ 水砂纸打磨至模具表面目视不见明显划痕（一般需打磨 2 道）。打磨结束后，要水洗模面，去掉余留的砂粒。

② 水砂精磨　分别用 $1000^{\#}$、$1200^{\#}$、$1500^{\#}$ 水砂纸按上述要求反复研磨。注意研磨时应是先直线后弧圈形，每用一种标号的水砂纸研磨完后都要对模面进行清洗。精磨后，模具表面已达到非常平滑细腻，但这时模面是不光亮的，如需亚光表面制品，即可结束处理，而要求高光泽度的制品，至模具还需研磨抛光。

③ 研磨抛光　用抛光机进行中粗抛光和精细抛光。工艺过程：将抛光剂均匀地涂在模具表面上，稍停 1～2min 后，用装有布轮的抛光机逐段研磨抛光，直至模具表面出现镜面反光和无残留砂磨痕迹。然后用毛刷、毛巾把粗抛残渣清除干净，重新涂抛光剂，约停 5min，让溶剂渗透到模具表层内，再用布轮抛光机继续研磨抛光。最后用装有羊毛轮的抛光机进一步精细抛光，至目视模具表面呈高度清晰的镜面反光为止。

抛光时应注意：粗抛时，因抛光剂挥发较快，每次涂抛光剂面积不宜过大；另外用力不能过猛，以接触压力为宜，顺其自然；抛光机应匀速移动，停留时间不能过长，否则会产生高温，将模具胶衣烧焦。

6.2.1.3　模具准备

复合材料制品的外观及表面形态在很大程度上取决于模具表面的好坏，模具的寿命还直接影响复合材料的寿命，所以对手糊成型用的模具必须进行充分准备，并在长期使用中加以注意。

玻璃钢模具的准备方法如下。

① 新模具要对照图纸组装，核对模具的形状、尺寸及脱模锥度。

② 如果是使用过的模具，则要检查模具的破损情况，如有破损要进行修补；

如果发现模具表面粗糙，则应按下列顺序仔细地加以修整：

  a. 用从粗到细的水砂纸加水打磨；

  b. 用抛光膏或抛光水抛光；

  c. 上抛光蜡。

  ③ 保管模具时要盖好聚乙烯薄膜，防止粉尘、油污、水汽黏附。

6.2.2　涂脱模剂

6.2.2.1　石蜡类脱模剂的涂刷方法

  ① 清除模具表面的水分、灰尘、污垢，充分干燥模具。

  ② 将石蜡脱模剂在模具表面按一定方向、一定顺序轻轻地擦拭，模具的凸部、棱角要特别注意涂均匀。

  ③ 待干燥后用软布擦亮。

  ④ 大部分石蜡类脱模剂都含有挥发性物质，所以重复涂刷时，中间应有一定的时间间隔，待上次所涂脱模剂中的挥发物完全挥发掉，再涂下一次。

6.2.2.2　溶液类脱模剂的涂刷方法

  溶液类脱模剂一般用软毛刷、纱布、软质聚氨酯泡沫塑料（海绵）等涂刷。其中以海绵制品最易涂刷。在海绵的一端蘸上少量脱模剂溶液，在模具表面轻轻地涂刷。与涂刷石蜡一样，也应沿一个方向按顺序涂刷。脱模剂涂刷后要仔细地进行检查，有无不均或漏涂的地方，然后把模具放在通风良好的地方或放入烘房内干燥。

6.2.3　喷涂胶衣

6.2.3.1　玻璃钢表面胶衣层制备

  玻璃钢表面胶衣树脂层是提高玻璃钢制品耐候性和延长使用寿命的防老化措施之一，但是胶衣树脂层自身的质量非常重要，这就需要从严执行胶衣层施工工艺和胶衣层的厚度控制，并要保证胶衣树脂达到一定的固化度和一定的巴氏硬度，下面作简单介绍。

  （1）胶衣树脂胶液的配制

  配方（质量份）：

胶衣树脂	100	环烷酸钴溶液	1～4
过氧化甲乙酮	2	颜料糊	1～3

  胶衣树脂胶液的配制方法和其他不饱和聚酯树脂相同，但因胶衣树脂有促变性，因此在配制时要进行充分的搅拌。当发现树脂的黏度太大时，操作人员往往会在树脂内加点苯乙烯或丙酮，黏度就下降了。但是对于胶衣树脂黏度的改变要慎重，因为每种胶衣树脂有它的一定组成，不能随意增加任何组分，否则将影响它的固有性能。

（2）胶衣层施工工艺　胶衣树脂的施工一般有两种方法：手涂和喷射。前者要求胶衣树脂的黏度偏大，后者黏度偏小。

胶衣层施工时可借助毛刷、刮板或喷枪等工具使胶衣树脂均匀地涂覆在模具型面上。多数采用压缩空气喷涂方法使胶衣附着在模具上，附着量占总的喷涂量的百分数称为吸附量，胶衣树脂比基体树脂价格要贵得多，吸附量越大则成本越低，吸附量与胶衣的种类、黏度、喷涂压力以及环境通风等有关。

喷涂条件有时对胶衣性能有很大影响，例如空气湿度很高，模具表面会有一层吸附水，喷涂的胶衣中也会含有潮湿空气，使胶衣表面失去光泽，降低胶衣质量，所以当相对湿度大于 90％时，模具应先进烘房去除模具表面水分再喷胶衣，当湿度太大，如大雾天，为了保证胶衣质量就得停止生产。

① 喷涂前的准备工作

a. 检查喷枪、压缩机及工具，如有不妥，则要进行修整。在向模具上喷涂之前，要用胶衣树脂在玻璃板上先喷涂一下，以确定好喷涂状态。

b. 使用前胶衣树脂要充分搅匀，因为在储存过程中会产生轻微分离。

c. 在确定好温度和喷涂时间后，把胶衣树脂、引发剂、促进剂等准确计量混合。

d. 仔细核准放置在操作场所的温、湿度计，记录温度和湿度。

e. 安全检查，确认周围无明火。

② 喷涂　喷涂厚度一般在 0.3～0.6mm，喷涂量约为 400～500g/m²。喷枪口径为 2.5mm 时，适宜的喷涂压力是 0.4～0.5MPa，这个压力是喷枪口压力。如果压力太大，则材料的损耗也大。喷枪的方向要与成型面垂直，左右平行移动胳膊，均匀地按一定的速度移动喷枪进行喷涂。喷涂距离应保持在 400～600mm，若离成型面太近，容易造成小波纹及颜色不均。

喷涂距离长短与喷枪的种类、口径和喷涂压力有关，应事先调整好。喷涂结束后要充分清洗喷枪等设备。

③ 胶衣涂刷　胶衣树脂也可以用毛刷均匀地涂在模具上，一般涂层厚度控制在 0.26～0.6mm，即 300～500g/m² 左右。涂胶衣所用毛刷的毛要短，毛质要柔软；涂刷垂直面时，应从下向上运动，而且应该由模具的上部依次向下涂刷。用毛刷涂刷胶衣，虽然厚度不易均匀，但与喷涂相比树脂飞溅少，周围环境清洁。

6.2.3.2　胶衣层厚度测量和控制

胶衣层厚度对胶衣层的性能有很大影响，对平面产品或性能要求高的为 (0.5±0.05)mm，也有的规定为 0.35～0.60mm。胶衣层太薄，树脂固化时发热量不够，固化不完全，容易产生皱折、波纹等现象；胶衣层太厚则容易龟裂、多孔性、变色、流胶等；厚薄不均匀更不好，容易产生色差和开裂。这些现象不仅影响制品的外观质量，也降低了胶衣层应有的性能。

胶衣层厚度常用单位面积的用胶量来控制，胶液的需用量约为 $500 \sim 600 g/m^2$。更精确的方法是采用测尺测量，测尺可以根据胶衣层厚度控制范围自行设计。例如需要将胶衣层厚度控制在 $0.4 \sim 0.6mm$ 范围内，可设计成如图6-3所示的形式。此时胶衣厚度的下限 $d = 0.4mm$，胶衣厚度的上限 $D = 0.6mm$，当胶衣厚度小于 $0.4mm$，测尺测量时，胶衣上留下 2 个印痕；当胶衣厚度为 $0.4 \sim 0.6mm$，测尺测量时，胶衣上留下 3 个印痕；当胶衣厚度大于 $0.6mm$，测尺测量时，胶衣上留下 4 个印痕。如此可以很方便地知道当时所喷涂的胶衣厚度范围，从而可以达到控制胶衣厚度的目的。测尺测量后可以用少量的同样胶衣树脂补上，脱模后看不出测量后留下的痕迹，但是测量精白胶衣时要慎重。

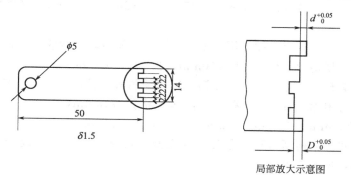

图6-3　胶衣厚度测尺

胶衣层厚度测量的另一个方法是在模具上只喷涂胶衣，待胶衣固化后，将胶衣从模具上剥下，用千分卡尺测量。这种测量主要用来考察工人在喷涂固定产品时的操作程序是否合理。如一位操作人员在喷涂某一型号的小面盆时，通过测量知道底部胶衣层偏薄，当改进操作程序后，这种现象就消除了。

6.2.4　原材料准备

① 按铺层设计要求准备应选的纤维制品，所需层数及每层增强材料的铺设方向。

② 手糊制品厚度估算。手糊制品厚度可用下式估算：

$$t = (m_g/\rho_g) + (m_r/\rho_r) + (m_f/\rho_f) \tag{6-4}$$

式中　t——制品厚度，mm；

　　m_g——纤维制品单位面积质量，kg/m^2；

　　m_r——树脂单位面积用量，kg/m^2；

　　m_f——填料单位面积用量，kg/m^2；

　　ρ_g——纤维密度，g/cm^3；

　　ρ_r——树脂密度，g/cm^3；

ρ_f——填料密度，g/cm^3。

③ 一般在手糊作业前需作树脂凝胶时间试验，以便确定胶液的合理配方。凝胶时间过短，由于胶液黏度迅速增大，不仅增强材料不能被浸透，甚至发生局部固化，使手糊作业困难或无法进行。反之，凝胶时间过长，不仅增长了生产周期，而且导致胶液流失，交联剂挥发，造成制品局部贫胶或不能完全固化。

6.2.5 手糊成型

6.2.5.1 成型工具

（1）羊毛辊　羊毛辊多用来浸渍树脂，其规格（直径×长度）为 38mm×100mm、38mm×125mm、38mm×150mm、38mm×200mm 和窄辊 15mm×75mm 等。

（2）猪鬃辊　猪鬃较硬，用于驱赶气泡。只需轻轻接触成型面，便可将裹入的气泡排除。规格为 ϕ20mm 和 ϕ50mm，长 25～150mm。

（3）螺旋辊（亦称压辊）　由铝、钢或硬塑料制成，辊上开有沟槽，各槽相互平行。用于压实铺层和排除气泡，其规格为 ϕ10mm，ϕ12mm，ϕ16mm 和 ϕ30mm，长 25mm、50mm、75mm、100mm 和 125mm。

（4）常州桦立柯新材料有限公司的成型工具规格（2014 年复合材料展览会产品说明书，见表 6-20）。

表 6-20　成型工具规格

产品名称	铝制横纹辊	铝制直纹辊	铝制消泡辊	铝制螺纹辊	猪鬃辊
直径/mm	24,30	24,30	24,30	24,30	28
长度/mm	30,60,90,120	30,60,90,120	30,60,90,120	30,60,90,120	50,100,150,200

6.2.5.2 成型工艺

在凝胶后的胶衣层上，将增强材料浸胶，一层一层紧贴在模具上，要求铺贴平整，不出现皱褶和悬空，用毛刷和压辊压平，直到铺层达到设计厚度。在铺第一、第二层时，树脂含量要适当增多，以有利于排出气泡和浸透纤维织物。一般无捻布的含胶量为 50%～55%，原丝短切毡的含胶量为 74%～75%。

大型厚壁制品应分几次糊制，待前一层基本固化，冷却到室温时，再糊制下一层。制品中埋设嵌件，必须在埋入前对嵌件除锈、除油和烘干。

为了保证制品的外观质量和强度，铺层接缝应每层错开，接缝的距离 $S = t/z$，t 为玻璃布厚度，z 为铺层锥度，$z = 1/100$。

6.2.6 固化

制品固化分硬化和熟化两个阶段：从凝胶到硬化一般要 24h，此时固化度达50%～70%（巴氏硬度为 15），可以脱模，脱模后在自然环境条件下固化 1～2 周才能使制品具有力学强度，称熟化，其固化度达85％以上。加热可促进熟化过程，对聚酯玻璃钢，80℃加热3h；对环氧玻璃钢，后固化温度可控制在150℃以内。

加热固化的方法很多，中小型制品可在固化炉内加热固化，大型制品可采用模内加热或红外线加热。

6.2.7 脱模

脱模要保证制品不受损伤。脱模方法很多，有如下几种。

（1）顶出脱模 在模具上预埋顶出装置，脱模时转动螺杆，将制品顶出。

（2）压力脱模 模具上留有压缩空气或水入口，脱模时将压缩空气或水（0.2MPa）压入模具和制品之间，同时用木锤敲打，使制品和模具分离。

（3）大型制品（如船）脱模 可借助千斤顶、吊车和硬木楔等工具。

（4）复杂制品可采用手工脱模方式 先在模具上糊制两三层玻璃钢，待其固化后从模具上剥离，然后再放在模具上继续糊制到设计厚度，固化后很容易从模具上脱下来。

6.2.8 修整

修整分两种：一种是尺寸修整；另一种是缺陷修补。

（1）尺寸修整 成型后的制品，按设计尺寸切去超出多余部分。修整又分湿法和干法两种：湿法是制品处于未固化状态，在模具上切去超出部分；干法是在脱模后，用电锯切去多余部分；然后用砂纸和锉刀修平、磨光。

（2）缺陷修补

① 穿孔修补 将穿孔用锉刀或钻头扩孔，清除残渣，装上托板，填入补强材料。

② 气泡、裂缝修补 用锉刀切开气泡，扩锉裂缝，用钢丝刷打磨，清除粉尘，然后注入树脂胶液，液面稍有凸出，固化打磨抛光。

③ 破孔补强 先将破孔修整、清除粉尘，玻璃布按补孔尺寸分层裁剪，浸胶铺层时，应和原料玻璃布一致。

6.3 制品缺陷、产生原因及解决措施

制品缺陷、产生原因及解决措施见表6-21。

表6-21 制品缺陷、产生原因及解决措施

制品缺陷	产生原因	解决措施
制品暴露面接触空气时固化不良，表面发黏	①环境湿度太大，因水对不饱和聚酯树脂的固化有阻聚作用；②空气中的氧对不饱和聚酯树脂的固化有阻聚作用；③固化温度太低；④表层树脂中苯乙烯挥发，使比例失调，造成不固化	①改变潮湿环境；②使用含有石蜡的不饱和聚酯树脂；③提高固化温度或适当增加引发剂和促进剂用量；④避免树脂凝胶前温度过高或控制通风，减少交联剂挥发

续表

制品缺陷	产生原因	解决措施
制品硬度低、刚度差，脱模以后产生变形	①脱模时固化度不够；②加强筋不够；③树脂固化不良	①应掌握好脱模时机。②对一些大型制品可以考虑埋入钢筋加强，或改进制品的结构设计。③引发剂、促进剂的用量要准确；避免在低温、潮湿环境中进行成型操作；增强材料应在干燥条件下储存；气温太低时，应对制品进行加热后固化
制品内气泡多	①胶液中气泡含量多；②树脂胶液黏度太大；③增强材料选择不当	①注意搅拌方式，减少胶液中气泡含量；②适当增加稀释剂或提高环境温度；③应选择浸润性好的增强材料
流胶	①树脂黏度太小；②配料不均匀；③凝胶时间过长	①适当加入促变剂；②配料时要充分搅拌；③适当调整引发剂、促进剂用量
分层	①玻璃纤维制品受潮；②树脂用量不够及增强材料未压紧密；③固化制度选择不当，过早加热或加热温度过高	①使用前进行干燥；②糊制时要用力涂刮，使增强材料压实，赶尽气泡；③调整固化制度
白化	一次糊制太厚，固化速率太快	分层糊制，一次糊制厚度小于7mm或减少引发剂、促进剂的用量

参考文献

[1]　汪泽霖. 玻璃钢原材料手册［M］. 北京：化学工业出版社，2015.

[2]　中国航空工业集团公司复合材料技术中心. 航空复合材料技术［M］. 北京：航空工业出版社，2013.

[3]　李玲. 不饱和聚酯树脂及其应用［M］. 北京：化学工业出版社，2012.

[4]　张以河. 复合材料学［M］. 北京：化学工业出版社，2011.

[5]　黄家康等. 复合材料成型技术及应用［M］. 北京：化学工业出版社，2011.

[6]　汪泽霖. 不饱和聚酯树脂及制品性能［M］. 北京：化学工业出版社，2010.

[7]　益小苏等. 复合材料手册［M］. 北京：化学工业出版社，2009.

[8]　黄发荣等. 先进树脂基复合材料［M］. 北京：化学工业出版社，2008.

[9]　贾立军等. 复合材料加工工艺［M］. 天津：天津大学出版社，2007.

[10]　邹宁宇. 玻璃钢制品手工成型工艺［M］. 2版. 北京：化学工业出版社，2006.

[11]　刘雄亚等. 复合材料制品设计及应用［M］. 北京：化学工业出版社，2003.

[12]　张玉龙. 高技术复合材料制备手册［M］. 北京：国防工业出版社，2003.

[13]　倪礼忠等. 复合材料科学与工程［M］. 北京：科学出版社，2002.

[14]　沃定柱等. 复合材料大全［M］. 北京：化学工业出版社，2000.

第7章

液体模塑成型工艺

复合材料液体模塑成型技术（liquid composite molding，LCM）是指将液态聚合物注入铺有纤维预制件的闭合模腔中，或加热熔化预先放入模腔内的树脂膜，液态聚合物在流动充模的同时完成树脂/纤维的浸润并经固化成型为制品的一类制备技术。属于这一类被广泛采用的是树脂传递模塑（RTM）、真空辅助树脂传递模塑（VARTM）、树脂浸渍模塑成型工艺（SCRIMP）、树脂膜渗透成型工艺（RFI）和结构反应性注射成型（S-RIM）等。液态聚合物注入可通过模腔内形成真空（真空浸渍）、重力，或者由压力泵或压力容器来提供。

7.1 原材料

7.1.1 增强材料

在液体模塑成型过程中，需要在模腔内铺放纤维增强材料，这是一件既费时又费力的工作，为此就预先把增强材料制作成具有模腔形状的结构和尺寸的预制件，然后放置于模具型腔中，用树脂注入成型。预制件的纤维材料、构形和编织方式对纤维增强塑料的力学性能影响很大。

7.1.1.1 传统纺织工艺成型预制件

传统纺织工艺有机织、编织、针织、穿刺和缝纫等。基于纱束整体化的程度以及在预成型结构内厚度方向增强的程度，可把纺织预成型织物分成二维和三维两大类型。

（1）机织成型预制件

① 二维机织预制件　二维机织织物是用两束纱垂直交织制成的预制件（纤维布），其技术优点是面内性能优异；铺放特性优异；机械化织造程度高；具有一体化机织成型的可能性；适用于大面积铺放；已存在大量的性能数据。其技术局限是有限的轴外性能剪裁特性；面外性能差。

② 三维机织预制件　三维机织法示意图如图 7-1 所示，三维机织预制件的结构如图 7-2 所示。三维正交机织物是由经纱、纬纱和接结纱相互垂直交织而

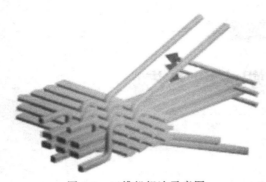

图 7-1　三维机织法示意图

成，其显著特点是起增强作用的经纱与纬纱在织物内几乎呈伸直状态，同时在厚度方向有一组经纱连接，从而可明显改善复合材料在第三方向即厚度方向的力学性能。采用三维机织法可以制作板材，也可以制作简单、形状规则的三维整体复合材料预制件。三维机织织物结构上的缺点是纤维只在经向、纬向和厚度方向分布，而实际应用中，需要多方向承力，比如，既要求抗拉伸、弯曲又要求抗扭转的场合需要有 45°的纱线，三维机织织物则不能满足要求。

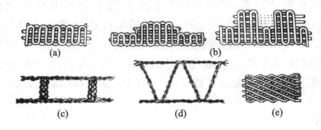

图 7-2　三维机织预制件的结构图

（2）编织成型预制件

编织是一种通过沿织物成型方向取向的三根或多根纤维（纱线）按照特定的规律倾斜交叉，使纤维（纱线）交织在一起的工艺。编织成型的预制件具有不分层整体结构、沿编织方向截面可连续变化、复杂结构预制件一次成型等特点，具有耐冲击、抗分层、抗蠕变等优异性能。

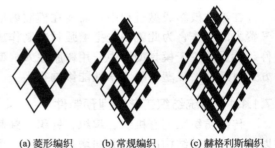

(a) 菱形编织　　(b) 常规编织　　(c) 赫格利斯编织

图 7-3　二维编织结构

① 二维编织（2D braiding）预制件　二维编织机编织的预制件的基本结构（见图 7-3）分为：菱形编织结构，每根纱线交替并重复地覆盖单根纱线，又被单根纱线所覆盖；常规编织结构，每根纱线交替并重复地覆盖两根相邻纱线，又被两根相邻纱线所覆盖；赫格利斯编织结构，每根纱线交替并重复地覆盖三根连续纱线，又被连续三根纱线所覆盖。其技术优点是比较均衡的轴外性能；机械化制造的程度高；非常适用于复杂的曲面造型；铺放特性优异。其技术局限是因为

设备限制导致有限的预制件尺寸；面外性能差。

② 三维编织（3D braiding）预制件　行列式三维编织法结构及编织法示意图如图7-4所示。采用行列式编织法可以编织结构复杂的三维复合材料预成型体，并且预制件尺寸接近最终产品尺寸。其技术局限是生产效率低，生产成本高；只适合编织较短尺寸构件或横截面较小尺寸构件。

图 7-4　行列式三维编织物结构及编织法示意图

（3）针织成型预制件

① 二维针织物　二维针织物是一根或多根纱线通过线圈纵串横连形成的织物。按纱线的针织进线方式和线圈的成型方式，针织分为经向针织和纬向针织，如图7-5所示，经向针织沿纵列线圈方向，纱线与邻近纵列线圈交织。纬向针织沿横列线圈方向，纱线与在其下形成的线圈交织。二维针织物密度系数小，线圈非线性及纱线弯折严重，浸渍树脂时易形成大量树脂穴；但它易于做成网状结构，大的伸张性使其与模具表面形状具有良好的附模性。

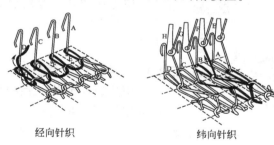

经向针织　　　　　　　　　纬向针织

图 7-5　二维针织物

② 三维多轴针织物（无卷曲织物）　三维多轴针织物是由二维针织和混合编织工艺的织造技术，由多层定向纤维织物（0°、90°±θ 纤维）使用经编线圈沿厚度方向连接成具有一定厚度的整体，因而又被称为多轴经编针织物。其技术优点是可以裁剪得到面内性能均衡的织物；机械化织造程度高；可以批量化生产多层织物；适用于大面积铺放。其技术局限是面外性能差。

经编夹心复合毡是由两层原丝短切毡或 0°和 90°的平铺层加一层原丝短切毡，中间由无纺织物经编而成的织物。主要应用于 RTM 和真空辅助 RTM 等成型工艺。常州桦立柯新材料有限公司的产品规格见表7-1。

表 7-1　经编夹心复合毡产品规格

产品代号	0°、90° /(g/m²)	短切毡 /(g/m²)	PP 夹心 /(g/m²)	短切毡 /(g/m²)	单位面积质量 /(g/m²)	幅宽 /mm
E-M300V180M300		300	180	300	780	200～2640
E-M450V180M450		450	180	450	1080	200～2640
E-M600V180M600		600	180	600	1380	200～2640
E-M300V250M300		300	250	300	850	200～2640
E-M450V250M450		450	250	450	1150	200～2640
E-M600V250M600		600	250	600	1450	200～2640
E-M150V180M600	600		180	150	930	200～2640
E-M300V180M600	600		180	300	1080	200～2640
E-M450V180M800	800		180	450	1430	200～2640
E-M300V250M600	600		250	300	1150	200～2640

　　(4) 缝纫　其技术优点是面内性能优异；机械化制造程度高；有极高的损伤容限和面外性能；有优异的装配辅助手段。其技术局限是面内性能损失较大；复杂曲面结构的造型能力不足。

图 7-6　缝合法示意图

　　(5) 缝合　缝合法示意图如图 7-6 所示，既可以制造三维异形整体构件，也可以制造板材，该方法的缺点是缝合过程中容易损伤纤维，缝合会造成复合材料面内刚度与强度约 10% 的损失。

7.1.1.2　冲压成型预制件

　　采用热塑性或热固性树脂作黏结剂将冲压后的连续纤维毡定形，黏结剂用量一般在 4%～8%（质量分数）。该工艺可规模化、快速成型。具体的步骤如下。

　　(1) 毛坯的准备　毛坯的准备是把一个毡片大致切成制件的几何形状。用模框给毛坯提供周边的夹持/滑动控制以减小折皱变形。理想的模架应能很好地覆盖阳模并尽可能地与部件形状吻合。由于毛坯边缘受夹持，在冲压成型时，材料将会受拉伸，从而使得纤维毡变薄，而毛坯中纤维的滑动将减小拉伸力并缓解毡片局部变薄的问题；但制件有曲线翻边存在时，仍会引起过渡的收缩，在制件弯曲部分，过大的平面压力会导致毡片起皱，并在压实阶段产生皱纹或折叠。设计模框需要考虑夹持力施加装置、夹持装置几何形状和尺寸以及减小毡片材料碎化的办法。

　　(2) 放入定位框架及合模

　　(3) 加热　加热或塑化毡片取决于纤维毡中的胶黏剂的性能。加热器通常是高效的红外线加热器，温度设置需考虑胶黏剂的玻璃化转变温度（T_g）及从加热器中移至冲压工段间毡片的冷却速率。

（4）冲压

（5）压实　压实过程紧接着合模过程并通过纤维间触压点的胶黏剂的黏合增加预制件的尺寸稳定性。

（6）冷却　冷却使胶黏剂固化并使预制件保持模具的几何形状。由于大多数模具都是廉价的环氧树脂材料制得，环氧树脂相对于金属传热性差，因此冷却通常很慢。据报道，通风的有孔金属模具可实现快速冷却。

（7）脱模和（或）修边　一般脱模后预制件必须修边。

7.1.1.3 喷射成型预制件

做一个和预制件形状一致的有孔板，在板的后部抽真空。用压缩空气将经黏结剂处理过的短切纤维吹到开有预留孔的模板或网屏上，在板后面的真空吸附系统将纤维牢牢地固定在首先接触到的区域，当预制件达到所需厚度，将短切纤维系统关闭，预制件和网屏一起转移到烘箱内使黏结剂固化，再进行适当的修整即可。喷射成型预制件工艺原理如图7-7所示。

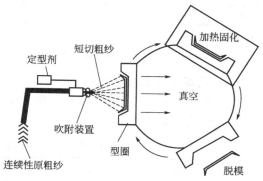

图7-7　喷射成型预制件工艺原理

7.1.2　树脂体系

当前国内外LCM工艺普遍采用的树脂体系有双马来酰亚胺、酚醛树脂、高性能环氧树脂等，其他树脂体系还有不饱和聚酯树脂、乙烯基酯树脂等。树脂的选择主要由目标复合材料的性能要求来决定，而从工艺角度考虑却是着重研究树脂体系特性对工艺过程质量控制的影响。树脂体系特性在LCM工艺中主要是指低黏度特性、低挥发特性、低收缩率特性和高反应活性。

VARI对基体树脂的要求为：①具有低黏度、能常温固化、有良好的力学性能；②树脂黏度应在$0.1\sim0.3\text{Pa}\cdot\text{s}$范围内；③2h高温环境下树脂黏度不超过$0.3\text{Pa}\cdot\text{s}$；④树脂对纤维浸润角小于$8°$。

7.1.2.1 不饱和聚酯树脂

（1）RTM成型树脂　树脂黏度不大于$500\text{mPa}\cdot\text{s}$，超过此黏度需要较大泵压力，增加模具壁厚，也容易冲断模腔内的玻璃纤维。常温凝胶时间为$5\sim30\text{min}$，比压注时间长为宜。固化时间宜为凝胶时间的两倍，这样可以缩短固化周期，以提高生产效率。固化放热峰温度为$80\sim140℃$。RTM成型树脂性能指标范围见表 7-2。

表 7-2　RTM 成型树脂性能指标范围

固体含量/%	黏度/Pa·s	酸值/(mgKOH/g)	凝胶时间/min	固化时间/min	放热峰温度/℃
55~65	0.22~0.28	17~27	17~25	27~40	约 140

（2）真空导入成型树脂　常州桦立柯新材料有限公司真空导入成型树脂牌号及规格见表 7-3。

表 7-3　真空导入成型树脂牌号及规格

牌号	类别	黏度/Pa·s	凝胶时间/min	载荷变形温度/℃	拉伸强度/MPa	弯曲强度/MPa
HLK-301	邻苯	0.14~0.19	6~25	≥70	≥60	≥110

注：数据来源于该公司 2014 年复合材料展览会产品说明书。

7.1.2.2　乙烯基酯树脂

（1）RTM 成型工艺用乙烯基酯树脂主要产品（液体树脂指标见表 7-4，树脂浇铸体性能见表 7-5）

表 7-4　双酚 A 型环氧乙烯基酯树脂指标

生产厂家	牌号	外观	酸值/(mgKOH/g)	黏度(25℃)/mPa·s	凝胶时间(25℃)/min	固体含量/%
华东理工[①]	MFE711	淡黄色透明液体	10.0±3.0	350±80	20.0±5.0	55.0±3.0
利德尔[①]	EL-4300LV			210		

① 资料来源于该公司 2015 年复合材料展览会产品说明书。

表 7-5　双酚 A 型环氧乙烯基酯树脂浇铸体性能

生产厂家	牌号	拉伸强度/MPa	拉伸模量/MPa	断裂伸长率/%	弯曲强度/MPa	弯曲模量/MPa	负荷变形温度(1.8MPa)/℃	巴柯尔硬度
华东理工[①]	MFE711	80~95	3200~3700	5.0~6.0	120~150	3300~3800	100~106	38~42
利德尔[①]	EL-4300LV	80	3400				90	

① 资料来源于该公司 2015 年复合材料展览会产品说明书。

（2）树脂固化配方（见表 7-6）

表 7-6　常温固化配方　　　　单位：质量份

固化温度	10~40℃		0~10℃	
乙烯基酯树脂	100	100	100	100
过氧化甲乙酮	1.0~3.0		2.0~4.0	
过氧化苯甲酰				2.0~4.0
异丙苯过氧化氢		2.0~4.0		
环烷酸钴	0.5~4.0	0.5~4.0	3.0~4.0	
二甲基苯胺液(10%)			0.5~2.0	0.5~2.0

7.1.2.3 环氧树脂

真空导入成型工艺对环氧树脂的要求：①黏度低（一般低于200mPa·s），流动性好且生产效率高；②允许足够长的凝胶时间（一般控制在2～4h），在树脂流动期间系统黏度不发生变化；③放热温度适当；④固化收缩率低；⑤与增强纤维浸润性好。

（1）环氧树脂品种

① 河北麦格尼菲复合材料股份有限公司适用于真空导入成型工艺环氧树脂基本性能参数见表7-7。

表7-7 环氧树脂基本性能参数[①]

组分	固化剂				
	MG-1606A	MG-1606B-1	MG-1606B-2	MG-1606B-3	MG-1606B-4
外观	液体	液体	液体	液体	液体
颜色	无色透明	无色透明	无色透明	无色透明	无色透明
黏度/mPa·s	1157～1360	15～20	10～15	10～15	7～11
密度/(g/cm³)	1.10～1.20	0.9～1.0	0.9～1.0	0.9～1.0	0.9～1.0
质量配比		100:(24～27)	100:(24～27)	100:(24～27)	100:36
混合黏度/mPa·s		320	200	160	120
操作时间/min		45	100	150	300

① 该公司2015年复合材料展览会产品说明书。

② 美国Cytec Fiberite公司的CYCOM823RTM环氧树脂体系，室温黏度低于0.3Pa·s。

③ 美国Dow化学公司的DER329环氧树脂体系，特点为脱模周期短，黏度超低，有良好的力学性能、热性能和耐腐蚀性能。

④ Newport复合材料公司的NBV-800环氧树脂体系，室温黏度约为0.3Pa·s，固化条件为120℃/2h，双组分体系。

⑤ 北京航空制造工程研究所的BA9912环氧树脂体系，初始注射黏度约为0.27Pa·s，最低黏度约为0.02Pa·s，固化条件120℃/4h，该树脂力学性能、耐热性能和工艺性能优良，在无人机、民机次承力结构上获得应用。

⑥ 国防科技大学与四川亭江科技股份公司合作开发了双酚F环氧树脂，其主要技术指标见表7-8。

表 7-8　双酚 F 环氧树脂技术指标

项目	环氧值	黏度(25℃)/mPa·s	分子量分布	易皂化氯/%	无机氯/×10⁻⁶
技术指标	0.50～0.55	<4000	340～380	<0.01	<50

⑦ 北京玻钢院复合材料有限公司采用 CYD-128 环氧树脂（环氧值 0.51～0.54）、缩水甘油醚型环氧树脂和液体胺体系，30℃的黏度为 255mPa·s，在室温 200min 内黏度保持在 1000mPa·s 以下；该树脂体系为中温固化，放热温度区间为 54℃，放热缓和。

⑧ 此外还有 Cy225、E-51、CYD127、711 环氧树脂和脂环族环氧树脂 Cy183 等。

（2）固化剂　Hy225、甲基四氢苯酐、甲基纳狄克酸酐、六氢苯酐等酸酐以及 MNA 和二氨基二苯基砜。

（3）促进剂　苄基二甲胺、DMP-30 等液体促进剂。

7.1.2.4　双马来酰亚胺树脂

（1）5250-4 树脂　Cycom5250-4 RTM 树脂是专为 RTM 工艺研制的双马来酰亚胺单组分树脂体系。该树脂在注射过程中黏度极低，在注射温度下可保持数小时，为制造复杂制件提供了保证。

（2）6421 树脂　北京航空材料研究院研制的 6421 树脂主要由二烯丙基双酚 A 与 4,4′-双马来酰亚氨基二苯基甲烷按一个优化的比例混合而成。

（3）乙烯基-双马树脂改性体系　北京航空制造工程研究所的 BA9911 树脂的黏度低于 0.3Pa·s，工作寿命大于 4h，可在室温下注射和固化，具有较好的耐热性和阻燃性，主要适用于船舶、舰艇领域。

7.2　辅助材料

（1）真空袋膜（见图 7-8）　真空袋膜的用途是形成真空体系，提供良好的覆盖性，并在固化温度下不透气。真空袋薄膜一般经吹塑制成。常用的真空导入材料真空袋膜的规格见表 7-9。

图 7-8　真空袋膜

（2）导流网（见图 7-9）　常用的真空导入材料导流网的规格见表 7-10。

表7-9　真空袋膜规格

产品名称	最高使用温度/℃	厚度/mm	宽度/m	伸长率/%	适用树脂
真空袋膜-50	170	0.50	≤6.1	≥400	EP、VE、UP
真空袋膜-65	170	0.65	≤6.1	≥400	EP、VE、UP

表7-10　导流网规格

产品名称	最高使用温度/℃	宽度/m	厚度/mm	长度/m	单位面积质量/(g/m²)	颜色	原料
导流网 V1160	80	2.0 或 4.0	1.10	100	160	深绿	
导流网 V1115	120	1.2	0.85	50	115	翠绿	聚乙烯
导流网 V1230	120	1.2	1.90	50	230	翠绿	聚乙烯

（3）密封胶条（见图7-10）　密封胶条是一种有黏性的挤出橡胶条，适用于各种成型模具，能牢固地粘接真空袋薄膜和模具，保证成型过程中真空袋的气密性要求。固化成型完毕后，在成型模具上不残留密封材料残渣，且能容易剥取下来。常用的真空导入材料密封胶条的规格见表7-11。

图7-9　导流网

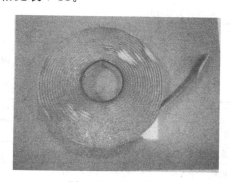

图7-10　密封胶条

表7-11　密封胶条规格

产品名称	规格	长度/m	颜色	最高使用温度/℃
密封胶条 Lg150 2W	3mm×12mm	15	黑色	100
密封胶条-土黄色	3mm×12mm		土黄色	150

（4）塑料管（抽气管）（见图7-11）　常用的真空导入材料塑料管的规格见表7-12。

表7-12　塑料管（抽气管）规格

产品名称	抽气管-8	抽气管-10	抽气管-12	抽气管-13
规格	8×10×1	10×12×1	12×14×1	13×16×1.5
长度/m	100	200	100	100
原料	聚乙烯			
最高使用温度/℃	120			

（5）螺旋溢流管（见图 7-12）　常用的真空导入材料螺旋溢流管的规格见表 7-13。

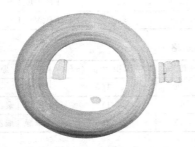

图 7-11　塑料管（抽气管）

图 7-12　螺旋溢流管

表 7-13　螺旋溢流管规格

产品名称	规格	长度/m	原料	最高使用温度/℃
螺旋溢流管-10	10×12×1	100	聚乙烯	120
螺旋溢流管-12	12×16×1.5	100	聚乙烯	120

（6）脱模布　常用的真空导入材料脱模布的规格见表 7-14。

表 7-14　脱模布规格

产品名称	宽度/m	长度/m	单位面积质量/(g/m²)	最高使用温度/℃	适用树脂
脱模布 PA-6	1.8	200	80	160	UP
脱模布 PA-66	1.8	200	83	200	UP、VE、EP
脱模布 PA-3	1.8	200	105		UP、EP
脱模布-PE			85	100	

（7）隔离膜（见图 7-13）　隔离膜的用途是防止辅助材料与复合材料制件粘连，抑制流胶及衬托脱模剂等。隔离膜分为有孔和无孔两种，有孔薄膜适用于成型工艺过程中吸出多余基体树脂或排出气体，一般用于成型材料和吸胶毡或透气毡之间。常用的真空导入材料隔离膜的规格见表 7-15。

(a) 无孔隔离膜

(b) 有孔隔离膜

图 7-13　隔离膜

表 7-15　隔离膜规格

原料	孔径/mm	孔距/mm	颜色	最高使用温度/℃
PE	0.5	5	蓝色	120

（8）透气毡（见图 7-14）　透气毡是为了连续排出真空袋内的空气或固化成型过程中生成气体而生产的一种通气材料。通常与隔离膜并用，不直接与复合材料制件接触。常用的真空导入材料透气毡的规格见表 7-16。

图 7-14　透气毡

表 7-16　透气毡规格

幅宽/m	长度/m	颜色	纤维类型	最高使用温度/℃
1.5	100	白色	聚酯	205

（9）吸胶毡　吸胶毡的主要用途是在复合材料制品成型工艺过程中，吸出树脂基体材料。使用时根据复合材料制件纤维体积含量要求，确定固化成型工艺参数，来选择吸胶材料的种类和层数，以保证复合材料制件质量的稳定性。

（10）压敏胶带（见图 7-15）　压敏胶带的主要用途是将隔离膜、透气毡、吸胶毡等复合材料成型辅助材料固定于成型模具上。要求压

图 7-15　压敏胶带

敏胶带具有很强的黏结力，固化后在成型工装模具表面不留有黏结剂的残渣。

7.3　主要设备

7.3.1　压力罐式注射机

压力罐式注射机由三个主要部分组成：树脂储料罐、树脂供给系统（泵或采用压力罐时的阀）和树脂输送管（图 7-16）。

7.3.1.1　树脂储料罐

通常地，树脂储料罐就是一个能保持真空（以除气为目的）的容器，在储料罐加压供料系统中，储料罐应能承受所需的压力。储料罐经常会根据需要安装某种类型的搅拌器来混合树脂，或增加辅助脱气装置以及安装对树脂均匀加热的辅

图 7-16　用于 RTM 工艺的
树脂注射机

助元件。储料罐盖上经常设置压缩空气或真空管的快速接头，可能的话，建议安装玻璃观察窗，观察窗应该足够大以保证罐内亮度并利于观察罐内情况。

7.3.1.2　加热的树脂输送管

加热的输送管是连接树脂储料罐和模具的桥梁，一般它的设计比较简单。输送热树脂的管路通常使用耐高温、耐高压的聚四氟乙烯（PTFE）管道（典型的内径为 6.4mm），这种管道可重复使用，如果该设备使用多种树脂体系，也可将其设计成一次性使用的衬里以减少清理和可能的污染。

7.3.1.3　树脂供给系统

树脂供给系统是指将加热的树脂经输送管注入模具的过程，实现该过程的方法：可采用活塞泵、往复式活塞泵或直接采用车间气源压力或真空压差来驱动。

7.3.2　计量混合式注射剂

图 7-17 是 Plastech TT 公司开发的 RTM 设备的工作原理图。这种设备使用往复式正压移动泵。树脂体系中的两种组分分开储存，各自使用独立的泵工作系统。注射时，两种组分在泵压力作用下在混合头中交汇混合，注射进入模腔中。这样避免了预先混合树脂在设备中固化的可能，特别是反应活性高的树脂和固化剂含量大的树脂体系。与压力罐式注射机比较，往复式正压移动泵在预制件浸渍阶段在模腔内产生的压力比压力罐的

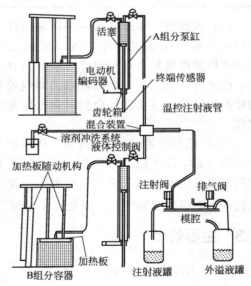

图 7-17　计量混合式注射机工作原理示意图

高 2.5 倍，浸渍速度快 1.8 倍，可见用混合式注射机能够提高成型速度。

7.3.3　真空模塑设备

真空模塑设备需要压力较低的计量式注射机和两个真空源（主要部件是电机驱动的真空泵装置），一个用于制造模腔真空，另一个用于在主要密封和次要密

封之间制造真空，范围在（0～7）×10^5 Pa。两个真空源在 0～90％的真空范围内可以单独调节，预先设定。最大的空气消耗是 70L/min。为了使设备简便、适用于真空模塑工艺，它有真空泄漏检测和报警系统、敏感的真空电源开关，自动保持设定的真空水平和供气，一旦达到真空设定值，真空泵装置就不再消耗电能。在真空泵和模具排气口之间安装一个树脂止流器，用来防止树脂注满模腔后进入真空泵。

7.4　成型工艺

7.4.1　树脂传递成型工艺（RTM）

树脂传递成型（resin transfer molding，RTM）的原理：先将增强材料铺放在模具里，合模夹紧后，在一定的温度和压力下，将经静态混合器混合后的树脂与固化剂的混合物，通过模具上的注射口注入模具中，固化后脱模成制品。图 7-18 为 RTM 成型工艺原理示意图。

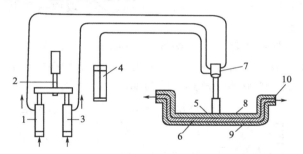

图 7-18　RTM 成型工艺原理示意图

1—比例泵；2—树脂泵；3—催化剂泵；4—冲洗剂；5—基体树脂；
6—增强材料；7—混合器；8—阳模；9—阴模；10—排气孔

RTM 工艺的技术特点主要体现在：①不需胶衣涂层即可为制件提供双面光滑的表面；②可制备具有高尺寸精度、良好表面质量的复杂制件，提高了制件结构的整体性和性能的可靠性；③可采用多种形式的增强材料，如短切毡、连续纤维毡、纤维布、无皱折织物、三维织物及其组合材料，并可根据性能要求进行择向增强、局部增强、混杂增强或形成预埋与夹芯结构，充分发挥出复合材料性能的可设计性；④成型公差可精确控制，重复性可以保证，制品具有恒定的形状和重量，质量稳定，厚度均匀，孔隙率低；⑤自动化程度高，生产周期较短，材料浪费少，成型后整修工作量很小，适合中等批量制品的生产；⑥闭模操作使成型过程中散发的挥发性物质很少，利于身体健康和环境保护。

RTM 工艺在国内外普遍存在的难点和问题主要表现在：①树脂对纤维的浸润不够理想，导致成型时间长，制品孔隙率较高；②制品的纤维含量较低；③大面积、结构复杂的模具型腔内，树脂流动不均衡，该动态过程很难观察，更不容易进行预测和控制。

此外，国内还存在如下问题：①设备配套设施跟不上；②国产树脂很难满足RTM专用树脂"一长"（树脂凝胶时间长）、"一快"（树脂固化速度快）、"两高"（树脂具有高消泡性和高浸润性）、"四低"（树脂的黏度、可挥发性、固化收缩和放热峰低）的要求；③模具的设计制造技术薄弱。

7.4.1.1 模具

RTM模具是RTM成型技术的关键，设计一套好的RTM模具，在性能上应满足：有良好的保温性；在注入压力下不变形；树脂流失小；修正容易；价格低廉；使用寿命长；合模、启模容易等。

在大型部件制造中，为了降低模具投资，通常采用从母模型中翻制的办法来制造模具。母模型的加工早期为木制模型，依靠模型工的手工技艺和木工机床的辅助完成模型加工，随着代木胶泥材料的出现，模型加工通过大型数控多轴加工中心完成，能够实现很高的模型精度。

（1）RTM模具用材料　常用材料有聚酯、环氧玻璃钢和电镀金属（铋锡合金或锌铝合金）等。

聚酯玻璃钢模具制造容易，价格低廉，使用寿命在2000次左右。环氧玻璃钢模具比聚酯玻璃钢模具收缩小，适用于光洁度要求较高的产品，模具使用寿命在4000次左右。RTM玻璃钢模具的结构如图7-19所示。

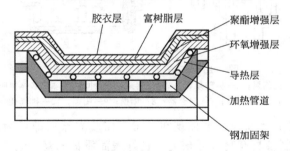

图 7-19　RTM玻璃钢模具结构示意图

若在玻璃钢模具表面喷镀铋锡合金，可使RTM产品表面有光泽或半光泽，模具寿命可达5000次左右；若喷镀锌铝合金，则使用寿命可长达10000次左右。

当制造误差要求不太严格和形状简单的建筑用墙板等制品时，可用薄钢板做模具，使用寿命接近10000次。

玻璃钢模具因其成本低、质量轻、制造及维修容易，而且装备加热或冷却设备十分方便，因此应用最广；喷镀金属的玻璃钢模具可以提高使用寿命。为了使模具具有足够的刚度，可在玻璃钢层的里面成型一层树脂混凝土层，既能增加模具的刚度，确保制品尺寸的精确，又可提高模具的保温性。

（2）RTM模具设计

① 注射口、排气口的设计　注射口的位置，宜在模具的最低点。圆形或对

称性的中小型制品，树脂流动到产品边缘的时间相等，模具只需一个注射口，其位置应在模具中间；大型制品以及阻滞树脂流动或一个注射口不能满足要求的非对称体制品，可采用两个或多个注射口，其位置应根据具体情况而定。模具的排气口位置，宜设在模具上方的最远端或树脂流动的死角，以有利于模内空气的排出，树脂注满后，可用塑料塞子将排气孔塞紧。

② 模具的密封　模具密封的目的是为了避免树脂泄漏和空气进入模腔。密封的形式很多，一般情况下，采用凹槽、圆形密封圈组合方法，在实际工作中用得较多，而且密封效果也比较好。

③ 模具的夹紧　在制造小型制品时，可采用软性啮合的方式防止树脂流出，为了使合模、启模容易，可用螺栓和螺母固定模具。

当制造 $2m^2$ 以上的大型制品，可考虑采用油压机构、空气袋或气动托盘等。模具操作机构通常使用大台面低压液压机或者气动压机来实现。为方便纤维材料在模具中的铺放，下模通常可以移动出模具台面。也可以使用两个可移动的下模的结构形式，一个模具在铺放纤维增强材料，另一个模具合模成型，从而缩短成型周期。为了方便在上模铺放增强材料和预埋结构，有一些模具操作机构设置了能够实现上模翻转的结构，在下模移出的同时，利用液压缸或者气缸带动上模实现翻转。在复杂的产品制造中，会涉及活块或抽芯结构，这些都可以通过在模具中安装特殊的运动机构来实现，但是核心需要保证这些运动机构具有良好的密封性，以确保在注射树脂充模时，运动机构不进树脂，有真空辅助时，确保真空不泄漏。

④ 模具的加固　模具的耐压设计以最大注入压力为基准，但不必将整个模具设计成具有相同的刚度，只要注射口的边缘刚度达到最大即可。

⑤ 模具的加热方法　在 RTM 工艺中对模内树脂的加热方法有两大类：一是直接加热法，将射频电能直接通到型腔内的树脂中使树脂固化，该方法较先进，热效率高，但难度大；二是间接加热法，热能由介质（气、水、油、蒸汽）携带，经模具背衬、型壳、型面传导到树脂中，使树脂固化。

插入式衬模 MIT（multiple insert tooling）是一种比较特殊的模具结构。在这种模具设计中，将模具成型面从模具中分离出来变成 5mm 左右厚的薄壳，模具的刚度骨架、定位、密封、加热等功能结构组成一个独立部分，成型面的薄壳制作成多个，可以独立进行喷胶衣、铺放增强材料的操作。这样可以节约占用成型模具和成型设备的工艺等待时间，有效提高了生产效率。

7.4.1.2　成型工艺

（1）模具准备，涂脱模剂

① 新模具准备　根据设计图纸测量模具外形尺寸，用橡皮泥测量对模间的间隙，夏天气温高橡皮泥软，可用游标卡尺插入法测量。

② 老模具准备　清理及修补。

③ 涂脱模剂

(2) 喷涂胶衣　胶衣厚度应控制在 $400\sim500\mu m$ 范围内。

(3) 增强材料剪裁、铺放及嵌件安放　可以使用纤维预型件，也可以使用增强材料现场铺层的方法。

(4) 合模锁紧

(5) 注射树脂　这是最关键的一道工序，它关系到最后制件的性能和质量，要着重控制树脂黏度和注射压力。

(6) 树脂固化　固化可采用常温固化，也可以采用热固化方法。加热方法有：

① 用射频或微波等能量直接加热；

② 目前采用的热能通过热气或热水或热油等介质，经模具背衬、型壳和型面传导到树脂中，间接加热使树脂固化；

③ 树脂注射完后，将整个模具放置于热压罐中加热完成树脂固化。

(7) 脱模、制品修整

7.4.1.3　实用举例

碳纤维增强双马来酰亚胺树脂带隔板的框梁结构制造实例如下。

① 原材料　T300 碳纤维平纹布；RTM 工艺用双马来酰亚胺树脂。

② 设备　Liquid Crystal 树脂注射机。

③ 工艺

a. 预制体的制备　将碳纤维布裁剪成料片，首先在单个芯块上进行逐层的铺叠，转角区域的剪口每层之间均要错开，不允许重合，在剪口和料片边缘区域，可以涂抹少量双马树脂以赋予料片黏性，方便铺叠施工，所有芯块铺叠完成后用螺栓固定在底板上。用碳纤维布将芯块之间的转角区域填充起来，然后在芯块整体上进行全铺层铺叠。铺叠完成后进行修边，将多余的布切除干净，之后将整个预制体及芯模封装进真空袋并抽真空，送进烘箱进行热压实，温度为80℃，时间为2h，完成预制体制造后即可进行合模组装。

b. 合模及注胶　将带有预制体的芯模放入阴模成型模中，工装密封槽中放置硅橡胶条，盖上盖板，上紧螺栓合模，至工装分型面无缝隙（<0.2mm）为止。将模具运入烘箱中，烘箱内用氟塑料管连接模具注胶口与注射机，溢胶口连接到真空源，注胶时整个模具内腔真空度应保持不低于-0.85MPa，并将模具预热到120℃，恒温后启动注射机，将树脂持续注入模具内的预制体中，注射机的主要参数设置：温度为90~120℃，树脂流速为1~5mL/s，注射压力为0.1~0.6MPa。当胶液从溢胶口溢出时，关闭溢胶口球阀，待所有溢胶口球阀关闭后，逐一打开溢胶口进行排气，当所有连接溢胶口的氟塑料管中再无气泡时，关闭溢

胶口和注胶口球阀，适当保压后，停止注射机注胶。烘箱继续升温，按照树脂的标准完成固化。

c. 脱模　完成固化，待模具自然冷却后，取掉所有螺栓，取下盖板，利用顶出螺杆将底板和芯模慢慢取出，随后取下底板，并将芯模逐一取出，为了便于脱模，芯模可以设计为组合式模具。

7.4.2　真空辅助树脂传递模塑（VARTM）

真空辅助树脂传递模塑（vacuum assisted resin transfer molding，VARTM）是使用单面刚性模具，在注射树脂的同时于排出口抽真空的闭模工艺。VARTM模具只有一层硬质模板，先在模具上按规定的尺寸及厚度铺放纤维增强材料，然后用真空袋包覆，用密封胶密封。在模具的两端分别设置注射口及抽出口，注射口与树脂桶相连，抽出口与真空泵相连。VARTM工艺成型原理示意图如图7-20所示。

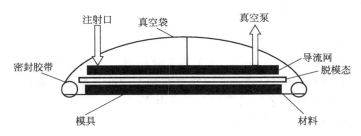

图 7-20　VARTM工艺成型原理示意图

VARTM相对于RTM的优点有：①无须使用传统RTM工艺中的双层硬质闭合模具，只需使用单面刚性模具和真空袋材料成型制品，简化模具制造工序，节约费用；②模腔内抽真空使压力减小，增加了使用更轻型模具的可能性，模具使用寿命更长、可设计性更好；③真空可提高纤维与树脂的比率，使增强纤维含量更高，制品强度增加；④改善模塑过程中纤维的浸润性，使树脂和纤维的结合界面更完美，减少微观空隙的形成，得到孔隙率更低的制品；⑤VARTM工艺更适合成型大厚度、大尺寸的制件，尤其是船舶、汽车、飞机等结构件。

7.4.3　Light-RTM 成型工艺

Light-RTM成型工艺是一种综合传统RTM工艺和VARTM工艺的新型复合材料工艺，该工艺压力低于0.1MPa。树脂和固化剂通过注射机计量泵按配比输出带压液体并在静态混合器中混合均匀，然后在真空辅助下注入已合理铺放好的纤维增强体的闭合模中，模具利用真空对周边进行密封和合模，并保证树脂在模具内流动顺畅，然后进行固化。图7-21为Light-RTM成型工艺示意图。

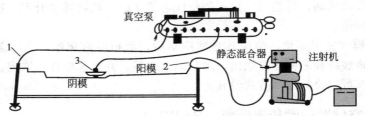

图 7-21　Light-RTM 成型工艺示意图

1——一级抽真空口；2—树脂注射口；3—树脂冒出口（二级抽真空口）

Light-RTM 与传统 RTM 比较，Light-RTM 保留了传统 RTM 的所有优点，也有自身的特点。

① 模具制作简单，制作费用低；

② 注射压力低；

③ 模具上模有流道；

④ 模具寿命相对较低；

⑤ 生产制品的尺寸变化范围大。

与 VARTM 相比，Light-RTM 工艺充分利用了 VARTM 工艺中真空辅助这一概念，利用一级真空闭合模具，二级真空辅助树脂在模腔中流动。但是，它的真空度小于 VARTM 工艺中的真空度，尤其是二级真空度不高，避免树脂在模腔内流动太快导致的浸润不良。

Light-RTM 工艺制品厚度均匀，两面光滑，另外，Light-RTM 工艺利用了可重复利用的轻质复合材料阳模，避免了 VARTM 工艺每次使用新的真空袋所造成的环境污染和浪费。

7.4.4　真空导入模塑成型（vacuum infusion molding process，VIMP）

真空导入模塑成型工艺是近几年发展起来的一种改进的 RTM 工艺。这种工艺在命名上有多种称呼，如真空导入、真空灌注、真空注射、树脂浸渍模塑（SCRIMP）等。

真空导入模塑成型工艺是在单面刚性模具上铺放增强材料与各种辅助材料，应用柔性真空袋膜包覆敞口模具，在模具型面上用真空袋将型腔边缘密封严密，再真空泵对型腔内抽真空，使树脂在真空作用下由精心设计的树脂分配系统注入模腔，通过树脂的流动、渗透，实现对纤维的浸润。制品固化后，揭去真空袋材料，从模具上得到所需的制品。真空导入模塑成型工艺原理如图 7-22 所示。

与 RTM 工艺相比，真空导入模塑成型工艺有如下优点：①只需一个模具面以保证结构件外观表面质量，另一面采用真空袋即可，成型设备简单，节约成本；②树脂分配系统使树脂胶液迅速在长度方向充分流动填充，并在真空压力下沿厚度方向缓慢浸润，改善浸润效果，可减少缺陷的形成；③只需在大气压下浸润、固化，真空压力与大气压之差为树脂注入提供推动力，可缩短成型时间；④可以浸润厚而复杂的层合结构，蜂窝夹层结构，含有芯子、嵌件、加强筋和紧固件的结构也可一次注入成型。

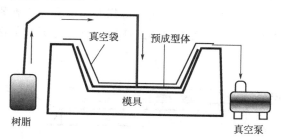

图 7-22　真空导入模塑成型工艺原理

与 VARTM 工艺相比，真空导入模塑成型工艺有如下优点：①发展了再利用真空袋，整体加热系统的应用减少了固化炉的使用，降低了费用；②克服了 VARTM 在生产大型平面、曲面层合结构及加筋异形制品时纤维浸润速度慢、成型周期长等不足；③树脂沿增强材料长度方向的移动与厚度方向的浸润几乎同步进行，对于厚壁制品的制备更具实际意义。

7.4.4.1　真空导入模塑成型工艺

根据树脂分配系统的特点，可将真空导入成型工艺分为高渗透介质（导流网）型和沟槽（引流槽）型两种类型。

（1）高渗透介质型　高渗透介质型真空注射成型工艺是在模具上先铺覆增强材料，接着在增强纤维上铺设剥离层，再在剥离层上铺设高渗透介质，然后用真空袋密封，树脂在真空力的作用下同时从平面和厚度方向浸渍增强材料。高渗透性介质一般都是采用编制的立体网状结构，有利于树脂的流动和渗透。这种方式是树脂从预成型体的上表面向下表面渗透。在高渗透介质型中，由于高渗透介质层较高的渗透率，其内的树脂流动前缘迅速超过纤维层，因此高渗透介质对充模时间起着决定性作用。另外，要获得较快且均匀的充模，树脂源应置于模腔的几何中心，以尽量缩短树脂的流动距离，而且树脂源与真空源应尽可能对称、平衡布置，以避免干点的产生。高渗透介质型真空注射成型工艺原理如图 7-23 所示。

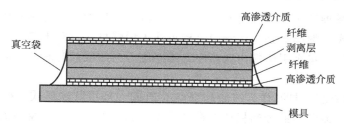

图 7-23　高渗透介质型真空注射成型工艺原理

（2）沟槽型　高渗透介质型设计相对灵活且简单，但一些材料如剥离层、高渗透介质等不能重复使用，不仅产生了固体废物且增加了生产成本，充模速度也相对较慢。沟槽型则可克服这些缺点，不需要高渗透介质和剥离材料，同时沟槽的渗透率远远高于高渗透介质，充模速度得到大幅度提高，特别适合于大型、加筋和夹芯异形结构件的制备，沟槽型真空注射成型工艺原理如图 7-24 所示。

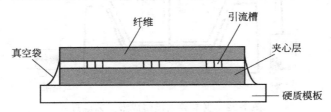

图 7-24　沟槽型真空注射成型工艺原理

沟槽的设计主要有以下几种方式。

① 在模具表面上加工导流槽　这种形式的装置是树脂从制件下表面往上表面进行渗透。在模具表面加工出合适的沟槽以作为流胶通道。沟槽的尺寸和数量要根据制件的形状、尺寸以及树脂的黏度通过实验来确定。如船体的制造通常采用鱼骨式的布置方式，从中间的主流道按照一定的间距分出横向流道，树脂在横向流道之间形成交汇。风电叶片的流道布置通常采用环形流道和轴向流道相结合的方式布置，在叶根纤维增强层很厚的地方采用环形流道，保证树脂充分供给，在叶片叶身位置采用多个轴向流道，充模时根据树脂流动前锋的流动状态，依次打开轴向流道，按照顺序充模。

② 在泡沫芯材上开孔或制槽来作为树脂流动的通路　泡沫芯材放在模具的表面上，树脂从预成型体的下表面向上表面渗透。开孔或制槽（槽的形式很多，可以是单向的，也可以是十字交错的）的泡沫芯材最终是产品的一部分。

沟槽型真空注射成型工艺的充模速度远远高于高渗透介质型真空注射成型工艺。另外，要获得较快且均匀的充模，树脂源应布置在模腔的几何中心，尽量缩短树脂的流动距离，以提高充模速度；但树脂源和真空源的对称性在沟槽型真空注射中并不如在高渗透介质型真空注射中重要，因为板材上的沟槽为真空提供了良好的通道。

在引流槽型工艺中，注射流道直接与引流槽入口相连，但排气槽与引流槽要保持一定距离，树脂总是先注满引流槽再注入增强材料，对于厚壁制品，充模流动时间几乎等于单个引流槽内树脂在纤维厚度方向的浸润时间，从而大大缩短了充模周期。

③ 在模具表面打孔作为树脂和真空的通道　采用这种形式，树脂为从下往上渗透，打孔或制槽的金属板放置在预成型体的上下表面。其树脂流动的主通道是在模具上制出合适的孔。

（3）工艺流程

① 准备模具　准备模具和其他积层工艺一样，对 VIMP 来说高质量的模具也是必需的。表面要有较高的硬度和较高的光泽，并且模具边缘至少保留 15cm，便于密封条和管路的铺设。对模具进行清理干净，然后打脱模蜡或抹脱模水。

② 喷涂胶衣　施工胶衣面根据制品的要求，可以用产品胶衣和打磨胶衣，选用类型有邻苯型、间苯型不饱和聚酯树脂或乙烯基酯树脂。用手刷和喷射的方法施工胶衣。

③ 增强材料铺放　在大型产品的制造时，增强材料目前主要采用手工铺放的方式。这种方式对于产品的质量稳定性和可靠性有很大的影响。手工铺放的增强材料，纤维织物处于松弛的状态，非常容易产生纤维层间的波浪和褶皱，这种波浪和褶皱会大幅度降低局部的力学性能，降低整体制件的长期疲劳性能。

采用自动铺放设备是一种有效解决纤维铺放过程中的各种问题的一种技术方案。自动铺放设备可以在纤维织物铺放过程中施加一定的张力，防止波浪和褶皱的产生，纤维织物在一定的张力下成型，能够提高复合材料结构的力学性能。常用的设计是采用龙门式铺放机构，龙门实现沿模具方向的前后运动，龙门上安装的移动机构可以带动纤维织物实现上下和左右移动，这种自动机构能够非常容易实现纤维织物在模具上铺放位置的精确定位，同时自动铺放设备的采用，能够大幅度降低铺层人员数量，缩短铺层时间。

④ 真空袋材料铺设　先铺上脱模布，接着是导流网，最后是真空袋。在合上真空袋之前，要仔细考虑树脂和抽真空管路的走向，否则有的地方树脂会无法浸润到。铺设时要非常小心，以避免一些尖锐物刺破真空袋。

⑤ 抽真空　铺完这些材料后，夹紧各进树脂管，对整个体系抽真空，尽量把体系中空气抽空，并检查气密性，这一步很关键，如有漏点存在，当树脂导入时，空气会进入体系，气泡会在漏点向其他地方渗入，甚至有可能使整个制品报废。

⑥ 配树脂　抽真空达到一定要求后，准备树脂。按凝胶时间配入相应的固化剂，切记不能忘加固化剂，否则很难弥补。不过一般真空导入树脂含有固化指示剂，可以从颜色上判断是否加了固化剂。

⑦ 导入树脂　把进树脂管路插入配好的树脂桶中，根据进料顺序依次打开夹子，注意树脂的量，必要时及时补充。

⑧ 脱模　树脂凝胶固化到一定程度后，揭去真空袋材料。从模具上取出制品并进行后处理。

当然任何一个工艺不可能是十全十美的，目前来说真空导入成型所需的一次性耗材很大一部分需要进口，提高材料成本，但这部分可以通过减少树脂用量得到平衡。另外对操作人员的技能要求更高。每一过程都仔细按步骤做好才能进入下一步的操作，否则会造成不能逆转的损失。

所以这种工艺目前用在附加值高的 FPR 部件和制品中，如体育用品配件、游艇、风力发电叶片等。但人们对更高性能材料的大量需要，真空导入工艺正被越来越多的人认识和采用。

7.4.4.2 实用举例

（1）风力发电机叶片　目前，MW级风电叶片已广泛使用VIMP工艺，包括其零部件如梁帽、腹板、预成型瓦等均采用该工艺。

① 材料准备　包括纤维布剪裁和树脂准备。按照工艺给定的尺寸进行纤维布剪裁，将剪裁好的纤维布标明编号，并按顺序放好。树脂胶液在配好后应根据使用范围，对树脂进行加热或冷却，使树脂温度维持在最佳使用范围。

② 模具处理　主要包括表面清理、涂脱模剂、喷涂胶衣。

③ 壳体铺设　可以分为芯材前纤维布铺设、连续毡铺设与大梁放置、芯材的铺设、后缘单向布的铺设以及芯材后的纤维布铺设。

将剪裁好的玻璃布按照给定的工艺进行铺设。玻璃布在铺设过程中应当满足以下要求：纤维布的铺设要平整，应当按照工艺要求进行搭接、对接；铺层中不允许出现褶皱、错开、凸起或混有杂质；每一层要贴紧前一层，并紧贴模具，不能出现悬空、分层现象；铺层过程中可使用少量喷胶、工装夹具等辅助设备。

④ 辅材布置方式

以1.5MW叶片的一种国产常规性的环氧树脂为例。

a. 主梁辅材布置方式　将580mm宽导流网在多孔膜上，宽度方向距离固定挡胶边（25±5）mm；无固定挡胶边一侧，导流网距离布层边缘（50±10）mm，导流网轴向起止位置：L1.03～41.47m（见图7-25）。

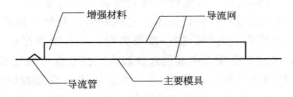

图 7-25　主梁辅材布置方式示意图

b. 腹板辅材的布置　腹板的灌注辅材布置较为简单。以腹板径向中心为中心布置导流管，双侧均布导流网，导流网距离翻边10～20mm（图7-26），为控制径向渗透速率，在腹板尖部使用螺旋管代替导流管，以减缓尖部渗透速率。

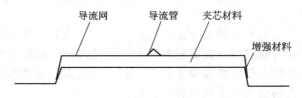

图 7-26　腹板灌注辅材布置示意图

c. 叶根辅材的布置　叶根根部采用图 7-27 所示的灌注方案。可通过调整环向流道与模具端面的距离以控制根部浸润速率。

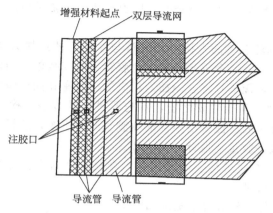

图 7-27　叶根灌注系统布置示意图

d. 叶片主体区域辅材布置　由于叶片尖部区域径向尺寸较小，但灌注轴向距离较大，采用图 7-28 所示辅材布置方案。可通过调整辅材距离模具棱面的距离以及断开方式来控制渗透速率，保证后缘梁以及前缘区域的渗透速率及渗透效果，采用了多轴向注胶管，由梁帽后缘向两侧逐步灌注的方案。

⑤ 辅材铺设　主要包括脱模布铺设、隔离膜铺设、导流网铺设、溢流管与注胶座布置、真空单元放置、真空袋铺设以及抽真空管和注胶管的安插。

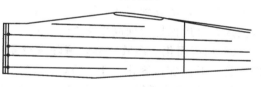

图 7-28　叶片产品流道布置示意图

a. 脱模布铺设　应铺满所有的黏结区以及放置大梁的局部区域。脱模布要与纤维铺层贴实且也留有一定的余量。

b. 隔离膜铺设　铺设隔离膜时，其中心线应与浸胶管中心线一致，可用密封胶条或喷胶固定其位置。

c. 导流网铺设　导流网铺设时要按照工艺给出的位置进行铺设，并使用少量密封胶条固定。

d. 溢流管布置　两条管的连接处要用一条管端卡住另一条管端，且每个管端或管与管的连接处均要覆盖上脱模布。

e. 注胶座安放　应将其内凹的两侧粘上少量的密封胶条，然后在溢流管上安放注胶座的位置切开一个约 25mm×20mm 的槽，最后将注胶座的圆孔对准槽口中心骑放在溢流管上。

f. 真空单元放置　要先检查确定真空单元制作是否合格，再将其放置在模具翻边上紧靠密封胶条的内侧，保证真空单元的部分搭接在翻边的纤维铺层上。

g. 真空袋铺设　铺设真空袋时应从叶根向叶尖展开，并将真空袋与模具周边的密封胶条平整贴实，贴真空袋时，应由壳体中部弦长最大的部位开始向壳体两端进行粘贴。

h. 抽真空管和注胶管的安插　抽气管与注胶管的连接方法一致，都是用三通将硬质塑料管连接成一个单元，并在注胶管一端安装单向阀，然后将注胶座和抽气座面上的真空袋抚平并将管端插入相应的注胶座和抽气座中，确保不漏气。

⑥ VIMP 成型　开始注胶之前，首先要进行抽真空、检查气密性。当气密性合格后才能进行注胶。注胶由根部的注胶管开始进胶，从根部到叶尖打开各个注胶管，一次完成进胶量与设计用量一致。

⑦ 后处理　注胶完成后，经预固化、合模、后固化、脱模、后处理可得到最终的风力发电机叶片。

（2）F 级真空导入浸胶环氧玻璃布管

① 树脂胶液配制　按环氧真空压力浸胶管内玻璃布与环氧胶的比例计算出用胶量，再按 E-51：F-51：DDS＝1：0.05：0.3（质量比）备料，将环氧树脂升温至 140℃，徐徐加入 DDS，在 135～140℃经过 30min 熬煮，透明后保持 5～10min 即可使用。

② 灌胶　将模具由烘箱中拉出，胶液倒入灌胶漏斗，并用玻璃棒驱散漏斗颈部的气泡，倒胶到漏斗 2/3 高处，然后开启真空系统将胶吸入模具内，整个胶液注入过程应保持液面高度为漏斗高度 2/3 以上，以保持液封，防止空气混入。

③ 加压固化　灌胶完毕，解除真空系统，卸下灌胶口上的胶管，换上氮气压力管，升温加压固化，于 160℃、0.3MPa 下保持 6～8h。

④ 脱外模及脱管芯　加压固化完毕，卸下氮气管，把模具拉出、冷却、卸模、脱管芯。并修整、浸漆。

⑤ 真空导入浸胶制品常见缺陷及原因分析　真空压力浸胶制品常见缺陷及原因分析见表 7-17。

表 7-17　真空导入浸胶制品常见缺陷及原因分析

缺陷名称	产生原因及解决措施
脱模及脱管芯困难	脱模剂选择不合理或涂覆不均匀；模具及管芯设计的收缩率和锥度不恰当；树脂固化不完全。针对产生原因进行解决
制品外观起皱、起楞	将芯坯装入模具时中心对正后装入，否则勉强装入使芯坯外层玻璃布皱折，引起制品起楞、起皱
制品有白斑	白斑是由局部未浸透、灌胶太快未把芯坯浸透、胶液黏度太大未把芯坯浸透及芯坯局部被油迹污染而胶渗透困难等造成的
制品表面有气泡	胶液在灌胶前脱气时间不够使胶液存在小气泡或芯坯真空干燥不够、坯布内含潮气，或浸胶时真空度太高导致胶料汽化所致
制品表面颜色不均匀	模具加热系统设计不当，加热温度不均或凝胶，预固化温度过高，造成局部过热

续表

缺陷名称	产生原因及解决措施
制品起大泡	制品在浸胶过程中排气不当或凝胶预固化时间不够或胶的配方有误,导致后固化起大泡
制品有裂缝	制品表面有小裂缝则是制品表面胶太厚,内部有裂缝则是凝胶预固化温度太高引起暴聚产生内应力所致。固化后的制品要慢慢冷却以消除应力,防止表面及内层开裂
缺胶	要精确复核配料量计算和量器的精度

(3) 耐 SF_6 真空浸胶管

① 胶液配制　胶液组成（质量比）Araldite Cy225：Hy925＝100：80；E-51：HK-021：BDMA＝100：80：1.8,将胶放入薄膜脱气罐中进行混合脱气,其最佳工艺参数为温度 40～50℃,真空度 0.097～0.098MPa,脱气时间为 3.5～4h。

② 灌胶工艺　在真空度 0.08～0.093MPa,胶液温度 100～120℃下,慢慢由模具底部利用真空吸入而达到上部,溢料至储罐,这有利于芯坯内空气的排除并将胶充分地渗透到材料的纤维中。

③ 加压凝胶及预固化　灌胶后将真空系统去除进行加压,用氮气加压到 0.3MPa,在 130～140℃下 0.5h 就凝胶,并在此温度下保持预固化 1～2h。

④ 脱模和后固化　解除压力,停止模具加热,取出带芯轴的管子,送进有热风循环的烘箱内进行后固化,于 130～140℃下 4～6h;而后冷却,脱管芯,修整外观即可包装入库。

(4) 碳布增强塑料平板

① 模板制造　根据结构件的尺寸与形状来设计和制造模板。

② 裁布　将碳布按样板裁剪成所需的大小和形状。

③ 铺层与封装　在进行封装之前,需要在模板上贴一层脱模布,以便成型后制件和模具顺利分开。根据制件的大小和形状来确定进胶通路和真空通路的布置。

④ 抽真空　封装完成后进行抽真空。抽真空可预压实叠层块,有助于控制复合材料板件最终厚度,还可抽出多余气体,减少复合材料的缺陷,保证层压板质量。同时根据制件的大小准备适量的 VARI 树脂。

⑤ 树脂吸注　确定封装系统无漏气,并达到一定真空度,便开始吸注树脂。树脂吸注过程中能肉眼观察到胶液流动情况,注胶结束时碳布应被完全浸透。完毕后用密封夹具密封吸胶管。

⑥ 固化　若为室温固化,则将注胶完毕的板材静置预定固化时间使之固化完全。若为加热固化,则将之移到烘箱中加热,按预定固化工艺规范进行固化处理。

⑦ 检测　制成的复合材料板件外观应光滑、平整。对成型后的制件进行无

损检测分析。

7.4.5　树脂膜渗透成型工艺（RFI）

树脂膜渗透（resin film infusion，RFI）成型工艺，首先将预先制备好的树脂膜或树脂块安放在模具底部，再放上预制件，并用真空袋封装，在烘箱或热压条件下加热模具并通过真空技术将树脂由下向上抽吸，达到一定温度后，树脂膜熔融为黏度很低的液体并沿厚度方向浸润预制件，完成树脂的转移，继续升温后树脂固化，最终获得复合材料制品。树脂膜渗透成型工艺如图 7-29 所示。

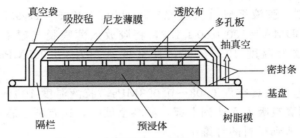

图 7-29　树脂膜渗透成型工艺示意图

与其他复合材料成型工艺相比，RFI 工艺的优点有：①基体树脂为固体，便于储存和运输，操作简便，废品率低；②模具制造与材料选择机动性强，不需庞大的成型设备即可制备大尺寸、高精度的大型制件，设备和模具的投资低；③不需复杂的树脂浸润过程，成型周期短，不需额外压力只需真空压力，成型压力低；④增强材料的选择具有高度灵活性和组合性，赋形性高，能一次浸润超长厚度纤维层、三维结构预成型体或加入芯材一次成型。

由先进复合材料国防科技重点实验室研制的 RFI 技术专用环氧树脂的基本特性，固化浇铸体的力学、热学性能，以及 RFI 树脂膜的特性分别见表 7-18～表 7-20 及图 7-30 和图 7-31。

表 7-18　RFI 专用环氧树脂的基本特性

项目	特　　性
室温形态	浅黄色至深棕色不透明半固态/固态
主要组成	高分子量、多官能度等混合环氧体系/高温芳香胺固化体系(红外光谱见图 7-30)
化学反应特性	DSC(10℃/min) $T_i=123℃/T_p=243℃/T_f=289℃/$反应热 513J/g(图 7-31)
	凝胶时间(20±5)min(180℃)；(130±10)min(130℃)

表 7-19　RFI 专用环氧树脂浇铸体固化物的基本特性

项目	玻璃化转变温度/℃	吸水率(质量分数)/%	拉伸强度/MPa	拉伸模量/GPa	断裂伸长率/%	弯曲强度/MPa	弯曲模量/GPa
特性	DSC(180℃/2h)：201	3.2(95～100℃浸泡 48h)	60	3.4	2.0	120	3.3

表7-20　RFI专用环氧树脂膜的基本特性

项目	特性
形态	浅黄色至深棕色半固态/膜
幅宽/mm	300
长度/m	连续,离型纸隔离
面密度/(g/m²)	300±30(通用),150～500 内按要求制备
黏性储存期/d	30(RT),180(−18℃以下)
反应储存期/d	180(0℃)
揭取温度/℃	0～25
树脂成膜温度/℃	90～100
成膜速度/(m/min)	1～2
树脂固化工艺	130℃/1h＋180℃/2h＋200℃/2h

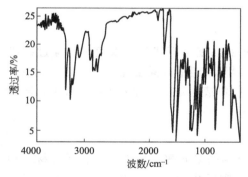

图7-30　RFI专用环氧树脂的红外光谱

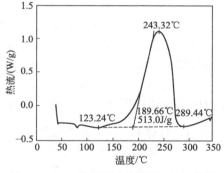

图7-31　RFI专用环氧树脂的DSC曲线

7.4.6　结构反应型注射成型（S-RIM）

结构反应型注射成型（structural reaction injection molding，S-RIM）是建立在树脂反应模塑（RIM）和RTM基础上的一种新型成型工艺。该工艺首先把长纤维增强垫预置在模具型腔中，再利用高压计量泵提供的高压冲击力，将两种单体物料在混合头混合均匀，于一定温度条件下，将混合好的树脂体系注射到模具内，固化成型复合材料制品。结构反应型注射成型原理示意图如图7-32所示。现以聚氨酯反应注射成型为例。

7.4.6.1　聚氨酯RIM用原料

（1）聚醚多元醇

（2）异氰酸酯　聚氨酯RIM广泛采用碳化二亚胺改性的二苯基甲烷二异氰酸酯（MDI）及聚氨酯改性的MDI。

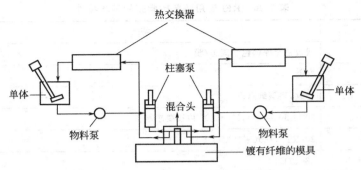

图 7-32　结构反应型注射成型原理示意图

7.4.6.2　聚氨酯 RIM 制备工艺

（1）铺放增强材料　在模具中铺垫玻璃纤维毡或其他形状的预制件。

（2）原料供应　稳定供料期≥1 周；液体状态温度 $T \leqslant 100℃$，一般 $T \leqslant 60℃$；可用泵输送，搅拌后保持 24h 稳定；有填料时，填料悬浮稳定，能用泵输送。

（3）计量　双组分；理论配比误差±0.5%。

（4）混合　S-RIM 工艺要求反应料液的黏度尽可能低，以便顺利穿过纤维层并均匀分布于纤维之间。一般要求反应料液室温下的黏度在 75～600mPa·s。

（5）充模　充模过程中尽可能保持反应料液的黏度不增大或增加极少，同时在充模后能快速固化，缩短脱模时间。

7.4.6.3　聚氨酯 RIM 制件生产工艺参数

聚氨酯 RIM 制件生产的工艺参数随所用的多元醇、异氰酸酯、增强材料种类以及生产厂商的不同而不同，表 7-21 是陶氏化学公司生产 RIM 制品的工艺参数。

表 7-21　聚氨酯 RIM 制品的工艺参数

名称	参数	名称	参数
料温/℃		固化时间/s	
多元醇组分	41～49	乙二醇扩链	40～60
异氰酸酯组分	32～43	聚氨酯-脲	25～35
模温/℃	60～82	聚脲	10～25
浇铸速度/(kg/s)	0.9～8	脱模周期/s	
浇铸压力/MPa	12.4～13.8	乙二醇扩链	180(手工)
异氰酸酯指数	103	聚氨酯-脲	110(手工)60(自动)
		聚脲	90(手工)40(自动)
		后固化条件	121℃,1h

7.4.7　共注射树脂传递模塑（CIRTM）

CIRTM 是由美国特拉华大学与美国陆军研究实验室共同申请发明的专利，

用于制造多功能混杂复合材料，即不同基体的复合材料层合在一起制成复合材料。在同一结构部件中，各部位的使用环境要求不同，应采用优化设计方法来满足不同的设计需要，CIRTM 提供了制造这种制品在工艺上的可能性。

CIRTM 树脂注射方式有两种：一种方式是先用真空辅助成型法制造一种基体的复合材料，接着以制好的复合材料为模具，放上预制件，罩上真空袋后，注射另一种不同的树脂；另一种方式是在增强材料上下两侧同时注射不同的树脂。

7.4.8 柔性树脂传递模塑（FRTM）

FRTM 成型时，树脂在真空吸附作用下进入橡胶薄膜模腔内，靠双薄膜变形产生的压力压住预制件，由于预制件表面与变形橡胶薄膜接触压缩，因此制品表面光滑。另外，预制件铺放方便，注射口和排气口安装简单，模具成本低。

在上述工艺基础上发展起来的另一种 FRTM 装置所用的树脂是固体树脂片，与预制件叠加在一起后放在两片橡胶隔膜中间。用隔膜上面的热源加热来熔融树脂，在加热的同时模腔抽真空，橡胶隔膜在真空吸附变形后贴服在模腔内的模具上。这种工艺降低了模具成本，树脂浸渍速度快、容易控制，并且成型后减少了模具清洗工作量。

7.4.9 树脂注射循环方法（RIRM）

树脂注射循环方法的模具的阴模和阳模均由玻璃钢材料制成，并且上面的内阳模是柔性的，可以反复使用。这种"袋"材料是乙烯基酯材料制成的，既薄，韧性又好，能适用模具变形膨胀。RIRM 是真空压缩与 RTM 结合的产物。成型时，模具抽真空排除空气，树脂从多个注入孔中依次注射，在增强材料中循环流动，多余的树脂会返回真空口并流出。用这种工艺制造的构件的玻璃纤维含量一般可达 60%～70%，产品两面光滑，适合于制造大型构件。

7.4.10 液体模塑成型空心制品方法

7.4.10.1 热膨胀树脂传递模塑（TERTM）

TERTM 专门用于制造空心制品，成型时将预制件放在热膨胀硬泡沫芯上，注射树脂后把模具加热到足够高的温度，使硬泡沫芯膨胀，膨胀产生的压力把预制件压紧在外模具的内表面上，固化冷却模具后脱模。

7.4.10.2 吹胀树脂传递模塑（blow-up RTM technology）

吹胀树脂传递模塑是制造空心制品的另一种工艺，与 TERTM 的区别在于，它是用可膨胀的柔性橡胶内胆代替热膨胀硬泡沫心。在成型时向闭合模具中的内胆充气，再从模具口向模具壁与内胆中间的预制件内注射树脂，胆内的压力必须大于树脂注射压力。

参考文献

［1］　潘利剑.先进复合材料成型工艺图解［M］.北京：化学工业出版社，2016.

［2］　刘婷婷等.三维正交纤维增强复合材料箱梁结构机织法与成型工艺研究［J］.纤维复合材料，2015.

［3］　汪泽霖.玻璃钢原材料手册［M］.北京：化学工业出版社，2015.

［4］　刘志杰等.复合材料多隔板框梁结构的RTM工艺成型［J］.玻璃钢/复合材料，2015（1）.

［5］　徐戈等.真空导入模塑工艺（VIMP）叶片实用工艺探究［J］.玻璃钢/复合材料增刊，2014.

［6］　赵展等.编织机及编织工艺的发展［J］.玻璃钢/复合材料，2014.

［7］　高国强.复合材料LCM整体成型工艺发展及应用［J］.玻璃钢/复合材料，2014.

［8］　梅启林等.复合材料液体模塑成型工艺与装备进展［J］.玻璃钢/复合材料，2014.

［9］　邢丽英.先进树脂基复合材料自动化制造技术［M］.北京：航空工业出版社，2014.

［10］　中国航空工业集团公司复合材料技术中心.航空复合材料技术［M］.北京：航空工业出版社，2013.

［11］　胡保全等.先进复合材料［M］.北京：国防工业出版社，2013.

［12］　唐见茂.高性能纤维及复合材料［M］.北京：化学工业出版社，2012.

［13］　李玲.不饱和聚酯树脂及其应用［M］.北京：化学工业出版社，2012.

［14］　刘益军.聚氨酯树脂及其应用［M］.北京：化学工业出版社，2012.

［15］　黄发荣等.酚醛树脂及其应用［M］.北京：化学工业出版社，2011.

［16］　张以河.复合材料学［M］.北京：化学工业出版社，2011.

［17］　黄家康等.复合材料成型技术及应用［M］.北京：化学工业出版社，2011.

［18］　倪礼忠等.高性能树脂基复合材料［M］.上海：华东理工大学出版社，2010.

［19］　（澳）克鲁肯巴赫（Kruckenberg T）.航空航天复合材料结构件树脂传递模塑成型技术［M］.李宏运译.北京：航空工业出版社，2009.

［20］　益小苏等.复合材料手册［M］.北京：化学工业出版社，2009.

［21］　赵晨辉等.真空辅助树脂注射成型（VARI）研究进展［J］.玻璃钢/复合材料，2009，1：80-83.

［22］　柴红梅等.RTM用高性能环氧树脂体系研究［J］.玻璃钢/复合材料，2009，1：28-30.

［23］　黄涛译.3D纤维增强聚合物基复合材料［M］.L.Tong等.北京：科学出版社，2008.

［24］　黄发荣等.先进树脂基复合材料［M］.北京：化学工业出版社，2008.

［25］　贾立军等.复合材料加工工艺［M］.天津：天津大学出版社，2007.

［26］　益小苏.先进复合材料技术研究与发展［M］.北京：国防工业出版社，2006.

［27］　邹宁宇.玻璃钢制品手工成型工艺［M］.2版.北京：化学工业出版社，2006.

［28］　张玉龙.高技术复合材料制备手册［M］.北京：国防工业出版社，2003.

［29］　（英）艾伦·哈珀等.树脂传递模塑技术［M］.哈尔滨：哈尔滨工业大学出版社，2003.

［30］　倪礼忠等.复合材料科学与工程［M］.北京：科学出版社，2002.

［31］　丁浩.塑料工业实用手册［M］.2版.北京：化学工业出版社，2000.

［32］　沃定柱等.复合材料大全［M］.北京：化学工业出版社，2000.

第8章

热压成型工艺

8.1 模压成型工艺

模压成型工艺是将短切纤维预浸料置于金属对模中，在一定的温度和压力下，压制成型为复合材料制品的一种成型工艺。在模压成型过程中需加热和加压，使模压料塑化、流动充满模腔，并使树脂发生固化反应。在模压料充满模腔的流动过程中，不仅树脂流动，增强材料也要随之流动，所以模压成型工艺的成型压力较其他工艺方法高，属于高压成型。因此，它既需要能对压力进行控制的液压机，又需要高强度、高精度、耐高温的金属模具。

在模压过程中，模压料中的树脂将经历黏流、胶凝和固化三个阶段，而树脂分子本身也将由线型分子链变成不溶不熔的空间网状结构。将模压料转化成合格制品所需的外部条件就叫做模压料的模压工艺参数。实际生产中常称为压制制度，它包括温度制度和压力制度两项。制品模压工艺的基本流程如下：模具预热→装模→压制→脱模→打底及辅助加工→检查→成品料的称量→料预热或预成型。

8.1.1 模压制品设计

8.1.1.1 脱模锥度

模压件成型冷却后产生收缩，将使其紧密地包住模具型芯或型腔中凸出的部分，造成脱模困难。因此，制品的内外表面沿脱模方向都应有倾斜角度，即出模斜度。

出模斜度所取值必须在制造公差范围内。斜度方向：对轴应保证大端斜度向小的方向；对孔应保证小端斜度向大的方向。制品上所取斜度大小与模压料成型收缩率、制品壁厚和几何形状有关。材料成型收缩率为 0.3% 以上时，最低取 1°。材料收缩率为 0.2%～0.3% 时，最低取 2°。型芯长度及型腔深度大，斜度应适当缩小，反之则放大。一般最小斜度为 15′，通常取 1°～1.5°。

复杂及不规则的制品，其斜度应大一些。为了使制品从模内容易取出，其内、外表面的斜度设计不应相同而应使一面较另一面的斜度更大一些。为了在开模后制品留在阳模上，则有意将阳模斜度减小而将阴模斜度放大，反之亦然。

总之，在满足制件尺寸公差要求和使用前提下，出模斜度可取大一些，以利于脱模。

8.1.1.2 制品的壁厚

根据 SMC 的基本力学性能和一般制品的要求，通常制品壁厚多数在 2～4mm 范围内选择。

一般最小壁厚选择 1.5mm，小型制品的最小壁厚可至 1mm。但是若全部都是 1mm，就需要考虑其他增强或该产品完全不需要强度。壁厚太小容易出现材料填充不足和纤维定向，制品容易缺料、结构疏松，使力学性能大幅度下降。

最大厚度一般为 25mm，也有厚至 100mm 的，但成型周期太长，生产效率下降，而且容易出现表面流痕或层间剥离，影响制品美观和力学性能。

由于制品性能和结构的需要，使用上不可能使壁厚一致。这时，希望不同壁厚过渡段距离大于壁厚差值的 3 倍。从而避免壁厚的急剧变化导致制品表面产生凹陷和波纹。

8.1.1.3 制品的外形

产品设计避免尖角，因为产品中含有玻璃纤维组分，如果产品有尖角就会使玻纤分布不均或造成压力不足。设计的基本原则应在制品平面连接处去呈流线型的大曲率半径。通常情况下，R 不能小于相应的壁厚。R 最小为 1.6mm。

8.1.1.4 加强筋

加强筋的作用在于制品增加壁厚，就能使制品具有较大的刚性。另外加强筋也可以抑制产品局部变形。

筋的边缘厚度要大于 2mm。否则容易产生纤维定向和缺料。筋的高度取决于边缘厚度和脱模斜度。一般筋的高度以不超过边缘厚度的 10 倍为准。筋的单侧脱模斜度应大于 0.5°，一般取 1°。

为防止筋背面制品表面产生凹陷，可以用改变筋根部的厚度来解决，通常根部厚度约为壁厚的 0.75 倍。

为了使筋的背面不呈富树脂层，在筋的根部尽量不设计 R，但从模具制造角度来说则需要有 R。兼顾二者的设计方案取小 R，一般 R 取 0.2～1mm。

为了取得较好的外观，在设计时可使加强筋呈曲面，表面带花纹，用以遮盖缩孔。此外，增加根部壁厚，采用圆角，利用一定大小的圆角 R 也可以避免缩孔的产生。

8.1.1.5 凸台

凸台的设计是为了嵌件、自攻螺丝的需要而使用的。与加强筋一样，由于厚度增加成为外表面产生裂纹和凹陷的原因，在成型时容易出现气孔及充填不良。

因此，在设计时，尽可能少用凸台，在需要设计较高凸台时还要充分考虑 SMC 的流动性、填充性、强度及空气的排除办法，并按壁厚均匀的原则挖空。一般凸台的设计直径为 $\phi 6 \sim 20$mm。为了安装嵌件而设计凸台时，凸台的直径为嵌件外圆直径＋4mm 以上。为了安装自攻螺丝而设计凸台时，其外圆直径应为自攻螺丝直径的 2.5 倍以上。

8.1.1.6 预制孔

成型产品上的开孔，孔和孔的间距要大于孔径的 2 倍以上。孔要离开边缘的距离为孔径的 3 倍以上，最小要大于 5mm。盲孔的孔径要大于 2mm，深度最大为直径的 2 倍，否则型芯容易折断。另外，盲孔会导致上、下两面由于材料收缩不一样而产生翘曲，可采用加强筋来抑制变形。

8.1.1.7 金属预埋件

金属嵌件有热膨胀差，难免留下内应力，有嵌件处的壁厚应取 2mm 以上。

8.1.2 模具

纤维增强模压料装于加热的模具型腔或加料室内，模具在液压机上闭合并加压，型腔内模压料在温度和压力作用下熔融并充满模具型腔，进而发生聚合反应使之固化定型，变成所需的模压制品，此类模具称为模压成型模具。

8.1.2.1 模具材料

一般都采用钢模，其淬火硬度为 $30 \sim 32$HRC。对于大批生产或外观零件，应采用锻钢模。酚醛 SMC 与聚酯 SMC 唯一的不同点就是模具必须耐酸，否则模具会很快地被酸腐蚀，模具表面镀铬可在高温下耐酸。模具型腔、型芯钢材选用可参阅表 8-1。

表 8-1 模具钢材选用

模具类型	大批量		中小批量	
	复杂	较简单	复杂	较简单
调质模具	38CrMoAlA 加氮化	35CrMo 30CrMnSi	40Cr	45
淬硬模具	Cr12MoV Cr12	Cr12 Cr6WV GCr15	Cr12 9Mn2V CrWMn	T10A T7A

8.1.2.2 模具结构

典型的压模结构可分为两大部件：装在压机上压板的上模和装在下压板的下模。上下模闭合使装于加料室和型腔中的模压料受热受压，变为熔融态充满整个型腔。当制品固化成型后，打开上、下模，利用顶出装置顶出制件（如图 8-1 所示）。

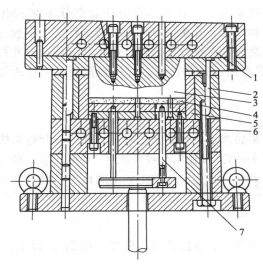

图 8-1　热压模具

1—上电热板；2—定位销；3—上模；4—制品；

5—下模；6—下电热板；7—顶出机构

压模可进一步分为如下各部件。

（1）型腔　构成制件外形的部分称为型腔。典型模具型腔由上凸模（阳模）、下凸模、凹模（阴模）构成。凸模和凹模有多种配合形式，对制品成型有很大影响。

① 模压件在模具内施压方向的选定　施压方向即凸模作用方向，也就是模具的轴线方向。在决定施压方向时，要考虑有利于压力传递，应避免在加压过程中压力传递距离太大。例如圆筒形制件一般顺轴线施压。若圆筒太长，则成型压力不能均匀地作用在全长范围内。若从上端施压，则制件底部压力小，易发生质地疏松或边角处填充不足现象。如压制绝缘筒将从上端施压改为从下端施压，则可以取得较好效果。压制中间筒从中间向两端施压，制件表面容易产生波纹。将制件横放，采取横向加压的方法，其缺点是在制件外表面将产生两条飞边，影响外观，但为了保证制品密度均匀，这样做还是可取的。

② 压模成型型腔配合形式　型腔配合形式分为三类：溢式、半溢式和不溢式。流动性好的模压料可采用溢式或半溢式压模，流动性差的模压料宜用不溢式压模；高度大、形状复杂的制件宜用不溢式压模，壁薄、尺寸小、形状简单、高度小的制品可用溢式压模，中等深度的制件多数宜用半溢式压模；考虑制件密实度，不溢式最好，溢式最差；考虑脱模难易，溢式和半溢式都易于脱模，脱出时不会擦伤制品表面，不溢式压模脱模较难，且易擦伤制品表面。

a. 溢式压模配合形式（如图 8-2 所示）　这种模具无加料室，模腔高度基本上就是制件高度。由于凸模与凹模无配合部分，故压制时过剩的模压料极易溢出。溢式压模没有配合段，凸模与凹模在分型面水平接触。为减少溢料量，密合面应光滑平整。为了减薄毛边厚度，密合面面积不宜太大，可设计成紧围绕在制品周边的环形，宽度为 3～5mm，过剩的模压料可经过环形面溢出，故此面又称溢料面或挤压面。由于溢料面面积比较小，靠它承受压机余压会导致挤压面过早变形和磨损。为此，可在溢料面之外再另增加承压面。

此类模具结构简单，造价低，耐用，易脱模，安装嵌件方便。溢式模具无加料室，装料容积有限，不适宜用高压缩比的模压料。凸模和凹模的配合完全靠导柱定位，没有其他配合面，因此，成型薄壁和壁厚均匀性要求很高的制品是不适合的。批量生产的制品其外形尺寸与强度很难一致。此外，溢式模具要求加料量大于制品质量（在5％内），原料有一定浪费。

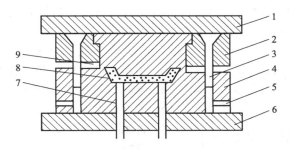

图 8-2　溢式模模具示意图

1—上模板；2—组合式凸模；3—导柱；4—凹模；5—气口；6—下模板；

7—顶杆；8—制品；9—溢流道

b. 半溢式压模配合形式（如图 8-3所示）　该模具型腔上有加料室，型腔内有挤出环，制品的密实性比溢式模具成型的制品好，且易于保证高度方向的尺寸精度，脱模时可以避免擦伤制品。

SMC 模具一般采用半溢式垂直分型结构，因为这种设计能确保成型压力有效地施加于制品上，从而使制品获得良好的表面，同时又具有足够的间隙使被捕集的空气逸出。

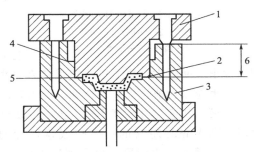

图 8-3　半溢式模模具示意图

1—凸模；2—制品；3—凹模；4—孔槽；

5—支承面；6—B 段加料室

溢料间隙的平行段的长度均可变化，其精确的尺寸主要取决于特定制品的大小和形状。小制品溢料间隙最好为 0.08mm，而大制品则溢料间隙应增大，直到约为 0.18mm 的最大值。溢料间隙过小，空气的逃逸比较困难；过大则会助长料在该方向上的流动，从而导致纤维取向产生波纹及削弱制品强度。溢料区平行段的长短，根据在模具内所要求的不溢性程度而确定。一般来说，平行段长度越长，不溢性程度越高，越有利于模压料进入筋和槽的位置，制品的表面质量越好。但是平行段的长度过长就容易捕集空气，在复杂形状的制品中，可能会造成多孔性。

虽然垂直分型结构的模具对片状模塑料来说比较好，但是，复杂制品的模具制造相当困难，而且价格昂贵。在这种情况下，可使用半溢式水平分型模结构，它的溢料间隙与垂直分型模的间隙在同一范围内。凹模壁的斜度也为20°，但是在某些情况下，为了增加模具的不溢性，斜度可适当减小。从制品边缘到模具壁之间的距离可以变化，但凸台区的宽度必须保持在 2.0～5.0mm 范围内。因为凸台区承受了一定的压力，所以降低了制品上所承受的有效压力。即使减小凸台的宽度，也仍不能使片状模塑料制品的毛边厚度为 0.05～0.15mm。因此一般设计凸台面之间的间隙为 0.08～0.13mm。从凸台到溢料线的部分应有 1.0～1.5mm 的间隙，以避免在该点产生的流动限制。

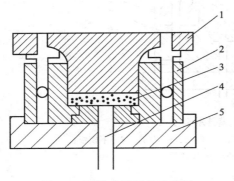

图 8-4　不溢式模模具示意图
1—凸模；2—凹模；3—制品；
4—顶杆；5—下模板

c. 不溢式压模配合形式（如图 8-4 所示）凸、凹模的典型配合结构是加料室断面与型腔断面尺寸相同，二者之间不存在挤压面，所以配合间隙不宜过小。否则，在挤压时型腔内的气体无法顺畅排除，不仅影响制品质量，而且由于压模在高温下使用，配合间隙小，极易咬死、擦伤。配合间隙也不宜过大。过大的间隙会造成严重溢料，不但影响制品质量，还会使开模困难。为此，可取其单边间隙为 0.025～0.075mm。这一间隙可使气体顺利排出，而仅有极少量模塑料溢出。间隙大小主要取决模塑料流动性及制件尺寸。流动性大，取小值。制品尺寸大应取大值，以免制造和配合困难。

凸模和凹模配合高度不宜太大，以便开模容易。若加料腔较深，应将凹模入口附近高 10mm 左右的一段作成锥面导向段，斜度为 15′～20′，入口处作成 $R1.5mm$ 圆角，以引导凸模顺利进入型腔。但凸模和凹模的配合长度也不应过短。当加料室高度在 10mm 以内时，可取消圆锥形引导段，仅保留入口圆角 R。

③ 模腔表面质量　SMC 制品的表面除了与原料配方、成型工艺条件有关外，模具成型腔的表面状况也是一个重要的影响因素。模腔表面的粗糙度一般应高于制品表面粗糙度二级以上。实用上，一般 SMC 模具型腔表面粗糙度选用相当于 GB/T 1031—2009《产品几何技术规范（GPS）表面结构 轮廓法 表面粗糙度参数及其数值》中规定的表面粗糙度的 8～9 级。为了使制品达到 A 级表面，模具成型腔表面粗糙度 Ra 应小于 $0.2\mu m$，并且应镀硬铬。最近又开发了模具渗氮离子技术，硬化层深而均匀，使用寿命可达 20 万次以上（镀铬模具一般寿命为 4 万次）。另外，近年来一些发达国家为了提高模具的光泽度，在中小型模具方面，采用氮化钛涂层效果颇佳；目前 CAE 技术在复杂 SMC 零件成型中得到较为广泛的应用。

④ 剪切边（溢料边）间隙和长度　模具两半的结合部位，最好采用剪切边结构，以利于生产效率的提高和减轻后期修理毛刺的工作量。剪切边的间隙和长度对不同的 SMC 品种应取不同的值。

a. 剪切边一般放置在模具上方,以便既能方便空气的逸出,又能防止模压料过量溢出而导致玻璃纤维取向。最小收缩的片状模塑料其间隙一般为 0.05～0.10mm;低和中等收缩的片状模塑料为 0.10～0.20mm。

b. 剪切边的长度　最小收缩的片状模塑料为 2～4mm。

c. 剪切边硬度　50～55HRC。

d. 模具的平行度　约为 0.127mm。

(2) 加料室　指凹模的上半部。由于模压料比容较大,成型前单靠型腔往往无法容纳全部原料,因此,在型腔之上设一段加料室。

(3) 导向机构　由布置在模具上模周边的四根导柱和装有导向套的导柱孔组成。导向机构用以保证上、下模合模的对中性。为保证顶出机构运动,该模具在底板上还设有两根导柱,在顶出板上有带导向套的导向孔。导柱最小长度应保证在阳模进入下模前至少已进入导向套相当于其直径的一半的长度,导柱的最小直径为模具长度加宽的 2%,导向套应有出气孔和润滑附件。

(4) 侧向分型抽芯机构　构成制件内部形状(如孔、槽等)的称为型芯。模压带有侧孔和侧凹的制品,模具必须设有各种侧向分型抽芯机构,制品方能脱出。制件带有侧孔,在顶出前用手动丝杆抽出侧型芯。

(5) 脱模机构　当制件成型后,待动模部分和定模部分分开后,将制件从模具中脱下或推出的机构。脱模机构由顶出板、顶出杆等零件组成。顶出杆必须紧密配合和磨光,防止片状模塑料的进入。它们也应具有 0.05～0.13mm 的间隙。其硬度为 65～80HRC,当使用最小收缩系统时,应考虑适当的顶出形式。尤其模制筋或凸起部时特别重要,顶出杆可用机械或液压驱动。

(6) 电加热装置及其功率计算　由于材料对温度十分敏感,温度的波动或差异,对成型过程和产品的表面质量会产生明显的影响,因此设计时应通过加热器的选择及其配置,使模具的温度波动及各部位的温差尽量小。

(7) 排气部分　一般设在模具分型面部位,主要作用是从模具型腔内排除气体。

8.1.3　压机

复合材料压制成型的主要设备是压机。压机从传动方式上可分为液压传动和机械传动两种,应用最广泛的是液压机。而液压机又分为水压和油压两种,目前多采用油压机。

(1) 液压机的分类　液压机的分类方法较多,常用的分类方法是按机身结构和油缸部位来分。

① 按照液压机的机身结构,可将压机分为两类。

a. 框架式　机身由型钢将上横梁、下横梁焊接成一个框架,或者整体铸造成框架结构。

b. 三梁四柱式 由上横梁、动横梁、下横梁及四根立柱构成一个封闭的机身结构。复合材料模压工艺中采用的液压机主要是三梁四柱式。

② 按照油缸部位和压力方向，可将压机分为两类。

a. 上压式 油缸在液压机上部，活动横梁受油缸活塞推动从上往下压。下横梁作为工作台固定不动（如图 8-5 所示）。

b. 下压式 油缸在液压机下部，上横梁固定不动，而下横梁受油缸活塞推动，从下往上加压，此类压机只有上、下两根横梁，整机重心低，稳定性好（如图 8-6 所示）。

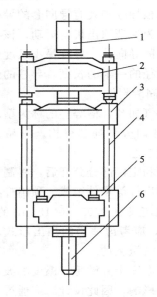

图 8-5　上压式液压机结构

1—工作油缸；2—上横梁；3—活动横梁；

4—立柱；5—下横梁；6—顶出缸

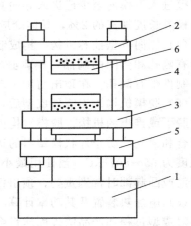

图 8-6　下压式液压机结构

1—主机活塞油箱；2—上横梁；3—活动横梁；

4—立柱；5—下横梁；6—垫板

在复合材料模压工艺中，受工艺要求和操作要求的影响，多采用上压式压机。

（2）液压机的性能参数

① 压力

a. 公称压力 P_C 液压机标牌或说明书中所示的压力即公称压力，也是液压机的最大计算压力。

$$P_C = P\pi D^2/4000 \tag{8-1}$$

式中　P_C——液压机的公称压力，kN；

　　　P——油缸中油液的最大压强，MPa；

　　　D——活塞直径，cm。

b. 最大使用压力 P_S　液压机实际能施加于模具的压力。

$$P_S = P_C + W_1 + F_1 \tag{8-2}$$

式中　W_1——动横梁及固装其上的工艺装备的质量，kN；

　　　F_1——执行机构移动时产生的摩擦阻力，kN。

c. 液压机效率 η

$$\eta = (P_S / P_C) \times 100\% \tag{8-3}$$

一般在85%以上，实际应用中应经常检测压机效率，以保证作用在模压料上的压力达到设计要求。

d. 最大回程压力 P_W　在没有顶出油缸的液压机中，常采用回程压力来顶出制品。

$$P_W = P\pi(D^2 - d^2) \times 9.8/4000 \tag{8-4}$$

式中　d——活塞杆直径，cm。

e. 最大顶出压力 P_t　在利用液压机回程带动顶出机构时：

$$P_t = P_W - W_2 - F_2 \tag{8-5}$$

式中　W_2——顶出机构的全部质量，kN；

　　　F_2——顶出机构运行时的摩擦力，kN。

② 液压机的成型压力　成型压力是指制品在水平投影面上单位面积所承受的压力。成型压力和液压机的参数之间的关系可用式(8-6) 计算：

$$P_表 = (PSP_{max})/P_C \tag{8-6}$$

式中　$P_表$——压机表压，MPa；

　　　P——成型时制品单位投影面积所需压力，MPa；

　　　S——制品水平投影面积，cm^2；

　　　P_{max}——压机最大允许表压，MPa。

由式(8-1) 即可计算出模压成型时液压机压力表的读数值。成型压力的作用是克服坯料在模内流动时的内摩擦力、坯料与模腔内壁之间的摩擦力，使坯料充满模腔，克服坯料被加热时挥发物产生的蒸气压力，从而得到结构密实的制品。

③ 压机行程　压机行程是指压机活动横梁可移动的最大距离。压机的最小量程应不小于960mm，相应的压机的开挡尺寸为1200mm。对于大型压机而言，以上尺寸都要相应增大。

④ 压机台面尺寸　对于小吨位压机，其台面尺寸应为750mm（从左到右）×960mm（从前到后）；较大吨位的压机，其台面尺寸最小应为1200mm（从左到右）×9600mm（从前到后）。

⑤ 压机台面精度　当压机的最大吨位全部均匀地施加于2/3台面的面积上，活动横梁和压机台面被支撑在四角支座上时，其平行度为0.025mm/m。

⑥ 压力增长　当压力从零增长到最大吨位时，所需要的时间最长为5s。

⑦ 压机速度　压机速度可用两速制和三速制。采用两速制时，高速推进速

度为 7500mm/min，慢速闭合时，速度为 0～250mm/min，其间速度可以调节。采用三速制时，高速推进速度为 10000mm/min，中速推进速度为 2500mm/min，慢速闭合时，速度为 0～375mm/min，其间速度可以调节。

⑧ SMC 用压机　为了满足 SMC 模压工艺的要求，SMC 用压机需要工作台面大，速度高，且可以调节。

a. 压机公称压力不高，工作台面大。这是由于 SMC 制品要求单位面积成型压力较低，但工作台面积较大（最大可达 10m² 以上）。如天津市天锻压力机公司于 2006 年制造的带四角调平的 3500t SMC 压机，台面尺寸达 4750mm×3440mm，为当时国内台面最大的 SMC 压机。

b. 活塞空载运行速度高。SMC 成型时间较短，为避免物料在合模前即受预热模具的影响而局部固化，要求动横梁空载运行速度要高，一般可达 200～300mm/s，比普通压机快 4～6 倍。当顶模接触模塑料之后速度应慢，一般不大于 30mm/s。这两级的速度究竟为多少，须按制件的大小、形状及其模具情况予以选定。

重庆江东机械公司生产的复合材料液压机，压机公称力最大 5000t，台面最大尺寸达 5000mm，滑块行程最大 4500mm，滑块最大快下快回速度达 800mm/s，滑块最小开模速度为 0.1mm/s，保压精度可达 0.8MPa/h（不补压情况），四角调平系统的调平精度达 ±0.05mm，可满足大面积薄壁件压制的高精度要求，液压系统采用活塞式蓄能器，较传统压机装机功率下降 40%～60%。采用比例伺服的微开模技术，稳定开模最小高度可达 0.1mm。

8.1.4　压制工艺

8.1.4.1　预混法与预浸法制备的预浸料压制工艺

（1）预混模压料质量指标　几种典型预混模压料的质量指标见表 8-2。

表 8-2　几种典型预混模压料的质量指标

项目	树脂含量/%	挥发物含量/%	不溶性树脂含量/%	存放期/月
镁酚醛/玻璃纤维	40～50	2～3.5	5～10	6～12
氨酚醛/玻璃纤维	40±4	2～4		2～4
环氧酚醛/玻璃纤维			<15	0.5～1

（2）预浸模塑料质量指标　几种典型预浸模塑料的质量指标见表 8-3。

表 8-3　几种典型预浸模塑料的质量指标

项目	树脂含量/%	挥发物含量/%	不溶性树脂含量/%	存放期/月
镁酚醛/玻璃纤维	40±5	<3	<8	3～6
环氧酚醛/玻璃纤维	45±3	<1.5	<4	0.5～1

（3）模压料的典型成型工艺　几种模压料的典型成型工艺见表 8-4。

表 8-4 几种模压料的典型成型工艺

项目	镁酚醛	环氧酚醛	氨酚醛	硼酚醛	FHX-301	FHX-304
预热温度/℃					100～120	100～120
预热时间/min					6～10	6～10
装模温度/℃		60～80	80～90			
模具温度/℃	155～160	170±5	175±5	200～300	160～170	175～185
加压程序	装模后 0～50s 内加压，同时放气充模3～6次	合模后20～120min 在90～150℃下一次加全压	合模后30～90min 在105℃下一次加全压			
成型压力/MPa	39.2～49	15～29	30～40		40～60	40～60
升温速率/(℃/h)		10～30	10～30			
保温时间/(min/mm)	0.5～2.5	3～5	2～5	5～18	1.5	1.5
降温方式		强制降温	强制降温			
脱模温度/℃	成型温度下脱模	<60	<60			
脱模剂	硬脂酸	硅脂	硬脂酸			

8.1.4.2 不饱和聚酯树脂与乙烯基酯树脂模塑料压制工艺

(1) 预浸料

① SMC 部分厂家 SMC 的牌号如下。四川东材企业集团有限公司有 D546-2、D546-2A、D546-2B 和 D552 等。上海上耀新材料科技有限公司有 SMC-1 [玻璃纤维含量 (30±2.5)%]。律通复合材料（上海）有限公司产品定向纤维 SMC 的牌号有 Advanced SMC0400（碳纤维含量 54%）、Advanced SMC1300（碳纤维含量 60%）、HPC1200（玻璃纤维含量 45%）、HPC1300（玻璃纤维含量 50%）；密度≤1.5g/cm³ 的 SMC 有 SMC0420（玻璃纤维含量 38%）、SMC0500（玻璃纤维含量 25%）、SMC0520（玻璃纤维含量 15%）。

② BMC 成品 BMC 物料应无白色未浸透的纤维，物料应不过分粘手。如果过分粘手，则说明增稠不够，需放置一段时间才能使用。如果物料坚硬，则说明已过期，最好既不粘手，又有一定的柔软度。部分厂家 BMC 的牌号如下。四川东材企业集团有限公司有 D547-2、D547-3、D549、D551。上海上耀新材料科技有限公司有 SYB-1、SYB-2、SYB-3、SYB-4、SYB-5。

(2) SMC 片材的质量检验

① 挥发性 把 SMC 裁成 30mm×30mm 的方块，剥去两面薄膜，放入 100mL 烧杯中，迅速称量，精确至 1mg。用丙酮-甲苯混合溶液把 SMC 充分散开，在 (105±5)℃下干燥 1h。然后在干燥器中冷却至室温，在天平上称量，精确至 1mg，按式(8-7)计算挥发分：

$$挥发分 = [(A-B)/A] \times 100\% \tag{8-7}$$

式中　A——常态下初期质量；

　　　B——干燥后质量。

②　玻璃纤维含量　把 SMC 裁剪成 50mm×50mm 方块，揭去两面的薄膜，迅速称重（精确到 0.001g），然后把试样置于瓷坩埚中，在 600℃的马弗炉中灼烧 3～3.5h，取出残渣，用 10％盐酸 100mL 溶解非玻璃质，过滤后用丙酮洗涤 3 次，然后放在 110℃烘箱内 1.5h，取出放在干燥器中冷却至室温，称重，准确至 0.001g。玻璃纤维含量按式(8-8) 计算：

$$玻璃纤维含量＝（玻璃纤维质量/SMC 试片质量）×100％ \qquad (8-8)$$

③　固化特性　把型腔为 100mm×100mm×3mm 模具恒温在试验温度下，又把一定质量 SMC 裁剪成 80mm×80mm 的方块（其中预埋热电偶）放入，在一定压力和时间下，模压成型。此时用 x-y 记录仪记录模内温度。

（3）压制工艺

①　装模　坯料在模具中所放的位置是一个决定模压件质量的重要参数，它不仅决定了坯料在模腔内的填充程度，而且还影响着模压件的纤维取向、纤维分布、孔隙率及表面缺陷。而铺料方式是影响流动行为的直接原因之一。对于大面积制品可选择增加局部铺层的塔式结构和适当的流程利于排气和减少针眼；或在铺层中增加一道缝，这有助于排除层间的空气，针眼明显减少。

SMC 装模是将完全熟化的 SMC 按所需形状和大小切割成片，然后将 SMC 片的聚乙烯薄膜撕去，在模具外铺贴组合成坯料。

SMC 的形状与模压件的形状相似，尺寸以能覆盖 60％～70％的模具表面积为宜。在放入模具之前，坯料应先称重。对于每一个制件，同一坯料的质量必须保持一定。由于 SMC 片密度的变化，坯料质量应随着改变，密度大则坯料多，密度小则坯料要减少。

在坯料放入到下模体内后，上模体快速下降到和坯料上表面接触，然后上模体以一个缓慢的速率闭模，通常为 5～10mm/s。随着模压温度上升和模具逐渐闭合，坯料的黏度下降，模压压力不断升高，这时坯料向模腔外缘流动，并使在模腔的气体通过剪切边缘和另外一些出口逸出。如果模具闭合太慢，坯料表面层可能会在模具完全充满前凝胶。反之，如模具闭合太快，流动前缘可能裹入空气。因此，模具闭合速率是又一个影响模压件性能的关键因素。

②　压制

a. 成型压力　不饱和聚酯树脂模塑料模压成型的操作程序与酚醛树脂模压料的基本相同，只不过不饱和聚酯树脂固化是共聚反应，无低分子物质产生，压制压力要低得多。

成型压力的大小取决于坯料的品种、模压制品的结构和尺寸。压力大小与模具形状有关系，形状简单的压力可偏低，形状复杂的应偏高。成型压力的大小与模具结构也有关系，垂直分型结构模具所需的成型压力低于水平分型结构模具；

配合间隙较小的模具比间隙较大的模具需较高压力。外观性能和平滑度要求高的制品，在成型时需较高的成型压力。SMC增稠程度越高，所需成型压力也越大。常用模压料的成型压力见表8-5。

表8-5 几种模压料的成型压力

模压料名称	聚酯料团		片状模塑料
	一般制品	复杂制品	
成型压力/MPa	0.7～4.9	4.9～9.8	10～15

表中给出的是制品单位水平投影面积所需的压力（即压强），当产品直立部分超过25mm时，计算所需压力使用的面积应取成型产品的投影面积与直立部分面积的 $1/10～1/4$ 的和。因为实际生产中是通过液压机的表盘控制成型压力的，因此，表盘读数应是成型压力与制品水平投影面积之积。

b. 成型温度　温度是模压料所包含的热能的量度。热能的作用是促进模压料塑化和树脂的固化。初期随着温度的升高，模压料从软固态逐渐变成黏流态，温度达到一定程度后模压料的黏度升高，树脂的固化反应开始，最终变成不溶不熔的固态。从分子的运动来看，温度升高，树脂分子获得的能量增加，树脂分子的热运动加剧，引发剂开始起作用引发树脂分子的固化反应。

SMC的成型温度主要取决于树脂和固化剂类型。如果模温过高，熔融物反应快，固化快，不易流动，使压力失效，造成制品尺寸欠缺；如果模温太低，固化不完全，达不到理想的性能；如果温度不均匀，也会造成制品局部缺陷。为了使SMC制品内表面光滑平洁，要求上、下模要有一定温差，一般使上模温度比下模高5～10℃。

SMC成型温度一般控制在150～160℃。在制品的直立部分较高、需要材料流动时间较长的情况下，为了避免过早固化，模温应取下限。厚度大的制品所选择的成型温度应比薄壁制品低，这样可防止过高温度在厚制品内部产生过度的热积聚。如制品厚度为25～32mm，其成型温度为135～145℃。对于直径超过150mm、高度超过100mm的实心制品，为了得到表面质量均匀制品，应将材料放到恒温箱中适当预热后入模压制，这样时间可以适当缩短。而更薄制品可在171℃下成型。成型温度的提高，可缩短相应的固化时间；反之，当成型温度降低时，则需延长相应的固化时间。成型温度应在最高固化速度和最佳成型条件之间权衡选定。

SMC的收缩主要由两部分组成：一是由固化反应收缩引起的体积减小；另一是由温度降低引起的热收缩。根据LPA热膨胀理论，模压温度越高则LPA占有的初始体积就越大，抵消收缩的能力也就越强。因而升高温度就存在两种相互矛盾的影响：一方面引起热收缩的增加；另一方面引起抵消收缩能力的增强。但是大量实验表明，热收缩占主导地位，随着温度的升高，制品表现出收缩率增加的趋势。因此，应当在能够保证固化体系引发、交联反应的顺利进行和实现完全固化的前提下，使用较低的成型温度，以利于降低收缩率，得到最好的表面质量。

表 8-6 表示树脂-引发剂-阻聚剂的反应性对固化时间的影响。提高引发剂的用量或减少阻聚剂的用量可以降低达到放热峰值温度所需的时间。

表 8-6 引发剂和阻聚剂对达到放热峰值温度所需时间的影响

引发剂		阻聚剂用量(质量分数) /%	达到峰值温度时间/s	
种类	用量(质量分数)/%		模温(125℃)	模温(145℃)
TBP	0.49	0	268	90
TBP	0.98	0	178	81
PDO	5.5	0.55	113	65
PDO/TBP	2.75/0.25	0.28	120	60
PDO	5.5	0.28	80	54
PDO	5.5	0	47	43

注：阻聚剂为苯醌；TBP 为 t-丁基过苯甲酸酯；PDO 为 t-丁基过氧乙己酸；树脂配方为：不饱和聚酯/苯乙烯 57 份，聚甲基异丁烯酸/苯乙烯 43 份，$CaCO_3$ 138 份，$Mg(OH)_2$ 9.6 份。

当坯料放入模具内后，它表面层的温度很快增加到模具表面温度，而其内部层的温度上升相对较慢。因此，一般来说，SMC 的固化由外层开始然后往里进行。而每一层固化反应所产生的反应热又加速了邻近层的固化反应。由于固化反应是连续的以及 SMC 材料不良的热导率，在内部产生的反应热不可能有效地传递到模具表面。在热产生和热释放之间的不平衡可能引起内部温度的升高，因此 SMC 内部温度有可能高于模具温度，当固化反应接近完全时，反应热的产生减少，SMC 内部的温度逐渐接近于模具温度。

坯料中心层达到放热峰值温度所需的时间通常作为模压的最短固化时间，在这段时间内已有近 90% 的固化反应完成。早于这段时间把制件从模具上移开，将导致制件中心未固化。由于在开模时压力撤去，在制件的中心部位可能产生层间裂纹。

在模压中固化时间可以通过提高模压温度来缩短。然而在高的模压温度时，坯料中心的峰值温度会升高。如果峰值温度超过 200℃，接近中心的树脂可能炭化和分解，从而会在制件内部产生一个弱的层间区域。

在模压中影响固化时间的 SMC 材料传热特性是热容和热导率。一般来说，热容和热导率不随树脂改变而强烈地发生变化。可以通过改变填料或纤维含量来调整热导率。在 SMC 中增加填料和纤维含量可降低峰值温度，从而允许使用较高的模压温度，降低固化时间。

SMC 在模具内的流动行为极为复杂，然而它是一个决定模压件质量的最重要因素。它不仅决定了坯料在模腔内的填充程度，而且影响模压件的纤维取向、纤维分布、空隙率及表面缺陷。

使用一个由白、黑和灰三种颜色组成的 SMC 圆形坯料，模具闭合速度大约为 1mm/s，从模压后的圆形件横截面观察，发现在中间层开始变形之前，坯料表面层已经流到模具边缘。这是因为当坯料和模具表面接触时，表面层 SMC 的黏度快速下降。由于较热的表面层已经移动到边缘，因此固化反应是从边缘开始并朝坯料中心传播，并不是在整个制件同时发生的。

c. 保压时间在模腔已经充满后，模具继续保持闭合一段时间以保证一个合理的固化程度。取决于树脂-固化剂-阻聚剂的反应性、制件厚度、模具温度，固化时间可从 1min 到数分钟不等。

保压时间是指成型压力和成型温度下保温保压的时间，其作用是使制品固化完全和消除内应力，主要取决于两个因素：一是模压料固化反应的时间（与模压料的种类有关）；二是不稳定导热时间。即热源通过模具向模腔中心传热，使模腔中心部位的模压料温度达到其化学反应温度时所需的时间。保压时间应与成型应力、成型温度同时考虑，根据各种影响因素，一般采用保压时间为每毫米厚的制品 0.8～1.2min。保压时间过长或过短，都会产生不良影响。

③ 脱模 当达到一定固化程度后，上模打开，利用一顶出销，把制件从下模上顶出。然后制件可在模具外冷却。模具表面经认真清理（有的需涂覆脱模剂）后，进行下一次制件的成型。

制件在模具外冷却时会继续固化和收缩。由于在这一阶段中压力并不存在，制件各部分之间不同的冷却速率可能导致翘曲或产生诱导应力。在冷却过程中的温度分布对于最终制件中的诱导应力极为重要，而改变制件结构的设计可以极大地改变这种温度分布。

8.1.4.3 酚醛 SMC 压制工艺

酚醛 PF-SMC 成型与 UP-SMC 的成型都在高温高压条件下进行，不同点是 PF-SMC 固化反应放出缩合水成型时有气放出。因为 PF-SMC 需要放气，一般进行 2 段成型，成型温度（160±5）℃，在 1 段用较低压力把 PF-SMC 充填型腔内。然后卸压排气 5s，之后再加压到 10MPa，压制时间 1～1.5min/mm。PF-SMC 即使不排气，也可以成型，但力学性能差。酚醛 SMC 增稠程度越高，所需成型压力也越大。

PF-SMC 脱模后的制品的反应不充分，在制品中还有未反应的基团和没完全除去的水分残留，后固化可以改善这些问题，提高耐燃性及力学性能的等级。酚醛 SMC 模压工艺条件见表 8-7。

NR9440 酚醛树脂 SMC 制品可在 145～150℃、10MPa 的条件下进行压制，并在合模后 30～45s 后进行放气操作 2～3 次，压制时间为 1min/1mm。

表 8-7　酚醛 SMC 模压工艺条件

项目名称	加工工艺	储存期	固化条件
工艺条件	同聚酯 SMC	室温下 2 个月	30～60s/mm,3min×145℃（4mm 厚）

8.1.4.4　热塑性树脂预浸料压制工艺

对于完全浸渍的热塑性基体，仅仅需要熔化聚合物并使用适当的压力，将预浸料压制成复合材料制品。一般模压成型的压力为 0.7～2.0MPa，在成型温度下仅需要几分钟的时间（具体压制条件见表 8-8）。

表 8-8　几种热塑性树脂预浸料的压制条件

成型条件	升温速率/(℃/min)	压制温度/℃	压制时间/min	压制压力/MPa	冷却压力/MPa
PEEK	任意	380～400	5	0.7～1.4	0.7～2.0
PPS	任意	300～343	5	1.0	1.0
PEI	任意	304～343	5	0.7	0.7

8.1.4.5　长纤维增强热塑性塑料直接在线模压成型工艺（LFT-D-CM）

① 通过导纱系统将连续纤维从纱架引入挤出系统，并对纤维进行梳理，使其均匀分布，以便被基体树脂包覆，同时对纤维动态进行监控。

② 目前市场上挤出系统主要有两种形式：一种是采用两台挤出机，一台为标准双螺杆挤出机，其作用是将基体树脂与辅助材料混炼；另一台是将混炼的熔融体料包覆纤维，然后切断，其长度 20mm 以上的超过 75%。另一种是采用一台双螺杆挤出机完成上述两台挤出机所完成的任务，该挤出机的螺杆是由多节组成的，不同的螺块具有不同的功能。

③ 由机器人将挤出系统切断的纤维增强热塑性塑料料块放到压机上的模具内，热压成制品后再由机器人取出。

长碳纤维增强聚苯硫醚复合材料成型工艺：成型温度为 335℃，成型压力为 1.5MPa，预热时间为 20min，保温、保压时间为 30min，自然冷却。

长玻璃纤维增强聚丙烯复合材料热压成型工艺：加热温度 220℃、保温时间 7min、成型压力 8MPa、模具温度 80℃、保压时间 3min、坯料转移时间 5s 内、模压排气 1 次。

8.1.5　实用举例

8.1.5.1　短切玻璃纤维增强环氧树脂

（1）树脂胶液配制　将 F-46 环氧树脂 100 份加热升温到 130℃后，加入 80 份 NA 酸酐充分搅拌，温度回升到 120℃时滴加 1 份二甲基苯胺，并在 120～130℃下反应 6min 后倒入 180 份丙酮，充分搅拌冷却后待用。

（2）模压料制备　将长度为 15～30mm 玻璃纤维 270 份与上述树脂胶液在

捏合器内搅拌均匀，并用撕松机将其蓬松后铺放于钢丝网上，在 80℃ 左右进行烘干即成。

（3）模压工艺　模压成型压力为 14.7～29.4MPa。

8.1.5.2　短切碳纤维增强环氧树脂

（1）胶液配方　环氧体系配方组成：环氧树脂（E-44）100 份；乙二胺 10 份；邻苯二甲酸二丁酯 5～20 份；丙酮 4～5 份。

（2）模压料组成　复合材料体系配方组成（体积分数）：环氧树脂胶液 80％；短切碳纤维（拉伸强度 2030MPa，直径 7.36μm，密度 1.76 g/cm³）20％。

（3）制备工艺　在双酚 A 型环氧树脂中按配方比例加入固化剂乙二胺、增塑剂邻苯二甲酸二丁酯和稀释剂丙酮，混合均匀配制成环氧胶液。然后与短切碳纤维进行预混合，在室温下，预固化 2～3h。然后再将复合材料放入模具中，充模脱气，在 5MPa 压力下冷压固化成型。

（4）增强塑料性能　拉伸强度 50MPa；压缩强度 135MPa；弯曲强度 140MPa。

8.1.5.3　SMC 压制制度实例

火车窗框。SMC 火车窗框的压制过程：模具预热 140℃ 左右，加料，加压到最大压力，压 5min 后降压到 100t，温度继续上升达 150℃ 左右，保温保压，时间从开始合模计，达 16min 后即启模，取件。压一个窗框总共需 25min 左右。经修饰毛边后的窗框净重 4.87kg。窗框有变形现象，安装玻璃时，玻璃易损坏。

8.1.6　模压制品表面加工、品质监控及常见缺陷分析

8.1.6.1　模压制品表面加工

模压制品表面一般不用重新加工，若表面不能满足要求，可用细砂纸磨去脱模剂，然后喷涂聚氨酯表面漆，再放在 75℃ 烘箱内加热。

8.1.6.2　SMC 制品品质监控

Ashland 公司近期推出两款新的仪器。

（1）FACTS 系统（flow analysis cure time system）　这种仪器与专门的螺旋流动测试相配合，可以实时监控成型过程中 SMC 的流变特性，界定由材料或模具引起的缺陷，并指引 SMC 改进配方。

（2）ALSA 表面分析仪（advanced laser surface analyzer）　这种仪器是替代沿用了多年的 LORIA（lsser optical reflected image analyzer），使用了类似数码相机的 CCD 表面数据摄取装置，不仅保留了原 LORIA 的全部功能，而且可独立地摄取表面橘皮纹和影像清晰度（DOI）等数据。相信这种替代的工业标准近几年就可完成。

8.1.6.3 常见表面缺陷分析

SMC工艺制品存在诸如表面波纹、针眼、流痕线、纤维外露、收缩痕、取向明显等缺陷，其产生原因及解决措施见表8-9。

表 8-9　模压 SMC 制品缺陷、产生原因及解决措施

缺陷名称	产生原因	解决措施
脱模困难	①新模具磨合程度不够或模具型腔表面粗糙或模具设计不合理；②模塑料稠化度太低、挥发物含量过高；③模具温度低，固化不完全；④固化时间过短或成型压力不足	①改进模具结构和表面状态；②更换稠化度适当的模塑料；③提高模具温度；④延长保温时间或提高成型压力
花斑（色彩不均）	①模具质量太差，在局部树脂被挤走，使纤维轻度裸露所致；②纤维或填料未被树脂糊浸透；③树脂和色浆互溶性不好，容易分离；④乙烯基酯树脂 SMC 放置时间长（如3个月）也可能产生花斑	①改进模具；②选用质量符合要求的SMC；③添加 BYK W972 助剂；④熟化后的 SMC 放置时间不要太长
波纹	①熔料流动太快；②加料面积过小；③熔料在流动中混胶化；④成型压力不均匀	①设法降低熔料流动性；②扩大加料面积；③检查模具温度和合模速度；④修整剪切边，对不易形成面压的部位增加料量
边角缺料	①供料量不足；②模具温度太高，熔料在流动之前混胶；③合模速度缓慢，在合模前混胶；④成型压力不足；⑤剪切边间隙全部或局部偏大，或因模具行程短，熔料流出多而保证不了内压；⑥熔料流动性不好	①增加供料量；②降低模具温度，加快合模速度；③加快合模速度，或者缩短从加料到合模的时间，降低模具温度；④提高成型压力，进行预热；⑤合理调整剪切边间隙，加长行程；⑥事先预热或换料
起泡	①空气未排尽；②模具温度高，树脂产生挥发成分；③固化时间短，内部尚未固化，由挥发成分造成起泡，或脱模后层间剥离	①改变投料形状，以排除空气，减小加料面积；②降低模具温度，设法在树脂凝胶前排除挥发成分；③延长固化时间
光泽不好	①模具温度低；②模具表面质量差；③加料量不足；④固化收缩不均匀	①提高模具温度，延长固化时间，使模具温度均匀化；②对模具型腔镀铬，提高型腔粗糙度等级和平面度；③增加料量和加料面积，提高成型压力，减小剪切边间隙；④检测上、下模的温差，使之符合要求
污染	①模具上的金属微粉末附着于制品上；②SMC被污染；③SMC不合格	①对模具型腔进行硬质镀铬；②加料过程中切忌混入异物或污染 SMC；③换料
流痕	①剪切边间隙大，造成熔料流动；②成型温度低；③投料面积小，玻璃纤维流动时出现方向性	①修正剪切边，减小间隙，加大行程；②提高成型温度；③加大投料面积，减少流动
裂纹、裂缝	①固化发热产生内应力；②接合缝；③外力产生应力；④脱模不良或由顶出杆引起；⑤模具不正；⑥设备加压速度太快	①设法消除内应力；②改善加料方式；③减小成型压力；④修整模具；⑤调整模具；⑥调整设备工作速率
翘曲	①模具温差大；②熔料流动性不好	①减小模具温差；②设法提高流动性
缩孔	①起因于制品肋或台的形状；②投料形状不合理；③熔料流动性不好	①变更内面的肋或台的形状；②变更投料形状；③换料
焦化	在未完全充满的位置上制品表面成暗褐色或黑色，是因为被困的空气和苯乙烯蒸气受压缩使温度上升至燃点	改进加料方式，使空气随料流流出，不发生困集；若褐色斑点在盲孔处出现，在模具相应位置开排气孔

8.1.7 模压工艺的发展

近年来，为了提高生产效率和模压件的质量，其工艺已有了明显的发展。

8.1.7.1 坯料预加热

预加热坯料（在放入模具之前）到略低于凝胶温度能缩短模压时间，从而提高生产效率。预加热可利用微波、射频法等来进行，这样可使坯料很快地加热到内外同样温度。

8.1.7.2 辅助真空模压

在闭模后使用真空，有利于减少 SMC 流动过程中空气的裹入，减少制件表面孔隙和增加模压件的强度。

8.1.7.3 模内涂覆

模内涂覆通常用来覆盖模压件的表面缺陷，如表面波纹、孔隙、表皮挂痕等。最常用的模内涂覆方法如下。

（1）注射涂层 在模压过程内，把模具打开一小道（0.2～0.5mm）；注射入一些聚酯或聚酯-氨基酸己酯混合柔性涂层使其覆盖整个制件表面，然后再闭合模具，在正常模压压力下固化。涂层涂覆和固化需附加时间，因此模内涂覆会使整个模压时间有所增加。

（2）高压注射涂层 这种方法不要求开启和再闭合模具，当 SMC 在模具内具有最大固化收缩时，将一定量的涂层注入模内。

8.1.7.4 熔芯模压成型工艺

熔芯模压成型是将传统的铸造成型工艺与复合材料模压成型技术结合在一起，利用低熔点合金作为型芯来生产形状复杂的中空复合材料制品的新工艺。其特点是：①产品设计的自由度大；②减少了传统模压成型中由于制件二次组装带来的费用、周期和质量问题；③与传统模压成型相比，增加了制造可熔性模具型芯和熔化型芯的设备，工艺较复杂，生产效率低，成本较高。主要应用于进气歧管、结构支架的角连接管、中空球拍框、阀门等复合材料制品。按熔芯构成可分为整体熔芯和复合熔芯两类。

（1）整体熔芯模压成型工艺 通过模具将低熔点合金浇铸制成整体熔芯嵌件，然后在熔芯嵌件上，通过缠绕或铺放等成型方式将复合材料件成型，再放入模压模具中进行模压固化成型。固化后脱去外模，取出含有熔芯嵌件的复合材料件，再加热使低熔点合金熔化分离获得复合材料制品。

（2）复合熔芯模压成型工艺

① 复合熔芯的制备 先将模具型芯金属基体放入预制的铸造母模中定位好，然后浇铸低熔点合金，成型后作外形修整至精度要求，备用。

② 熔芯模压成型 利用已制备的复合熔芯作嵌件，成型复合材料件。

③ 熔芯加热分离　低熔点合金、嵌件与复合材料件加热分离的过程也称为脱熔，常用的脱熔的方法有：感应加热法（有可能导致金属氧化）；恒温炉红外线加热法；浴熔法（将制件和复合型芯浸入热流体中脱熔）；热流体诱导加热法（在熔芯内通入循环热流体）等。脱熔过程中要注意加热温度应低于复合材料件的玻璃化转变温度，预防复合材料件变形。

（3）熔芯材料的选用　目前常选用的熔芯材料是低熔点合金如 Sn-Sb-Pb、Sn-Bi 和 Sn-Pb 等。低熔点合金的熔点依据合金成分的不同而有很大变化，但均不超过锡的熔点（231.9℃）。在低熔点合金中，布兰特合金的熔点最低，为38℃。典型低熔点合金的成分和熔点见表 8-10。

表 8-10　典型低熔点合金的成分和熔点

	Sn	60	20	25	15	40	61.9	57.5
化学成分/%	Sb	0	0	0	0	0	0	2.5
	Pb	0	30	25	32	20	36.1	40
	Bi	40	50	50	53	40	0	0
熔点/℃		139	92	93	96	100	183	187

8.2　冲压成型工艺

冲压成型工艺主要用于纤维毡增强热塑性塑料（GMT）和长纤维增强热塑性塑料（LFT）。热塑性片状模塑制品冲压成型与热固性 SMC 压制成型不同。它要先将坯料预热，然后再放入模具加压成型。该工艺的特点是成型周期短、生产效率高；收缩率低；能成型形状复杂的大型制品。

8.2.1　冲压成型设备

（1）剪切设备　坯料剪切一般选用钢板剪切机，下料时根据制品的厚度、体积和重量设计出片材的形状、层数和重量。

① 坯料的大小应比金属模具的展开面积略小，可以取 1～5 层层合。

② 坯料的重量应与制品重量相等。

③ 片材坯料的形状对物料流动、制品性能和生产效率都有影响，应精心设计。

④ 下料时要注意减少边角料。

（2）加热炉　加热炉可以是隧道式，也可以是烘箱式。加热方式采用料片上、下两面加热，一般加热温度为300℃，热源用红外线加热或热风加热。采用红外线加热时，注意选用的远红外线波长应适合聚合物的要求（一般为 1.5～3.5μm），以求最大限度地发挥加热炉的效率。加热时间一般为 90～180s。

（3）压机　用于冲压成型的压机应具有以下功能。

① 合模速度快，因为物料的移动应在 3s 内完成，故要求加压时台面运行速度为 50～200cm/min。

② 压机的压力大小应根据所生产的制品尺寸而定，可根据流动态冲压工艺选型。其成型压力一般比热固性 SMC 低。

③ 保压时间，一般为 10～50s（3～4mm 厚制品为 30～40s）。

压机可以选择液压式或机械传动式。凡能满足上述工艺条件要求的均可。

（4）模具及其温控设备

① 冲压成型用的模具材料　一般为铸钢。对于固态冲压成型用的模具，因为成型压力小于 1MPa，故可选用轻金属、复合材料，少数情况尚可采用木材等材料。

② 冲压成型模具设计要点

a. 设置导向销，防止模具上下运动时产生横向移动。

b. 设置安全块，防止原料过少时损伤模具。

c. 设置进气孔，便于压缩空气脱模。

d. 模具中设计循环水管，保证模具冷却温度在 70℃左右。

③ 对冲压制品尺寸要求

a. 槽型制品，侧壁应保证有大于 1°的倾斜角，便于物料流动和防止翘曲。

b. 带肋制品，肋高（h）、肋宽（W）应保持以下比例：

当 $W > 0.20$cm 时　　　　　$h : W = 4 : 1$

当 $W = 0.13～0.20$cm 时　　$h : W = 3 : 1$

当 $W < 0.13$cm 时　　　　　$h : W = 2 : 1$

④ 材料收缩率　模具设计应考虑到成型过程中的材料收缩率，材料的收缩率由试验测得。模具的尺寸，在考虑材料的收缩率时，按下式设计：

$$M = D + DS \tag{8-9}$$

式中　　D——制品尺寸；

　　　　S——材料收缩率；

　　　　M——模具尺寸。

（5）去毛边设备　在此不详述。

8.2.2　冲压工艺过程及主要参数

热塑性复合材料的冲压成型工艺过程是先将片状预浸料预热，然后再放入模具内加压成型。该工艺的特点是成型周期短、生产效率高，收缩率低，能成型形状复杂的大型制品。其冲压成型工艺流程如下。

下料→预热→于模具中冲压→裁边→成品

其冲压成型工艺示意图如图 8-7 所示。

根据坯料加热软化程度和成型时物料在模内的运动情况，冲压成型分为固态冲压成型和流动态（液体）冲压成型。

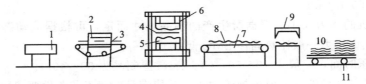

图 8-7　冲压成型工艺示意图

1—下料；2—预热；3—坯料；4—预热后坯料；5—模具；6—压机；

7—运输带；8—半成品；9—裁边；10—成品；11—运输车

8.2.2.1　固态冲压成型工艺

　　将片状预浸料剪裁成坯料，然后在加热器内将坯料加热到低于黏流态（熔点）温度 10～20℃，装入模内，快速合模加压，在 60～70℃ 模具内冷却脱模，经修边成制品。固态冲压成型的特点是，制品形状比较简单，成型周期短，压力小于 10MPa。固态冲压成型工艺如图 8-8 所示。

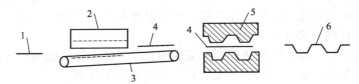

图 8-8　固态冲压成型工艺示意图

1—坯料；2—红外线加热炉；3—运输带；4—热坯料；5—冲模压机；6—成品

8.2.2.2　流动态（液体）冲压成型工艺

　　将片状模塑料剪裁成与制品重量相等的坯料，在加热器内加热到高于树脂熔点 10～20℃ 温度，放入模具内，快速合模加压，迫使熔融态坯料流动，填满模腔，冷却定型后出模，得制品，流动态冲压成型示意图如图 8-9 所示。流动态冲压成型适用于厚度和密度变化大、带凸台或凹槽等形状复杂的产品，也适用于有金属预埋件的产品。

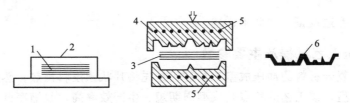

图 8-9　流动态冲压成型示意图

1—坯料；2—坯料预热箱；3—熔融态坯料；4—冲压模；5—冷却循环水孔；6—成品

　　（1）坯料加热温度　坯料加热时间取决于坯料的厚度，一般为 1min/mm，加热温度一般高于基体树脂熔点 20～30℃，如聚丙烯为 200～240℃，尼龙 6 为

$255\sim280℃$。

（2）模具温度 聚丙烯模具的温度比较广泛，从室温至$120℃$，玻璃纤维含量高的模具温度可选用$100\sim120℃$；聚酯树脂的模具温度可选用$150\sim170℃$。

（3）成型压力 成型压力取决于材料的形态（增强纤维的含量、长度等）和制品的复杂程度等，一般为$10\sim25$MPa。合模压力按下式计算：

$$P=(F_1+F_2/3)k \tag{8-10}$$

式中 P——成型总压力，MPa；

F_1——模具平面部分面积，cm^2；

F_2——模具侧面面积，cm^2；

k——实验常数，一般为$10\sim20$MPa/cm^2。

（4）加压保持时间 加压保持时间依赖于坯料加热温度、模具温度、制品厚度和基体树脂的结晶速度等。通常聚丙烯的加压保持时间为10s/mm（制品厚度）。

（5）装料模型 制品的投影面积对放置坯料的投影模具的比率称为装料率，通常为$70\%\sim90\%$。

8.3 层压板成型工艺

层压成型工艺是把一定层数的浸胶布叠在一起，送入多层液压机，在一定的温度和压力下压制成板材的工艺。

8.3.1 层压板预浸料

8.3.1.1 环氧树脂/玻璃纤维布预浸料

环氧胶布性能指标见表8-11。

表8-11 层压板环氧胶布的性能指标

预浸料名称	树脂含量/%	可溶性树脂含量/%	挥发物含量/%
环氧酚醛玻璃布板预浸料			
本体	$35\pm(2\sim3)$	$85\sim98$	$\leqslant1.0$
表面	$42\pm(2\sim3)$	$\geqslant98$	$\leqslant2.0$
航空玻璃布预浸料	39 ± 2	$\geqslant90$	$\leqslant1.0$
耐热环氧酚醛玻璃布板预浸料	$35\pm(2\sim3)$	$85\sim98$	$\leqslant0.8$
环氧有机硅玻璃布板预浸料	43 ± 3	$\geqslant70$	$\leqslant2.0$
环氧双氰胺玻璃布板预浸料（EPGC-1）			
本体	$36\sim40$	$55\sim75$	$\leqslant0.5$
表面	$39\sim43$	$60\sim80$	$\leqslant0.6$

预浸料名称	树脂含量/%	可溶性树脂含量/%	挥发物含量/%
环氧阻燃玻璃布板（EPGC-2）预浸料			
本体	41～43	75～90	≤0.4
表面	41～43	85～90	≤0.5
耐热环氧玻璃布板（EPGC-3）预浸料			
本体	40±3	≥98	≤0.5
表面	42±3	≥98	≤0.8
阻燃耐热环氧玻璃布板预浸料（EPGC-4）			
本体	38±1	≥85	≤0.5
表面	45±2	≥95	≤0.5

8.3.1.2 酚醛树脂/玻璃纤维布预浸料

各种酚醛树脂的胶布的质量指标见表 8-12。

表 8-12 各种酚醛树脂的胶布的质量指标

树脂类型	玻璃布厚度 /mm	树脂含量 /%	可溶性树脂含量 /%	挥发物含量 /%
氨酚醛	0.1±0.005	35±3	55±25	＜5
	0.2±0.01	29±3		
		33±3		
	0.25±0.015	37±3		
低压钡酚醛	0.1±0.005	33±3		
	0.2±0.01	32±3		
	0.25±0.005	40±3		
	0.250±0.015（高硅氧布）	40±3		
	涤纶布	35～43		
6101 环氧：氨酚醛＝ 6：4	0.1±0.005	35±3	70～95	＜3
	0.2±0.01	33±3		

8.3.1.3 环氧玻璃布覆铜箔基板预浸料

环氧玻璃布覆铜箔基板预浸料的技术指标见表 8-13，三种 FR-4 覆铜板胶布的技术指标见表 8-14。

表 8-13 环氧玻璃布覆铜箔基板预浸料的技术指标

名称	树脂含量/%	可溶性树脂含量/%	挥发物含量/%	流动度/min
本体	39～42	65～75	≤0.5	15～20
表面	41～43	85～95	≤0.5	15～20

表 8-14　三种 FR-4 覆铜板胶布的技术指标

指标	低流动性	中流动性	高流动性
玻璃布类型	116#	116#	116#
树脂含量/%	55±5	55±5	57±5
可流动的树脂含量/%	34±5	37±5	45±5
凝胶时间/s	150±20	200±25	222±30
挥发分/%	0.3 以下	0.3 以下	0.3 以下
压制后的厚度/mm	0.10±0.02	0.10±0.02	0.10±0.02

8.3.1.4　硅炔树脂/玻璃纤维布预浸料

将硅炔树脂丙酮溶液浸渍玻璃纤维布，再取出浸渍后的玻璃纤维布，60℃条件下干燥 2h，制得硅炔树脂/玻璃纤维布预浸料，树脂质量分数为（35±0.2)%。

8.3.2　主要设备

层压板成型的主要设备为多层压机，辅助设备有装卸机、模板回转机、模板清洗机、铺模清理机（叠铺机）等。多层压机的吨位一般较大，通常为 2000 ～ 2500t，2000t 压机工作台面为 1m×1.5m，2500t 压机工作台面为 1m×2.7m。对物料加热则采用蒸汽加热法，冷却则采取冷却水的方法。图 8-10 为 2800t 多层压机实物图。

图 8-10　2800t 多层压机

8.3.2.1　多层压机的特点

① 制品成型压力在 60～130MPa 范围。

② 制品要求保压时间长，而运行速度慢。

③ 为便于操作，通常设计有装料、卸板、自动操作等辅助装置。

④ 传动系统一般采用下压式柱塞工作油缸，靠自重回程，以简化系统。

⑤ 各层次用加热板间隔，加热板一般采用蒸汽加热。

8.3.2.2　多层压机的组成结构

（1）多层压机的结构　以 10 层柱塞式下压式多层压机为例，其工作台和柱塞相连，工作台两侧由两个柱塞支撑，它可升起工作台，主工作缸和上横梁用四

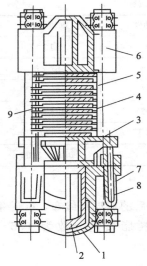

图 8-11　多层压机的结构
1—工作压筒；2—工作柱塞；
3—下压板；4—工作垫板；
5—支柱；6—上压板；
7—辅助压筒；8—辅助
柱塞；9—条板

根立柱和螺母连接组成一个机架。多层压机的工作压力是由主缸中的油液借助工作柱塞产生的。在上横梁和工作台之间安置多层活动条板，压制时，将坯料组成的叠合体送入平板之间即可（如图 8-11 所示）。

（2）加热板　加热板的加热方式有蒸汽加热和电加热两种。蒸汽加热的热量大，升温迅速，在一定蒸汽压力下温度保持恒定。在冷却时可关闭蒸汽，立即在加热板孔道内通入冷水进行冷却，冷却效果好；电加热是在加热板内插入电热棒或在加热板孔道内放入电阻丝。电加热的缺点是冷却较困难，需用强力风扇吹冷，或在加热板下面再装一块有冷却水通道的板进行冷却，但冷却效率都比较差。

加热板加热线路的设计是否合理，对压制成品质量影响很大。加热线路不恰当，会使压制成品受热与冷却不均匀，引起成品的脆裂、表面发花和收缩不一而导致的翘曲，因此，加热板的加热线路在压制工艺中起着关键作用。

（3）升降台和推拉架　升降台和推拉架都是用来装卸叠合体的辅助装置，其工作时都是由液压操作，同时设有一台储液箱用齿轮泵来送液。左右两升降台的活塞缸用管路相通，用左右调节阀门控制其升降，如左边上升，则右边下降，反之亦然。

在推拉架上装有 18 档的扶梯，作为拉叠合体用。在扶梯上又安有吸铁拉力器，可将扶梯自动抬高或放下，每个叠合体的底板上均设有角铁拉环，可把叠合体从升降台上的槽板上推到压机加热板中，或从加热板中将叠合体拉出。在槽板上装有滑轮，便于叠合体进出。

8.3.3　层压工艺

8.3.3.1　层压板

（1）胶布裁剪　此过程是将胶布剪成一定尺寸，剪切设备可用连续式切片机，也可以手工裁剪。胶布剪切，要求尺寸准确，将剪切好的胶布叠放整齐，把不同含胶量及流动性的胶布分别堆放，做好记录，储存备用。

（2）胶布选配　胶布选配工序对层压板的质量好坏至关重要，如配选不当，会发生层压板开裂、表面花麻等弊病。在具体操作中应注意如下问题。

① 在配选板材的面层，每面应放 2 张表面含胶量高、流动性大的胶布。

② 挥发物含量不能太大，如果挥发物含量太大，应干燥处理后再使用。

③ 配选的计算公式：

$$W = Shd(1+\alpha)/1000 \tag{8-11}$$

式中　W——需要层压胶布的总质量，g；

S——压制板材的面积，cm²；

h——层压制品的厚度，cm；

d——层压板的密度，kg/cm³；

α——修正系数。

α 视成品板的大小和厚度而定，$h < 5$mm 时，α 取 $0.02 \sim 0.03$；$h > 5$mm 时，α 可取 $0.03 \sim 0.08$。

（3）热压工艺　将胶布叠坯覆上不锈钢模板，装入多层热板的液压机中，经热压制成。压制过程是在高温下使胶布中树脂软化，在压力下渗入到增强材料纤维束的空隙中去，同时表面层所含树脂均匀地分布在板坯表面上，最后在高温高压下使树脂固化成型，制成表面光亮的层压板。压制工艺中最关键是工艺参数，其中最重要的工艺参数是温度、压力和时间。

环氧玻璃布层压板压制工艺参数见表 8-15，酚醛层压板压制工艺参数见表 8-16，硅炔树脂及热塑性塑料压制工艺参数见表 8-17。

表 8-15　环氧玻璃布层压板压制工艺参数

工艺参数		环氧酚醛玻璃布板	环氧有机硅玻璃布板	环氧航空玻璃布板	耐热型环氧玻璃布板
预热	升温时间/min	10	20	10	10
	温度/℃	100±5	135±5	100±5	100±5
	单位压力/MPa	1.5~2.5	0.5~1	1~2	1.5~2.5
	时间/min	20~40	20~30	20~30	30~40
热压	温度/℃	170~175	210~220	150~160	170~180
	单位压力/MPa	5~6	5.5~6.5	4~5	5~6
	时间/(min/mm)	8~10	25	10	10
	压制时间/min	>90	>90	>90	>90
冷却	时间/min	30~60	30~60	20~40	30~60
	单位压力/MPa	1.5~2.5	0.1~1	1~2	1.5~2.5
	脱模温度/℃	40~50	40~60	40~50	40~60

表 8-16　酚醛层压板压制工艺参数

项目	预热			热压		
	温度/℃	单位压力/MPa	时间/min	温度/℃	单位压力/MPa	时间/min
参数	130~140	40~50	30~45	160~170	90~100	75(厚板)、73(薄板)

（4）后处理　后处理的目的是使树脂进一步固化直到完全固化，同时部分消除制品的内应力，提高制品的结合性能。环氧板和环氧/酚醛板的后处理是在 130~150℃ 的环境中保持 150min 左右。

表 8-17　硅炔树脂及热塑性塑料压制工艺参数

塑料名称	温度/℃	时间/min	压力/MPa
聚苯醚	250~300	5	6
聚苯硫醚	350~370		35~40
硅炔树脂	180℃/2h+230℃/2h+280℃/4h+300℃/4h		6.5

8.3.3.2　玻璃布增强环氧树脂覆铜箔板

以厚度为 1.5mm 环氧玻璃布覆铜箔基板为例。

（1）摆叠芯料　2 张表面预浸料＋7 张本体预浸料＋2 张表面预浸料。

（2）叠坯　若单面覆铜箔，则在一面加上一张粗化铜箔；若两面覆铜箔则在芯料两面各加一张粗化铜箔，为便于脱模都在最外层覆上一张聚丙烯薄膜。

（3）压制　将叠坯盒送入压机的热板间，压制工艺参数见表 8-18。

表 8-18　压制工艺参数

压制程序	预热	升温	热压	冷却
温度/℃	130~140	140~170	170~175	175~室温
压力/MPa	1.47~2.45	2.45~5.88	5~6	5~6
时间/min	20~30	20~30	≥90	≥40

8.3.4　层压板质量问题及解决办法

层压板的质量是浸胶、压制各道工序质量的综合反映，因此对层压板的常见缺陷必须进行具体分析，找出确切原因，并采取有效措施加以解决，从而提高制品的质量（见表 8-19）。

表 8-19　层压板常见缺陷产生原因及解决措施

缺陷名称	产生原因	解决措施
颜色不均（表面发花）	①胶布不溶性树脂含量偏高,树脂流动性差;②压制时压力过小或不均;③热压时加压时间过长,加压太迟	①选用不溶性树脂含量符合质量指标的胶布及质量好的表面胶布;②适当加大压力,增加衬纸数量,且经常更换;③预热时间不宜过长,加压要及时
中间开裂	①板料中夹有老化胶布;②胶布含胶量过小;③压力过低,加压过迟;④板料中夹有不洁净杂物等	①严格检查胶布质量;②压制时要掌握好加压时机并注意保压;③提高压力,及时加压;④加工前清除杂质
板芯发黑、四周发白	胶布可溶性树脂含量及挥发物含量过大,预热时板料四周挥发物容易逸出,而中间残留较多挥发物	防止胶布受潮,增加不溶性树脂含量,降低挥发物含量
表面压裂	①表面胶布流动量过大;②在树脂流动时加压过急过高,当坯布本身强度不够时将板料压坏	①严格控制胶布流动量;②严格控制压力

续表

缺陷名称	产生原因	解决措施
表面积胶	①增强材料厚度偏差大或浸胶机存在缺陷;②胶布含胶量不均匀而树脂流动性差;③加压不及时或偏小	①检查增强材料厚度偏差和浸胶设备;②调换符合质量要求的胶布;③压制时加压要准确、要及时
厚度偏差大	①四边厚中间薄是由于钢板边缘有棱或不平造成;②一边厚一边薄,由胶布含胶及老、嫩不均匀,或热板两边温度高低不同及热板倾斜造成的;③中间厚四边薄是由于胶布不溶性树脂含量过小,胶布流动量大,在压制时四周流胶过多而造成的	①检查钢板,发现钢板有棱要及时整修再用;②备料时将胶布作适当颠倒,压制时升温保温要把管路中的积水排除,以防温度一边高一边低,电加热时更应注意这一问题,发现热板倾斜要及时修理;③严格控制胶布老、嫩均匀性,并根据气温变化随时调整合适的胶布流动量指标
板料滑出	①胶布中不溶性树脂含量过低;②胶布含胶量过多,含胶量不均匀,一边高一边低;③压制时预热太快,加压过早,压力过高	①控制好胶布的不溶性树脂含量;②装料时要注意,同一压机的胶布含量、流动量要保持基本相同;③如出现"滑移"现象,要及时关闭蒸汽,保持原来压力,观察滑移情况,待稳定后,再逐步打开蒸汽,加压,继续进行压制
粘钢板	①没放表面胶布或表面胶布中脱模剂含量太少;②开模温度过低(60℃以下);③钢板光洁度太差	①严格控制胶液中脱模剂的加入量;②严格控制压制时的开模温度;③及时更换粗糙的钢模板,新换上的钢模板要作适当处理
板面翘曲	①热压过程中各部分的温度差引起的热应力不均;②胶布质量不均	①升温、冷却要缓慢;②胶布搭配要合理,特别注意胶布质量的均匀性

8.4 层压管成型工艺

卷管成型是用胶布在卷管机上加热卷制成型的一种制造复合材料管的工艺方法。其优点是成型方法简便,缺点是必须用布作增强材料。

8.4.1 层压管预浸料

氨酚醛树脂层压管胶布的质量指标见表 8-20。卷管工艺常用环氧酚醛玻璃胶布质量指标见表 8-21。层压管环氧胶布性能指标见表 8-22。

表 8-20 氨酚醛树脂层压管的胶布的质量指标

玻璃布厚度/mm	树脂含量/%	可溶性树脂含量/%
0.1 或 0.2(平纹布)	35～43	>95
0.2(高硅氧布)	33～41	

表 8-21 卷管用环氧酚醛玻璃胶布质量指标

玻璃布规格	树脂	含胶量/%	不溶性树脂含量/%
0.1mm 平纹布	环氧酚醛(6:4)	35～43	<3
0.15mm 单向布	环氧酚醛(6:4)	38～44	<3

注：要求胶布不互相黏在一起为宜。

表 8-22　层压管环氧胶布性能指标

产品名称	胶液	树脂含量/%	可溶性树脂含量/%	挥发物含量/%
3640 管	环氧酚醛胶	35～40	>90	<1
3641 管	环氧双氰胺胶	35～40	>90	<1
阻燃环氧管	阻燃环氧胶	35～39	>90	<1.5
耐热环氧管	耐热环氧胶	35～39	>90	<1.5

8.4.2　主要设备

（1）卷管机　卷管机是生产层压卷管的主要设备，最广泛使用的是芯轴被动式三辊卷管机，用电磁调速异步电动机，可以不停地变速，电热辊用电热器通过油加热，设有温度自动控制装置，保证电热辊工作表面温度均匀、稳定。卷管机如图 8-12 所示。卷管工艺如图 8-13 所示。

图 8-12　卷管机

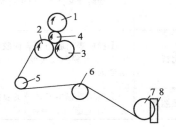

图 8-13　卷管工艺示意图

1—大压辊；2—前支承辊；3—后支承辊；4—管芯；
5—导向辊；6—张力辊；7—胶布带；8—加压板

（2）管芯　一般采用铸钢管制成，其外径尺寸依据层压管的内径尺寸，而其长度应比被卷产品长 100～160mm，每端分别剩余 50～80mm，管芯壁厚 5～10mm，并有一定的斜度，约为管长的 0.1%～0.2%，便于脱管机脱管芯。

（3）脱管机　脱管机的规格如表 8-23 所示。

表 8-23　脱管机的结构和适用范围

机型	单链式	双链式	双丝杠式	四丝杠式
拉力/kN	2	4	10	20
管芯直径/mm	<80	200	600	1500

（4）烘炉　烘炉一般用耐火砖砌成，用蒸汽排管或电热管加热，并设置热风循环装置和排风装置以及控温装置，温度设置可分为 100～150℃或 100～180℃，视环氧树脂固化体系而定。

（5）浸渍漆槽　浸渍漆槽为不锈钢制成的长方形槽，并设置漆槽盖。

8.4.3 工艺流程

(1) 卷制管坯 将预浸料架于开卷轴上,给预热辊和热辊升至规定温度,将涂有脱模剂的芯轴放于支承辊和热辊之间,受热数分钟,而后将预浸料穿入管芯轴上,启动上压辊,向下接触于管芯轴上,同时开启通风,将预浸料输入管芯轴上,幅面必须平整且具有一定张力,以保证坯管层间紧密黏着,确保产品的相对密度和机电性能。

(2) 烘焙 送烘炉烘焙固化成型。

(3) 脱管芯

(4) 切割与砂光 烘焙成型的毛坯管在脱管芯后,必须将其两端头切割平整,直径 50mm 以下和 80mm 的薄壁管用圆锯或砂轮锯切割,壁厚 40mm 以下、直径 500mm 以下玻璃钢管采用覆铜箔砂轮锯加工。若要求外观特别平整,则应在磨床上进行内外圆磨光。

(5) 浸渍绝缘漆及烘干 为保证表面光洁和防止潮气渗入层压管内,采用防湿热性能好的绝缘漆(胶液相对密度为 0.9~0.925 的环氧树脂漆)进行浸渍。被浸管放置料架上沉入漆槽,浸好后提出,滴去多余胶液,放入 80~100℃气热烘炉中烘 2h,而后升温至 110~120℃烘 4~5h,一般应二次浸渍。

8.4.4 工艺参数

(1) 前支承辊的温度 前支承辊(热辊)的表面温度是卷管工艺中的一个重要参数,温度控制范围是:在卷酚醛管时控制在 80~90℃,卷环氧酚醛管(6:4)时控制在 60~100℃。在胶布的不溶性树脂含量较高时,应当相应地提高卷管温度。卷管温度是否适合,主要根据胶布预热的情况来判断。胶布在卷入时必须充分发软,但又不要有明显的流胶现象。

(2) 压力和张力的控制 由于圆形制品不能采用径向加压的办法,只能靠张力的作用来获得一定的层间压力。在一般情况下,张力略大一些有利于将管卷紧和清除层间气泡。

压辊的作用一方面是将胶布压紧,使管卷得比较紧密;另一方面是将管芯压紧,由于摩擦力的作用,使管芯继续转动,达到卷管的目的。压辊的重量是一定的,但管芯所受压力可以通过调节两个支承辊间的距离来加以调节。

(3) 固化制度 固化制度主要根据树脂的类型和管壁厚度决定。对于壁厚小于 6mm 的酚醛和环氧酚醛(6:4)管的固化制度为:80~100℃入炉,在 2h 内均匀升温到 (170±4)℃,再在该温度下保温 40min 取出自然冷却,固化时间共 160min。

(4) 厚度控制 卷管时厚度的控制可采用两种方法。

① 卡板法 当卡板能插入管芯两端未卷胶布处和压辊之间间隙时,就割断胶布。当卷 0.1mm 厚的胶布时,卡板厚度应比规定的壁厚小 0.3~0.5mm;当

卷 0.2mm 厚的胶布时，卡板厚度应比壁厚小 0.4～0.6mm。

② 标尺法 即在压辊的滑道上做出标记，随着压辊的上升就可以知道管壁的厚度。

（5）底布 在卷管过程中，为了使胶布能黏着到管芯上并使管卷紧，应先在管芯上包上底布。底布的长度为管周长的 2 倍左右，底布应选比较平整的胶布，且不溶性树脂含量要略高一些，以避免底布很快黏着到一处使底布卷不紧。

（6）管芯温度 管芯温度以 30～40℃ 为宜，温度太低，制品会产生分层现象；温度太高，则底布会发黏，在卷管时易产生皱褶。

环氧酚醛玻璃布层压管卷制工艺参数见表 8-24，烘焙工艺参数见表 8-25。

表 8-24 环氧酚醛玻璃布层压管卷制工艺参数

管径/mm	卷制温度/℃	卷制速度/(m/min)	卷制压力/(N/cm)
30	70～130	1.5～5	>40
200	80～140	2.4～6	>50
600	100～140	2～6	>50
1500	100～140	2～5	>50

表 8-25 环氧酚醛玻璃布层压管烘焙工艺参数

产品规格	预热阶段		热固化成型阶段	
	温度/℃	时间/h	温度/℃	时间/h
壁厚 15mm 以下	80～100	1～2	130～135	8
壁厚 15mm 以上	80～100	1～2	130～135	16

8.4.5 层压管成型工艺中常见缺陷及其解决办法

层压管出现的质量问题及解决措施见表 8-26。

表 8-26 层压管出现的质量问题及解决措施

质量问题	产生原因	解决措施
管径超差	胶布树脂含量偏高，可溶性树脂含量偏低，卷制时熔融程度差	控制树脂含量和可溶性树脂含量，注意胶布熔融充分
起棱	胶布树脂含量和可溶性树脂含量偏大，卷制时积胶而形成起棱、鼓泡，甚至开裂	控制胶布树脂含量和可溶性树脂含量
分层	坯料中含有老化的胶布或胶布树脂含量和可溶性树脂含量偏低；胶布在热辊上包缠的弧形段不足，加之卷管机上方的抽风系统未启动或风量不足使挥发物难以排除；管芯温度低会造成内壁分层	控制胶布树脂含量和可溶性树脂含量；检查抽风系统是否正常运转；升高管芯温度
管内壁起皱或变形(不圆)	底布毛病引起	控制好管芯温度和底布质量
管外表起皱或起泡	产生的原因是多方面的，如续布没有续平、张力不均、热辊粘胶很厚、表面不平整、含胶量不均、局部含胶量过高发生粘辊等	对于最外一层起皱起泡，则可在管卷好后包上一两层玻璃纸并用玻璃布带缠紧后再加热固化，即可基本消除。如起皱起泡深达数层，就难以消除

质量问题	产生原因	解决措施
层间黏结不好	胶布含胶量过低或不溶性树脂含量过高,也可能是卷管温度过低引起的	

8.5 层压棒成型工艺

层压棒是一种模压成型制品,用手或机械设备将层压棒用预浸料搓成棒芯的坯料,入模热压成型。

8.5.1 主要设备

主要设备为压机和模具。压模的孔径与层压棒的直径相同,棒的表面粗糙度与压模孔的内表面粗糙度有关,因此压模孔的表面粗糙度 Ra 要小于 $1.6\mu m$,并注意不能与硬物相碰撞。

8.5.2 成型工艺

8.5.2.1 毛坯卷制

将预浸料放在 35~40℃ 的热板上,手工折料边卷成一个小芯,并尽量卷紧,不得有皱折,卷至一定直径时,逐个放入辊制机中滚 1~2 次。对于直径为 25~30mm 的棒芯,将辊制机上滚实的棒芯卷一层玻璃布预浸料制成毛坯,滚实压扁;直径 35~60mm 的棒芯则应在辊制机滚实后卷入数层玻璃布预浸料,再滚实后卷入 1~2 层玻璃布预浸料,然后压扁。

8.5.2.2 毛坯预热

直径大于 30mm 的毛坯在 100~110℃ 烘箱内预热 20~40min,除去挥发物。

8.5.2.3 层压棒压制

清理模具,均匀涂刷脱模剂,将毛坯包上一层表面胶布后放入相应的模孔中,然后合拢压模,进行压制。压制工艺参数见表 8-27。

表 8-27 层压棒压制工艺参数

产品规格/mm	预热温度/℃	预热时间/min	预热压力/MPa	室温时间/min	热压温度/℃	热压时间/min	热压压力/MPa	冷却时间/min	冷却压力/MPa
ϕ8~20	90~100	20~30	15~20	15~20	165~155	60~100	27~30	15~30	27~30
ϕ25~30	95~105	25~30	15~20	15~20	165~155	75~150	27~30	15~30	27~30
ϕ35~60	95~105	25~30	15~20	15~20	165~155	165~300	23~30	15~30	27~30

8.6 热压罐成型工艺

热压罐成型就是在热压罐内生产复合材料制件,热压罐是热压罐成型的主要生产设备，是一个具有整体加热系统的大型压力容器。热压罐成型工艺的最大优点在于它能在很大范围内适应各种材料对加工工艺条件的要求。热压罐的温度和压力条件几乎能满足所有的纤维增强塑料的成型工艺要求，无论是在常温下成型的纤维增强不饱和聚酯树脂，还是需要在高温（300～400℃）高压（3.5MPa）下成型的纤维增强 PMR-15 和 PEEK。由于热压罐是通过气体加压，压力首先作用于制件上，然后再传递到模具上，这种加压方式灵活，并且加压均匀，因此它非常适合于各种复杂形状的制件的加工。

8.6.1 热压罐系统的结构

8.6.1.1 压力容器

压力容器壳体由罐体、罐门、密闭电机和隔热层等构成，形成一个耐高压、高温的密闭容器腔体。

（1）罐体　罐体通常采用能满足压力容器要求的碳钢制造，一般为圆柱形，平卧在地基上。2014 年上海飞机制造有限公司制造出了中国最大热压罐（5.5m×21m）。热压罐系统压力容器的设计与制造必须满足劳动部门的要求，它包括容器制造材料和设计许用应力水平的要求，并必须满足有关部门在热压罐的制造及安装的各项检测。在使用过程中，必须接受有关部门的定期检验（如年检），以便及时发现热压罐的潜在危险因素。罐体内部带有轨道，将零件放置在小车上，小车在轨道上行驶，方便零件出入。

（2）罐门　罐门通常采用液压杆由电脑控制开关门操作，且在发生紧急情况时，保证人员和设备安全下，可手动开门。罐门制备耐高温密封圈、保温层护板和风道。

（3）密闭电机　热压罐通常采用内置式全密封通用电机，放置于罐体的尾部，用于热压罐内空气或其他加热介质的循环。

8.6.1.2 加热与气体循环系统

加热系统主要组件包括加热管、热电偶、控制仪、记录仪等。电热管分布在罐体尾部，加热功率满足腔体的最高温度要求以及升温速率的要求。对于大型热压罐，最常用的方式是间接气体点火法，即在外部燃烧室内燃烧产生的热气体被送入罐内的螺旋状不锈钢合金换热器而加热热压罐内气体。

8.6.1.3 气体加压系统

气体加压系统由压缩机、储气罐、压力调节阀、管路、变送器和压力表等组成，用于调控罐体内部的气体压力。空气、氮气和二氧化碳三种压缩气体中，最常用的是氮气，氮气通常以液氮形式储存，在使用时挥发产生约 1.4～1.55MPa 的氮气。氮气的优点是抑制燃烧和易于分散到空气中，但氮气的成本高。

8.6.1.4　真空系统

真空系统是热压罐最重要的辅助系统，由真空泵、管路、真空表和真空阀组成。它为封装于真空袋内的制件提供一个真空环境，使预浸料中的溶剂型挥发分和反应产生的小分子等被抽出制件，同时真空袋的存在使静态压力不直接作用在制件上。最简单的真空系统是三通阀体系，三通的一端接真空泵，另外一端通往大气环境。这种真空系统主要用于成型简单的层板等。对于敏感复杂的树脂体系，外形复杂的制件或者制造高质量要求的制件，就必须使用更为先进的新型真空系统。

8.6.1.5　控制系统

控制系统由温度、压力记录仪、真空显示仪及记录仪、各种按钮、指示灯、超温报警器、超压报警器、计算机系统等构成。采用 PID 与模糊控制相结合，实现对压力、温度的全程高精度控制与实时记录。

8.6.2　成型模具

8.6.2.1　铝、钢、殷钢模具

由于铝、钢、殷钢等材料具有良好的表面处理性能和可多次重复使用的优点，因此它们是应用最为广泛的树脂基复合材料成型模具材料。殷钢具有和钢相似的硬度和比铝、钢更小的热膨胀系数，它是最理想的模具材料。相反，铝质地较软而且热膨胀系数较大；但质量轻，易于搬动，而且较殷钢的机械加工性能好。

8.6.2.2　电沉积镍模具

这种模具是通过电镀工艺将金属镍沉积到一个母模（常用石膏材料）上，这个母模的尺寸就是最终制件的尺寸。对母模的最关键的要求是它在电镀工艺过程中必须保持尺寸稳定性。电沉积镍模具一经电沉积成型后，其表面就能达到希望的表面光洁度；电沉积镍模具还具有耐磨、耐划伤、易修补及良好的脱模性等。并且这种模具的尺寸只受到电镀槽的尺寸和母模的制造技术的限制。但电沉积镍模具的制造成本高。

8.6.2.3　碳纤维增强环氧复合材料模具

碳/环氧复合材料模具的制造工艺与电沉积镍有相似之处，首先用石膏或木头制作一个与制件相同的母模，将母模密封和经脱模剂处理后，然后将碳/环氧预浸料以常规方式铺叠在母模上经热压罐工艺固化成型。碳/环氧模具通过抛光或在母模上涂上高光洁度的胶层获得高的表面光洁度。碳/环氧模具，除了具有 CTE 的可设计性外，还具有质轻、易加工、传热快等优良性能。但是碳/环氧不能用于使用温度高于其玻璃化温度和高成型压力的工艺环境，同时碳/环氧模具的耐用性和耐划伤性等不及钢、镍等模具。

8.6.2.4 膨胀橡胶模具

膨胀橡胶模具主要用于需要强化成型压力或传递压力的工艺环境。其工作原理是利用橡胶在受热过程中的膨胀可控性，提供复合材料制件固化时所需的压力。它具有塑性成型、膨胀可控、均衡压力等优点，因此它常用于成型各种具有复杂型面的制件。但膨胀橡胶模具的缺点是寿命短、导热性差等。

8.6.2.5 石墨模具

石墨模具具有低热膨胀系数、质轻、易制造、导热性好等优点，其最高使用温度可高达2000℃。但石墨模具性脆，其重复使用次数一般不超过10次。

8.6.3 工艺辅助材料

8.6.3.1 真空袋材料与密封胶条

它们共同构成密闭的真空袋系统。在100℃以下的真空袋材料可用聚乙烯薄膜，200℃以下可采用各种改性的尼龙薄膜，而对于高温下成型的聚酰亚胺、热塑性树脂基复合材料成型用的真空袋材料需用耐高温的聚酰亚胺薄膜。有时也用1~2mm厚的橡胶片作为真空袋材料，而且硅橡胶制成的真空袋可以反复多次使用。密封胶条多为橡胶腻子条，如北京航空材料研究院生产的XM-37腻子条可在200℃下使用。

8.6.3.2 有孔或无孔隔离薄膜

它们的作用都是防止固化后的复合材料粘在其他材料上或者其他材料粘在模具上。通常采用聚四氟乙烯或其他改性氟塑料薄膜作为隔离膜。而且有孔隔离膜还有让气体通过而限制树脂流过的功能。

8.6.3.3 吸胶材料

其作用是吸收预浸料中多余的树脂，控制、调节成型复合材料制件的纤维体积含量。常用的吸胶材料有玻璃布、滤纸、各种纤维无纺布（如涤纶、丙纶或其他有机纤维）。在200℃以下成型温度使用最多而且最便宜的吸胶材料是涤纶无纺布。

8.6.3.4 透气材料

透气材料的作用是疏导真空袋内的气体，排出真空袋系统，导入真空管路。透气材料通常采用较厚的涤纶无纺布或者玻璃布。尤其是涤纶无纺布成本较低，而且易于操作。但在高温（200℃以上）下则需应用玻璃布。

8.6.3.5 脱模布

让预浸料中多余的树脂和空气及挥发分通过并进入吸胶层，同时防止复合材料制件和其他材料（如吸胶材料）黏合在一起。通常采用0.1mm的聚四氟乙烯玻璃布作为脱模布。

8.6.3.6 周边挡条

阻止预浸料在固化成型过程中向边侧流散。通常应用一定厚度的硫化或未硫化的橡胶条作挡条。

8.6.4 成型工艺

热压罐成型的技术要点在于如何控制好固化过程中的温度和压力与时间的关系。通常，制定一个复合材料产品成型的工艺路线，要进行一系列的工艺性能试验，然后取得较完整的结果数据，最后再结合制件的具体要求，制定出合理的工艺规程，而且在实际生产过程中，工艺条件可根据情况进行适当修改。热压罐的工作示意图与典型的固化周期如图 8-14 所示。

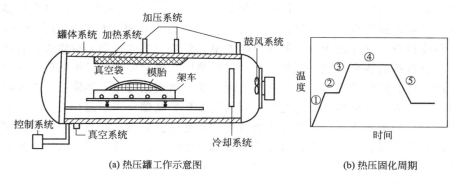

(a) 热压罐工作示意图　　　　(b) 热压固化周期

图 8-14　热压罐的工作示意图与典型的固化周期

8.6.4.1 模具准备

用软质材料（相对模具材料）清理模具，必要时用棉花或棉纱等浸渍丙酮或酒精等有机溶剂擦洗模具。然后在模具上涂抹脱模剂，脱模剂一定要涂抹均匀并用量适当，若脱模剂太少，可能会导致制件脱模困难，若脱模剂涂抹太多，则可能污染制件。

8.6.4.2 裁剪与铺叠

预浸料的裁剪与铺叠可分为三种方式：人工裁剪与铺叠、机械辅助裁剪与铺叠、全自动裁剪与铺叠。人工裁剪铺叠是传统的加工方法，其优点在于设备投资少，适用于加工复杂的制件；但它生产效益低，并需要操作人员有非常熟练的技术。人工方法只适用于小批量或实验室制造复合材料。另一种是采用激光、高压水流或者高速刀片裁剪，人工铺层，即机械辅助裁剪与铺叠。自动裁剪铺叠是一种更为先进的方式，它生产效率更高，操作错误更少，但其设备投资比前两种方法都高。

8.6.4.3 组合与装袋

在模具上根据设计铺层方法，将制件预浸料坯件和各种辅助材料进行组合并装袋。在组合过程中，各种辅助材料必须铺放平整，否则可能会使制件出现压痕。在装袋过程中，确认真空袋与周边密封胶条不漏气后方可关闭热压罐门等待升温。在封装真空袋时，同时将热电偶装入袋内靠近制件的位置。

8.6.4.4　固化与出罐脱模

待复合材料坯件组合装袋完成之后，接好真空管路，锁紧热压罐门，即可升温加压固化。一般情况下，体系从一开始就需要抽真空，一是使坯件等在模具上定位；二是抽出坯件中的空气和挥发分，但加压则需升温至某一阶段之后才实施。

加压点是热压罐成型工艺的重要参数，加压点的确定直接影响到复合材料的性能。若加压时间太晚（在基体树脂的凝胶点之后），会造成复合材料有较多的孔隙，甚至造成大面积的分层，而且会造成基体树脂在复合材料中的分布不均；对于黏度较低的基体树脂，若加压时间太早，会造成基体树脂大量流失，将严重影响复合材料的各项性能。因此，复合材料热压罐成型的加压时机的确定对复合材料的成型有重要的影响。包建文等采用凝胶参数理论的方法准确控制热压罐加压时机。该方法以树脂体系的凝胶时间曲线方程为基础，采集固化过程的时间和温度参数，采用凝胶参数计算方法能较为准确地估算树脂基复合材料在热压罐成型时的树脂的固化反应程度，以便于把握其加压时间，实践证明这种方法能有效地减少确定加压时机的盲目性，提高复合材料的成型质量。

在给制件加压后即可停止抽真空，但这也要根据具体的树脂体系和工艺条件而异。各种树脂体系的固化工艺因各种树脂的化学反应特性和物理特性不同而各不相同。

在固化结束之后，以较小的降温速度（通常应小于 $2℃/min$）降至接近室温后取出制件，以防降温速度过快而导致制件有较大的残余应力。

8.6.5　热压罐成型工艺常见制件缺陷产生原因

热压罐成型工艺常见制件缺陷产生原因见表 8-28。

表 8-28　热压罐成型工艺常见制件缺陷产生原因

制件缺陷	产生原因
制件表面缺陷	模具表面清理不完全
制件粘在模具上	没有涂脱模剂
复合材料力学性能下降或制件挠曲	铺层方向不对或不准确
制件分层,力学性能下降	隔离纸或其他外来物被埋入坯件
力学性能下降	预浸料存在缝隙
吸胶材料粘在制件上	没有隔离膜

续表

制件缺陷	产生原因
低纤维体积含量	吸胶材料用量不足
制件表面粗糙,有压痕	辅助材料折叠
孔隙率增加,甚至制件分层	划破真空袋或密封不严
不均匀固化,挠曲,低纤维体积含量,空隙,树脂降解	不正确的升温程序
空隙,低纤维体积含量	压力不足
制件报废	真空袋破坏

8.7　袋压成型工艺

袋压成型工艺可分为两种：加压袋法和真空袋法。

8.7.1　加压袋法

加压袋法是将预浸料铺层后，放上一个橡胶袋，固定好上盖板，如图 8-15 所示，然后通入压缩空气，使复合材料表面承受一定压力（工作压力为 0.4～1.2MPa），同时加热固化得到制品。

8.7.2　真空袋法

真空袋法是将预浸料铺层后，用一个橡胶袋包上，抽真空除去预浸料中的空气，如图 8-16 所示，并使复合材料表面受大气压力，经加热固化后即得制品。

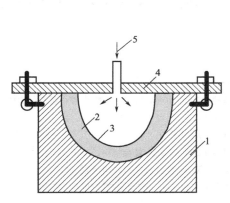

图 8-15　加压袋法

1—模具；2—制品；3—橡胶袋；
4—盖板；5—压缩空气

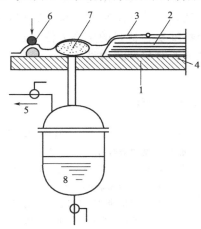

图 8-16　真空袋法

1—模具；2—制品；3—橡胶袋；4—盖板；5—抽
真空；6—压紧装置；7—缓冲材料；8—树脂

预浸料按设计要求完成铺层后，就可以装袋操作。

距制品边缘 2.5cm，放置 5cm 宽的黄麻袋作为缓冲材料，这将允许有 2.5cm 的树脂层密封，从而防止黄麻中的空气倒流回制品内。

距黄麻缓冲材料 2.5cm，放置一排或两排密封物，将袋密封。将真空系统的漏斗形管子固定在黄麻缓冲材料上，用一个柔软而洁净的橡胶袋将整个制品、黄麻和密封物料完全覆盖。用封闭物将袋和模具表面接触处密封。将接真空系统的软管连到模具上，缓缓抽真空达 16.7kPa，除去制品和橡胶袋上的皱纹。

袋压成型工艺的固化制度，必须根据所用树脂类型、模具种类、制品厚度等条件经过试验确定。袋压成型的加热方法：可以把加热元件直接放在模具内，也可以用载热体——空气、二氧化碳、蒸汽、水、油等加热。液体载热体的可压缩性小，便于提高压力，但使用和管理都不便。

8.8 焊接层压法

该法系利用复合材料中的热塑性塑料在加热到黏流态，然后在一定压力下冷却，两层预浸料的可焊性，生产复合材料板材。先在工作台上压铺一层预浸料（一般宽 500mm），铺第二层预浸料时，开动压辊的焊接器，将预浸料放在压辊下面，焊接器使上下两层预浸料在几秒钟内同时受热熔化，当机器向前移动时（速度可达 2.5m/min），预浸料在压辊的压力（0.3MPa）作用下，黏合成一体。如此重复，可生产任意厚度的板材。

对于热固性聚合物基复合材料，固化后高度交联的分子结构在加热后不能实现二次熔融，要采用电阻焊接的方法生产复合材料板材，需要先对焊接表面进行预处理，覆盖一层热塑性聚合物层，然后可以实现热固性复合材料类似于热塑性聚合物基复合材料的生产方法，这种方法要求所使用的热塑性塑料与热固性聚合物基体有较好的相容性。

参考文献

［1］ 唐荣华等. 长玻璃纤维增强聚丙烯复合材料热模压成型工艺的研究［J］. 玻璃钢/复合材料，2016.

［2］ 潘利剑. 先进复合材料成型工艺图解［M］. 北京：化学工业出版社，2016.

［3］ 汪泽霖. 玻璃钢原材料手册［M］. 北京：化学工业出版社，2015.

［4］ 刘洪波等. 聚合物基复合材料电阻焊接技术研究进展［J］. 玻璃钢/复合材料，2015（1）.

［5］ 徐志飞等. 新型硅炔树脂复合材料的制备与性能［J］. 玻璃钢/复合材料，2014 增刊.

［6］ 徐春飞等. 湿法制备长碳纤维增强聚苯硫醚复合材料的性能［J］. 玻璃钢/复合材料，2014.

［7］ 黄家康. 我国玻璃钢模压成型工艺的发展回顾及现状［J］. 玻璃钢/复合材料，2014.

［8］ 邢丽英. 先进树脂基复合材料自动化制造技术［M］. 北京：航空工业出版社，2014.

［9］ 董鹏等. 复合熔芯用于复合材料模压成型的研究［J］. 纤维复合材料，2014.

［10］ 包建文等. 树脂基复合材料热压罐成型加压工艺模拟［J］. 热固性树脂，2014.

［11］ 中国航空工业集团公司复合材料技术中心. 航空复合材料技术［M］. 北京：航空工业出版

社，2013.

[12]　李玲. 不饱和聚酯树脂及其应用 [M]. 北京：化学工业出版社，2012.

[13]　吴忠文等. 特种工程塑料及其应用 [M]. 北京：化学工业出版社，2011.

[14]　陈平等. 环氧树脂及其应用 [M]. 北京：化学工业出版社，2011.

[15]　黄发荣等. 酚醛树脂及其应用 [M]. 北京：化学工业出版社，2011.

[16]　张以河. 复合材料学 [M]. 北京：化学工业出版社，2011.

[17]　黄家康等. 复合材料成型技术及应用 [M]. 北京：化学工业出版社，2011.

[18]　倪礼忠等. 高性能树脂基复合材料 [M]. 上海：华东理工大学出版社，2010.

[19]　益小苏等. 复合材料手册 [M]. 北京：化学工业出版社，2009.

[20]　黄发荣等. 先进树脂基复合材料 [M]. 北京：化学工业出版社，2008.

[21]　贾立军等. 复合材料加工工艺 [M]. 天津：天津大学出版社，2007.

[22]　俞翔霄等. 环氧树脂电绝缘材料 [M]. 北京：化学工业出版社，2007.

[23]　邹宁宇. 玻璃钢制品手工成型工艺 [M]. 2版. 北京：化学工业出版社，2006.

[24]　[美]古托夫斯基 T G. 先进复合材料制造技术 [M]. 李宏运，等，译. 北京：化学工业出版社，2004.

[25]　[美]戴夫 R S 等. 高分子复合材料加工工程 [M]. 方证平，等，译. 北京：化学工业出版社，2004.

[26]　张玉龙. 高技术复合材料制备手册 [M]. 北京：国防工业出版社，2003.

[27]　倪礼忠等. 复合材料科学与工程 [M]. 北京：科学出版社，2002.

[28]　[美]Roger F Jones. 短纤维增强塑料手册 [M]. 北京：化学工业出版社，2002.

[29]　丁浩. 塑料工业实用手册 [M]. 2版. 北京：化学工业出版社，2000.

[30]　沃定柱等. 复合材料大全 [M]. 北京：化学工业出版社，2000.

第9章

注射、挤出、压注成型工艺

9.1 注射成型

注射成型也称注塑或注射模塑。其基本原理是：固态物料先在注射机机筒中均匀塑化后，由螺杆或柱塞将其推挤到闭合的模具型腔内，型腔内的塑化物料通过冷却或反应固化而得到模塑制品。

9.1.1 纤维增强热塑性塑料注射成型

9.1.1.1 热塑性塑料注射成型设备

注射成型设备主要包括注射成型机和模具。

（1）注射成型机（注塑机）　注射成型机有柱塞注射成型机和螺杆注射成型机，一般都采用螺杆注射机。螺杆注射机由注射系统、合模系统、液压传动系统及电气控制系统四部分组成（如图 9-1 所示）。

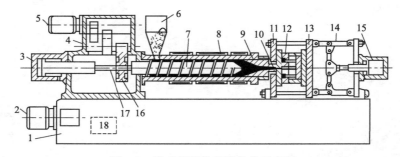

图 9-1　卧式螺杆注塑机结构示意图

1—机座；2—电动机及油泵；3—注射油缸；4—齿轮箱；5—齿轮传动电动机；
6—料斗；7—螺杆；8—加热器；9—料筒；10—喷嘴；11—定模板；12—模具；
13—动模板；14—锁模机构；15—锁模用（副）油缸；16—螺杆传动齿轮；
17—螺杆花键槽；18—油箱

① 注射系统　注射系统的主要作用是将各种形态的塑料均匀地熔融塑化，并在很高的压力和较快的速度下通过螺杆或柱塞的推动将塑化好的塑料注射入模

具型腔。当熔体充满型腔后，仍需保持一定的压力和作用时间，使其在合适的压力作用下冷却定型。注塑机的注射系统包括螺杆、料筒、喷嘴及加料、加热装置等。

a. 螺杆　螺杆的作用是与料筒、喷嘴构成塑化部件完成对塑料的输送、压实、均匀塑化和定量注射，如图9-2所示。

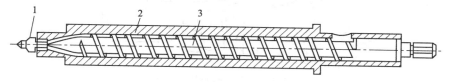

图9-2　螺杆式塑化部件
1—喷嘴；2—料筒；3—螺杆

b. 料筒　料筒是用于塑料加热和加压的容器，其结构就是一根中间开了下料口的圆管，内装螺杆，外装加热圈，承受复合应力和热应力的作用。注塑机料筒大多用整体结构，如图9-3所示。

c. 喷嘴　喷嘴是连接料筒和模具的过渡部分。喷嘴的作用是使熔融物料在压力和高流速下充满模腔。喷嘴的设计好坏，会影响熔料压力损失、剪切热量、熔料射程及充模补缩等工艺参数，由于生产用的物料性质不同，喷嘴的结构也不相同，一般分为敞开式和锁闭式两种。

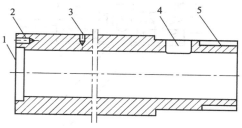

图9-3　料筒结构
1—定位孔；2，3—螺孔；4—加料口；5—尾螺纹

ⅰ敞开式喷嘴（直通式喷嘴）　敞开式喷嘴分通用型和延伸式两种。通用型喷嘴结构简单，注射压力损失小，但易形成冷料和流延作用，适用于厚壁制品和热稳定性差、黏度高的树脂，如聚氯乙烯、聚苯乙烯和聚乙烯等。延伸式喷嘴可进行加热，不易形成冷料，射程较远，适用于加工 ABS、聚碳酸酯、聚甲醛等树脂及厚制品和高黏度树脂。几种常用的敞开式喷嘴结构如图9-4所示。

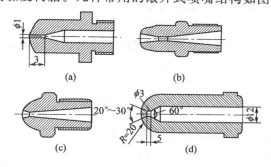

图9-4　敞开式喷嘴结构

ⅱ 锁闭式喷嘴　锁闭式喷嘴主要有弹簧针阀自锁式和液控锁闭式两种。弹簧针阀自锁式是通过弹簧弹力、挡圈和导杆压合顶针实现锁闭的（见图9-5）。

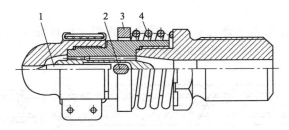

图 9-5　弹簧针阀自锁式喷嘴

1—顶针；2—导杆；3—挡圈；4—弹簧

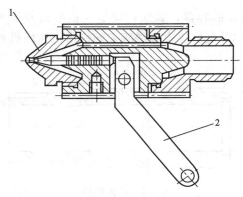

图 9-6　液控锁闭式喷嘴

1—喷嘴；2—操纵杆

液控锁闭式喷嘴如图 9-6 所示。液压系统通过控制操纵杆来控制喷嘴的开闭，这种喷嘴使用方便，锁闭可靠，压力损失小，计量准确。

喷嘴常用碳钢淬火制造，其硬度应高于模具主流道硬度，喷嘴的直径比模具主流道孔径略小（约 0.5～1mm），可防止漏料和降低两孔间同心度要求。

② 合模系统　合模系统是实现模具闭合和开启动作的结构。要求有足够的锁模力，足够的模板面积，适当的运动速度（闭时先快后慢，开时先慢后快）和有足够的模板强度。

合模系统主要由合模装置、调模装置、顶出装置、前后固定模板、移动模板、合模液压缸及安全保护机构等组成。

（2）模具　注塑模具一般是由动模与定模两大部分组成，其中动模安装在注塑机的移动安装板上，定模安装在注塑机的固定安装板上。在注塑机成型时，动模与定模闭合构成模腔和浇注系统，开模时动模与定模分离取出塑件。注射模具可能是只带一个浇口的模腔，使熔体通过浇口加热料筒/注射室流入模腔。模具可能有多个模腔，这些模腔可能相似或者不相似，每个模腔都与流道相连，并引导熔体从浇口进入模腔。

9.1.1.2　纤维增强热塑性塑料注射成型工艺

纤维增强热塑性塑料注射成型是将固态的增强粒料，通过注塑机的料斗加入到加热的料筒内，使其在料筒内加热塑化至熔融状态，由柱塞或螺杆的推动使其通过料筒前端的喷嘴快速注入较低温度的闭合模内，经过冷却，使熔融态物料在保持模腔形状下恢复到固态，然后开模取出制品，注射成型为间歇式操作过程（如图 9-7 所示）。通常将注塑机分为柱塞式和螺杆式两大类。一般，最大注射量在 60g 以下的注射机多为柱塞式的，最大注射量在 60g 以上的注射机普遍为移动螺杆式的。

注射成型是热塑性复合材料的主要生产方法，历史悠久，应用最广。其优点是周期短，能耗最小，产品精度高，一次可成型形状复杂及带有嵌件的制品，一副模具一次能够生产几个制品，生产效率高。缺点是不能生产长纤维增强复合材料制品和对模具质量要求高。

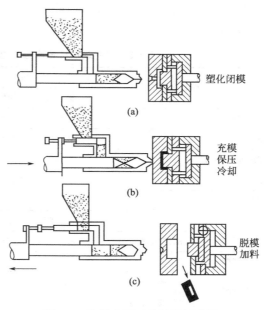

图 9-7　注射成型工艺过程示意图

（1）增强粒料干燥　增强粒料有吸湿现象，其含水量及挥发物含量应预先测定，超过标准时，要干燥处理使其水量降至 0.3％以下，以避免制品因水分而产生银纹、气泡等缺陷。常采用的干燥方法有热风干燥、红外线干燥及负压沸腾干燥等。干燥后的粒料要密封储存。玻璃纤维增强塑料粒料的干燥条件见表 9-1。

表 9-1　玻璃纤维增强塑料粒料热风干燥条件

干燥温度/℃		120	130	140	150	180
料层厚度/mm		＜50			50	50
干燥时间/h	GF-PPS	4～6	3～5	2～3		
	GF-PEEK				3	2

（2）成型温度　成型温度包括料筒、喷嘴及模具温度。料筒温度由树脂种类决定，一般将料筒分为 3～4 个加热区，进行分段加热，各段温度通过热电偶显示和恒温控制仪表来精确控制。一般靠近料斗一端温度较低，靠喷嘴一端温度较高。常用玻璃纤维增强热塑性塑料注射成型温度如表 9-2 所示。

（3）注射压力、注射时间等工艺参数　为了克服熔料流经喷嘴、流道和型腔时的流动阻力，螺杆或柱塞必须对熔料施加足够的压力，注射压力即指在注射时，螺杆或柱塞端面作用于料筒中熔料单位面积上的力。纤维增强热塑性塑料的

树脂基复合材料成型工艺读本

注射压力一般在 50～150MPa。对黏度较高的聚砜、聚苯醚等的注射压力为 80～200MPa。

表 9-2　常用玻璃纤维增强热塑性塑料注射成型温度

塑料名称		料筒温度/℃			喷嘴温度/℃	模具温度/℃
		输送段	压缩段	均化段		
聚丙烯		160～180	190～200	210～220	190～200	70～90
PA6		210～220	230～240	235～245	235～240	60～80
PA66		271～277	277～282	288～300	260～277	100～120
PA11		230～250	240～270	260～280	250～270	100～120
PA1010		190～200	230～250	230～250	200～230	80～100
PA612		266～270	270～277	282～293	277～290	70～120
玻璃纤维增强 Stanyl PA46		285～305	295～310	300～315	300～315	80～120
聚碳酸酯		260～280	280～290	300～310	290～300	90～100
聚醚醚酮	20%玻纤含量	350	370	380	380	190
	30%玻纤含量	360	380	390	390	190
PET	15%玻纤含量	249～271	260～277	271～288	282～299	56～78
	30%玻纤含量	278～294	289～300	289～300	289～300	70～100
	45%玻纤含量	278～294	289～300	289～300	289～300	56～78

　　注：本表数据仅供选择温度时参考，实际生产要经过试验确定。

　　熔融的物料通过喷嘴后就开始冷却，为了及时把熔料注入模具型腔，得到密实、均匀和精度高的制品，必须在短时间内使熔料充满模腔。注射时间就是指螺杆或柱塞完成一次注射量所需要的时间。注射时间一般可选取 15～60s；保压时间一般为 20～120s，特别厚的制品，保压时间可延长为 5～10min；保压压力等于注射压力。玻璃纤维增强热塑性树脂的注射压力等工艺参数见表 9-3。

表 9-3　玻璃纤维增强热塑性树脂的注射压力等工艺参数

树脂品种	注射压力/MPa	保压压力/MPa	注射时间/s	保压时间/s	冷却时间/s	成型周期/s	螺杆转速/(r/min)
聚乙烯	60～100		15～60	0～3	15～60	40～130	
聚丙烯	90～130	50～80				80～140	40～60
PA6	60～90					7～12	
PA66	80～120					50	
PA11	90～130	30～50	3～8	15～50			20～50
PA1010	90～130	40～50				50～90	
PA612	40～140						

228

续表

树脂品种		注射压力/MPa	保压压力/MPa	注射时间/s	保压时间/s	冷却时间/s	成型周期/s	螺杆转速/(r/min)
玻璃纤维增强 Stanyl PA46		60～150	40～100					
聚碳酸酯		60～140				20	50～110	60
PET	15%玻纤含量							40～80
	30%玻纤含量	70～100						慢～中
	45%玻纤含量							40～80

9.1.1.3　注射成型过程中易出现的缺陷、产生原因及处理方法

在注射成型过程中，由于对其生产规律认识不足或因操作不当，常会使制品出现起泡、焦烧、表面光泽不良及玻璃纤维分散不良等现象。现将玻璃纤维增强聚碳酸酯注射成型中常见的不良现象、产生原因及防止措施列举如下（见表9-4）。

表 9-4　玻璃纤维增强聚碳酸酯注射成型中常见的
不良现象、产生原因及防止措施

不良现象	产生原因	防止措施
气泡	①料干燥不充分；②保压时间太短且保压压力太低；③缓冲垫不够；④浇口及流道截面太小；⑤浇口位置设置不当	①将原料在120℃条件下干燥8h以上，并在料斗中保温；②适当延长保压时间，保压压力至少为80MPa；③适当增大熔料余量；④适当增大浇口及流道截面，或加大喷嘴孔径；⑤设在厚壁处
焦烧	①料温太高；②熔体在料筒再滞留时间太长；③料筒或喷嘴处有滞料死角；④模具排气不良，模具内的空气受到绝热压缩，形成高温高压气体将制品焦烧	①适当降低料筒及喷嘴温度(不能超过350℃)；②加快注射周期或采用规格较小的注塑机；③清除滞料，消除死角；④合理设置排气系统，一般排气沟槽的尺寸深0.05～0.10mm，宽1～2mm
表面光泽不良	①注射速度太慢；②模具温度太低；③保压不足；④熔体温度太低	①适当加快注射速度；②将模温保持在100℃以上；③适当延长保压时间和加大保压压力；④适当提高料筒及喷嘴温度
玻璃纤维分散不良	①料筒温度太低；②螺杆背压不足；③螺杆转速太低；④螺杆压缩比及长径比太小	①料筒温度至少在320℃以上；②将螺杆背压提高到注射压力的10%～20%；③转速一般控制在40～60r/min，当采用液压驱动时，应注意转速不能太高；④压缩比一般为2.5∶1，长径比至少17∶1

9.1.1.4　实用举例

（1）玻璃纤维短切原丝增强聚酰胺　玻璃纤维短切原丝在聚酰胺中的添加量可以在50%内选择。当添加量为40%～50%时，会造成熔体黏度过大，给制品成型带来困难；而当添加量小于10%时，增强效果不显著，因此一般以30%左右为宜。

用阻燃、抗静电、玻纤增强聚酰胺6粒料制备风机叶片。将阻燃、抗静电、

玻纤增强聚酰胺6粒料置于鼓风干燥箱中，料层厚度不大于30mm，在85～95℃下干燥20～30h，除去原材料中的水分，然后把粒料投入到注射机中，按表9-5的注射工艺参数进行注射成型，制得风机叶片。其工艺流程为：粒料→干燥→注射成型→修边→检验→制品。

表 9-5 注射工艺参数

项目	料筒温度/℃				注射压力/MPa	注射速度/(mm/s)
	1 段	2 段	3 段	4 段		
数据	200～210	210～220	220～230	230～240	8～10	60～80

（2）玻璃纤维短切原丝增强聚碳酸酯 玻璃纤维短切原丝增强聚碳酸酯，一般玻璃纤维含量在20%～40%的范围内较为适宜，短切原丝长度为0.5～6mm。

（3）玻璃纤维短切原丝增强聚甲醛 以25%的玻璃纤维短切原丝增强聚甲醛可使强度提高2倍，在1.86MPa的高负荷下的载荷变形温度可提高到接近树脂的熔点，从而为聚甲醛树脂能在高温下应用提供了良好的条件。

（4）玻璃纤维短切原丝增强聚对苯二甲酸丁二醇酯 玻璃纤维短切原丝增强聚对苯二甲酸丁二醇酯，当玻璃纤维含量为5%时，在1.86MPa的负荷下，载荷变形温度即从纯聚对苯二甲酸丁二醇酯的60℃提高到160～170℃，当玻璃纤维含量提高到30%时，其载荷变形温度提高到212℃，力学性能已全面超过同样用30%玻璃纤维增强的改性聚苯醚，长期使用温度和电性能已超过30%玻璃纤维增强的尼龙、聚碳酸酯和聚甲醛，缺口冲击强度仅略低于在工程塑料中名列前茅的聚碳酸酯和尼龙。

（5）玻璃纤维短切原丝增强聚对苯二甲酸乙二醇酯 玻璃纤维短切原丝增强聚对苯二甲酸乙二醇酯与玻璃纤维短切原丝增强聚对苯二甲酸丁二醇酯相比，在力学性能、耐热性能等方面显示出全面的优越性。

（6）玻璃纤维短切原丝增强聚氯乙烯 聚氯乙烯可被短切玻璃纤维（长度为4～6mm）增强用于制造窗框，其注射工艺参数见表9-6。

表 9-6 玻璃纤维增强聚氯乙烯树脂的注射工艺参数

料筒各段温度/℃			注射压力/MPa
一段	二段	三段	
165～175	155～170	115～145	厚壁 100～140;薄壁 140～170

9.1.1.5 长纤维增强热塑性塑料直接在线注射成型工艺（LFT-D-IM）

将基体树脂、助剂等原料加入双螺杆挤出机进行混炼后，再与经短切后的无捻粗纱混合，配成混合料注入储料器，然后注射成制品。该成型工艺省略了先制成预浸料的工序，而直接进行注射成型，图9-8为LFT-D-IM工艺示意图。

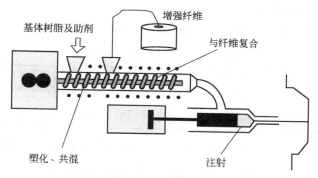

图9-8 LFT-D-IM工艺示意图

9.1.2 纤维增强热固性塑料注射成型

9.1.2.1 热固性塑料注射机

热固性塑料注射机是生产热固性塑料制品的专用成型设备，其成型原理是将热固性注射料由料斗加入料筒内，通过对料筒的外加热和螺杆旋转时的摩擦热对物料进行加热，在温度为90℃左右的料筒内先进行预热塑化，使树脂发生物理变化和缓慢的化学变化而呈稠胶状，产生流动性，然后用螺杆或柱塞在120～240MPa的高压下，将稠胶状的熔融物料经喷嘴注满模腔，在高温（模具温度170～180℃）高压下进行化学反应，经过一段时间的保压后，固化成型，开模取出制品。

热固性塑料注射机是在热塑性塑料注射机的基础上发展起来的，在结构上有许多相同之处。热固性与热塑性塑料注射机的主要差别在注射系统和合模系统上（见表9-7）。

表9-7 热固性塑料注射机与热塑性塑料注射机的差别

热固性塑料注射机	热塑性塑料注射机
螺杆压缩比小，一般为1.05～1.15	螺杆压缩比大，一般为2～3.5
螺杆长径比较小，一般为12～16	螺杆长径比较大，一般为15～20
喷嘴为敞开式，不需加热	喷嘴为直通式或自锁式，有加热装置来调节控制温度，喷嘴孔径小
螺杆头部为锥形，料垫小，防止因固化而堵塞喷嘴	螺杆头部一般为圆形，料垫厚，作补料和传压用
料筒一般用水或油加热，温度较低	料筒一般用电加热，温度较高
合模装置必须有排气动作	合模装置不一定有排气动作
模具需加热，温度在170℃以上，料温低于模温	模具一般不需加热，大多需冷却，料温高于模温
为防止熔体滞留固化，料筒与螺杆的配合间隙较小	料筒和螺杆的间隙较大
锁模力要求大	锁模力较小

9.1.2.2 BMC 注射成型工艺（ZMC）

（1）成型工艺条件　BMC 注射成型工艺条件见表 9-8。

表 9-8　BMC 注射成型工艺条件

项目	料筒温度 /℃	模具温度 /℃	注射压力 /MPa	注射时间 /s	保压时间 /s	热压时间 /(s/mm)	螺杆转速 /(r/min)
工艺条件	前段 70～90, 后段 20～50	160～180	88～147	3～15	5～30	20～30	20～50

（2）注塑件常见缺陷及原因　BMC 注塑件常见缺陷及原因分析见表 9-9。

表 9-9　BMC 注塑件常见缺陷及原因分析

常见缺陷	原因分析
表面灼伤	①模具温度太高；②注射速率太高；③排气孔堵塞；④机筒过热
表面波纹	①保压时间太长、压力太大；②注射速率太低；③机筒温度太低
有面缩孔	①注射压力低；②注射量不够；③制件在模内时间过长；④保压时间短、压力小；⑤充料不够
制件开裂	①模具受热不均；②固化时间不够；③保压时间与压力不够；④注射时间与压力不够；⑤注射速率太高；⑥启模过快；⑦模具不平
制件翘曲	①模具受热不均；②固化时间不够；③保压时间与压力不够；④注射时间与压力不够；⑤注射速率太高；⑥启模过快；⑦模具不平
内流痕	①机筒（或模具）温度高；②保压压力低、时间短；③注射速率太低；④浇口尺寸与位置不当；⑤充料不够；⑥流型不好
粘模	①模具温度太低；②注射时间不够
制件发暗	①注射压力太低；②模具排气不畅；③注射量不够；④固化不完全
着色不均	①模具温度不均或太高；②注射速率高；③机筒温度太低；④模具受污染
多针孔	①模具与机筒温度太高；②注射量太少；③注射速率太高或太低；④模具排气不够
固化不够	①固化时间太短；②模温低；③机筒温度太高；④注射速率太低；⑤模具受热不均

9.1.2.3 纤维增强环氧树脂模塑料注射成型

（1）环氧注射料的要求

① 储存期要长，性能要稳定。

② 在料斗中进料容易。

③ 保持塑化状态的时间要长。

④ 流动性良好，对注射机的料筒、螺杆及模具型腔磨损要小，注射时不产生飞边，制品不产生气泡。

⑤ 高温下固化时间短。

⑥ 脱模性好。

⑦ 高温下力学性能高，热刚性好，不因脱模而发生变形。

⑧ 注射料本身及注射时放出的气体对人体无害。

（2）环氧注射料的工艺特性

① 流动性好，硬化收缩小，成型收缩率为 0.50%，但热刚性差，不易脱模。

② 成型温度一般控制在 140～170℃，硬化速度快，硬化时一般不需排气。

环氧注射料是一种成型性能良好的注射料，由于注射机价格昂贵，目前仅用在量大面广的产品中。

（3）玻璃纤维增强环氧树脂注射成型工艺条件见表 9-10。

表 9-10　玻璃纤维增强环氧树脂注射成型工艺条件

项目	料筒温度/℃	喷嘴温度/℃	模具温度/℃	注射压力/MPa	背压/MPa
工艺条件	50～60	80～90	190～220	78～157	<7.8

9.1.2.4　混杂纤维增强酚醛换向器

混杂纤维由芳纶纤维和玻璃纤维混合而成，前者为总纤维含量的 5%。混杂纤维增强酚醛注射料注射成型换向器工艺条件见表 9-11。

表 9-11　混杂纤维增强酚醛注射料注射成型换向器工艺条件

项目	料筒温度 /℃	模具温度 /℃	注射压力 /MPa	背压 /MPa	注射时间 /s	保温时间 /s	螺杆转速 /(r/min)
工艺条件	前段 75～85，后段 55～65	定模 160～165，动模 170～175	80～120	0.4～0.7（表压）	5～15	180	25～40

9.2　挤出成型

增强粒料挤出成型工作原理如图 9-9 所示。螺杆连续旋转将加入料斗的粒料送入机筒，并连续不断向前推进。粒料在挤出机的料筒内受压、受热，逐渐软化，由于滤板 8、机头 9 和机筒 7 的阻力，使粒料压实、排除气体，在继续向前推进的过程中，软化的物料受自身摩擦和机筒加热作用，转化成黏流态，凭借螺杆旋转运动产生的推力，均匀地从机头挤出，经冷却定型恢复到玻璃态（固态）。

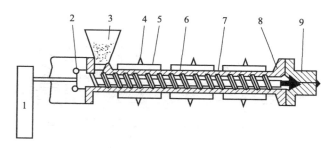

图 9-9　挤出成型示意图

1—转动机构；2—止推轴承；3—料斗；4—冷却系统；5—加热器；
6—螺杆；7—机筒；8—滤板；9—机头

　　挤出成型是热塑性复合材料制品生产中应用较广的工艺之一。其主要特点是生产过程连续，生产效率高，设备简单，技术容易掌握等。挤出成型工艺主要用于生产管、棒、板及异型断面型材等产品。

9.2.1　挤出成型设备

　　挤出成型机组通常是由挤出机主机、辅机和控制系统组成。

9.2.1.1　挤出机主机

　　目前用得最广泛的是卧式单螺杆挤出机和双螺杆挤出机。

　　（1）单螺杆挤出机　单螺杆挤出机的基体结构包括加料装置和挤压系统。

　　① 加料装置　一般为锥形漏斗，其大小以能容纳 1h 用料为宜。漏斗内装有阀门、定量计量、卸除余料等装置。

　　② 挤压系统　挤压系统包括螺杆、机筒、端头多孔板。

　　a. 螺杆　通常螺杆分为加料段、压缩段和均化段，螺槽越来越浅。

　　b. 机筒　机筒在工作过程中压力为 30～50MPa，温度为 150～300℃，因此机筒需强度高、耐腐蚀、耐磨损。机筒外采用电阻加热和水冷却。

　　c. 端头多孔板　端头多孔板使物料由旋转流动变为直线流动，沿螺杆轴方向形成压力，增大塑化的均匀性。多孔板的孔径应为 3～6mm，板厚为直径的 1/5。

　　（2）双螺杆挤出机　在挤出机的机筒内有两根螺杆啮合工作，共同完成对塑料的强制向前推进输送和塑化工作，这种挤出机叫双螺杆挤出机。双螺杆挤出机结构工作特点：双螺杆挤出机是由螺杆塑化和柱塞注射两种结构组合在一起，联合完成塑化注射工作。工作时，当粒料落入机筒中，物料被塑化成熔融状，被转动的螺杆推向机筒前部，经由单向阀流入注射空腔内。注射开始时，整个塑化机筒部件在注射油缸活塞推动下前移，这时与机筒成一体的前端圆柱体即成为柱塞，把注射空腔内的塑化好的熔融料，经由喷嘴注入模具成型腔中，后经冷却固化成型。双螺杆挤出机结构组成见图 9-10。

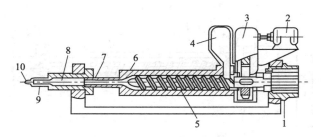

图 9-10　双螺杆挤出机结构组成

1—注射油缸；2—电动机；3—减速箱；4—料斗；5—螺杆；
6—机筒；7,9—单向阀；8—注射料腔；10—喷嘴

9.2.1.2 挤出机辅机

挤出机的辅机是由机头、定型装置、冷却装置、牵引装置、切割装置和堆放装置组成。

（1）机头 机头是制品成型的主要部件，更换机头型孔，可制得不同断面形状的制品。

（2）定型装置 其作用是稳定挤出型材形状，对其表面进行修整。一般采用冷却式压光方法。

（3）冷却装置 其作用是使挤出制品充分冷却硬化。

（4）牵引装置 将挤出的制品均匀地引出。牵引速度的快慢在一定程度上可以调节断面尺寸，对生产率有一定的影响。

（5）切割装置 按照产品设计长度，将挤出的制品切断。

（6）堆放装置 将切好的制品整齐堆存、入库。

9.2.1.3 控制系统

一般挤出机都配有电器控制设备，先进的挤出机则多用电子计算机控制。控制设备除保证机组正常运行外，对提高产品质量和尺寸精度有很大作用。

9.2.2 挤出成型工艺

挤出成型工艺的流程一般包括原料的准备、预热、干燥、挤出成型、挤出物的定型与冷却、制品的牵引与卷取（或切割），有些制品成型后还需经过后处理。

9.2.2.1 玻璃纤维增强聚氯乙烯窗框

（1）主要设备 双螺杆挤出机，Bausano，意大利。

（2）工艺条件 见表9-12。

表9-12 工艺条件

名称	机筒温度/℃	连接套温度/℃	模具温度/℃	螺杆转速/(r/min)	机筒真空/kPa	熔体压力/MPa	定型模真空/kPa	牵引速度/(m/min)	生产量/(kg/h)
参数	175～185	160	185～200	28～29	0～20	≤22	60～80	0.8～1.0	58～72

将窗框异型材用硬质PVC异型材并组焊机焊接，组装成窗框。

9.2.2.2 纤维增强热塑性塑料管挤出成型工艺

（1）挤出成型工艺 挤管工艺流程如图9-11所示。物料在主机内塑化完全后，经滤板、分流器和型孔初步成型，经过定径套初步冷却定型，进入冷水槽硬化，再经牵引装置引出，定长切断。成型过程中，不断由模芯通入压缩空气，保证管材挤出后的尺寸稳定。

纤维增强热塑性塑料管成型工艺条件如表9-13所示，只是挤出机的各段温度要比表中数据提高10～30℃。

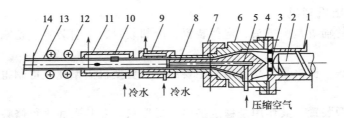

14 13 12 11 10 9 8 7 6 5 4 3 2 1

↑冷水 ↑冷水

↑压缩空气

图 9-11 挤管工艺流程

1—机筒；2—螺杆；3—滤板；4—接口套；5—模芯；6—机头；7—定位器；
8—孔型；9—定径套；10—冷却槽；11—塞和链；12—牵引装置；
13—玻璃钢管；14—切断装置

表 9-13 几种塑料管材挤出成型工艺条件

工艺条件		原料品种				
		尼龙 1010	聚乙烯	ABS	聚砜	聚碳酸酯
料筒温度/℃	后	250~270	120~140	165~170	250~265	220~250
	中	—	—	—	300~325	—
	前	200~280	150~170	170~180	310~330	230~255
机头温度/℃	后	240~250	155~165	165~175	250~270	210~230
	前	210~230		165~175		200~220
孔型温度/℃		200~210	150~160	155~160	260~270	200~210
螺杆形式		突变压缩	渐变压缩	渐变压缩	渐变压缩	渐变压缩
螺杆转速/(r/min)		15	22	10.5	4.2	10.5
模套内径/mm		44.8	45	33	12.7	33
模芯外径/mm		38.5	25	26	10	20
孔型平直部分长度/mm		45	50	50	20	87
L/T 比值[①]		15	5	14.3	20	24
管材内径/mm		25	20	25.5	8	25.5
管材外径/mm		31.3	40	32.5	20	32.8
拉伸比/mm		约 1.5	约 21.17	约 1.00	约 1.7	约 0.97
真空定型直径/mm		31.7	40.2	33	7.0	33
真空定型与孔型间隙/mm		20	25	25	35	20
冷水温度/℃		室温	室温	室温	90	80

① L 为定型部分长度；T 为模套、模芯的间隙。

（2）挤出成型管的缺陷及解决方法（见表 9-14）

表 9-14　挤出成型管的缺陷及解决方法

缺陷	产生原因	解决方法
外壁不亮	①孔型温度低；②定径套冷却水太多	①提高孔型温度；②减少定径套的水流量
外壁有水纹	①孔型温度太高；②冷却过度,管速不稳定	①降低孔型温度；②控制冷却水
外壁有云彩	①原料混合不均匀；②多孔板处温度过高	①捏合车间加强搅拌；②降低多孔板处温度
管内出现气泡	①料潮；②挤出温度太高,料变热时间过长	①增加捏合机的开盖时间；②适当降低挤出温度
管内出现裂纹	①料内混有杂质,裂纹在杂质处；②芯棒温度低	①注意原料过筛；②提高机头温度；③调节孔型的环形狭缝,保证出料均匀
内壁出现光滑的白道	①料里有杂质；②机身温度高,机头温度低,稳定剂析出,停留在伸进定径套的芯棒上造成稳定剂挂料	①检查筛料网有无破洞；②降低机身温度
管子旋转(常见于小口径管材)	①出料快慢不均匀；②机头加热不均	①调节出料速度,使其一致；②检查机头加热片是否损坏
管子弯曲	①管壁厚薄不均；②冷却效果达不到；③冷却水槽的位置不正	①调节厚薄达到一致；②加强冷却；③调节水槽位置
管壁厚薄不均	①芯棒与孔型的定位不同心；②出料快慢不一致；③牵引速度不正常	①调节芯棒与孔型使其定位同心；②校正牵引速度
管材口径大小不同(多见于大口径管材)	主要是压缩空气控制不正常	控制压缩空气的气压
管子颜色不一致,出现轴向等距褐色线条	①多孔板温度较高或没有清理干净；②炭黑混合不均	①调节多孔板处温度；②加强炭黑的过筛操作

9.3　压注成型

9.3.1　基本原理

压注成型是介于压制和注塑之间的一种成型方法,又称为传递模塑成型或挤塑成型,是将一定量的模塑料放入加料室或传递料筒内进行加热塑化,变成具有流动性质的可塑性熔体;再由压机活塞运动,对与传递料筒相配合的压柱施压,熔体通过型腔底部的浇道,压入已被加热的模具型腔内,在一定的压力和温度下,保持一段时间,进行固化成型制得制品(如图 9-12 所示)。压注成型可以在普通液压机上进行,也可以使用专用传递模塑成型机。

在压注成型中,由于模塑物料的塑化阶段是在传递料筒内进行,固化反应在模具型腔内完成,因此,这种成型方法比模压成型更为合理。

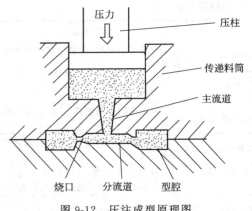

图 9-12　压注成型原理图

压注成型不适用于大型制品，适合加工结果复杂、开孔、嵌件多、形状凹凸多变的绝缘件、支撑件、结构件等制品；另外用于塑封件，起到绝缘、防腐、防振的效果。

9.3.2　压注成型模具

9.3.2.1　普通压机用的压注模具

（1）移动式压注模　移动式压注模的上面装设一个加料腔 4，闭模后将定量物料放入加料腔 4 内，利用压机的闭合，使压柱 5 将塑化好的物料以高速度挤入型腔，待硬化定型之后，即可用手工将塑件取出。移动式压注模如图 9-13 所示。

（2）固定式压注模　固定式压注模，固定在压机的上下台面上，启模时将模具分成三部分。

① 柱塞　固定在压机的上台面上。

② 料腔　固定于浮动板上，启模时，从分型面处分开，成为浮在中间的状态。

③ 型腔　固定在压机的下台面上，随压机的下台面上升或下降。下缸上升时模具闭合，随即推动中间浮动板继续上升，待与柱塞接触后开始注压。下缸下降即可开模。

9.3.2.2　专用液压机用的固定式压注模具

专用液压机有两个液压缸，即主缸和辅助缸，主缸作用是闭模，辅助缸的作用是通过连接在辅助缸端的柱塞加压挤塑。专用液压机用的固定式压注模具料腔

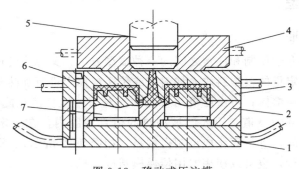

图 9-13　移动式压注模

1—下模板；2—固定板；3—模套；4—加料腔；
5—压柱；6—导柱；7—型芯

和注口套合二为一，其压柱由压机上另外的辅助活塞来操纵，完成挤塑工作（如图9-13和图9-14所示）。

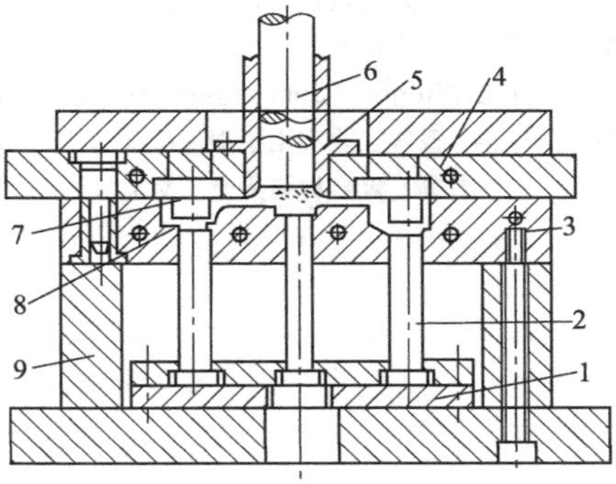

9.3.3 BMC的压注成型工艺

（1）成型温度 模温120～150℃，预热温度比模温低15～20℃，防止物料在压注室内因温度高而提前固化；

（2）成型压力 比压制成型高1.5～2.5倍，14～28MPa。

（3）预热时间 40～60s/mm。

（4）充模时间 10～30s。

（5）固化时间 10～30s/mm。

9.3.4 酚醛模塑料压注成型工艺

（1）预热温度 设定的预热温度应考虑模具温度，酚醛模塑料的预热温度为90～120℃较合适，预热后的模塑料，为防止流动性降低，应迅速投入传递料筒。

（2）模具温度 模具温度在150～180℃。传递料筒只起塑化作用，温度应比型腔低15～20℃，以防止型腔内模塑料过早固化。

（3）成型压力 成型压力为98～118MPa。

（4）固化时间 在压注成型中，由于适当提高了预热温度，所以固化时间比压制的固化时间缩短20%～30%。

图9-14 专用液压机用的固定式压注模具

1—顶板；2—顶料杆；3—下模；4—上模；5—镶套；6—活塞；7—型芯；8—塑件；9—支板

参考文献

[1] 汪泽霖.玻璃钢原材料手册[M].北京：化学工业出版社，2015.

[2] 新版复合材料技术总览（日）.

[3] 刘朝福.注塑成型实用手册[M].北京：化学工业出版社，2013.

[4] 代少俊.高性能纤维复合材料[M].上海：华东理工大学出版社，2013.

[5] 齐贵亮.塑料注射成型实用技术[M].北京：机械工业出版社，2012.

[6] 吴忠文等.特种工程塑料及其应用[M].北京：化学工业出版社，2011.

[7] 张玉龙等.塑料挤出成型工艺与实例[M].北京：化学工业出版社，2011.

[8] 张以河.复合材料学[M].北京：化学工业出版社，2011.

[9] 黄家康等.复合材料成型技术及应用[M].北京：化学工业出版社，2011.

[10] 陈海涛等.塑料复合材料成型技术难题解答[M].北京：化学工业出版社，2011.

[11] 陈宇飞等.聚合物基复合材料[M].北京：化学工业出版社，2010.

[12] 刘雄亚.复合材料新进展[M].北京：化学工业出版社，2007.

树脂基复合材料成型工艺读本 ◀◀

[13]　张玉龙. 先进复合材料制造技术手册 [M]. 北京：机械工业出版社，2003.

[14]　张玉龙. 高技术复合材料制备手册 [M]. 北京：国防工业出版社，2003.

[15]　[美] Roger F Jones. 短纤维增强塑料手册 [M]. 北京：化学工业出版社，2002.

[16]　丁浩. 塑料工业实用手册 [M]. 2版. 北京：化学工业出版社，2000.

[17]　沃定柱等. 复合材料大全 [M]. 北京：化学工业出版社，2000.

第10章

安全生产与环保

10.1 废弃物再生和回收

再生是指使用后的物件仍以材料的形式进行再加工成为制品。回收则是把原废品进行分解处理，获得部分原材料及一定的能量。

10.1.1 热塑性树脂基复合材料的再生

由于热塑性树脂可以经加热发生塑性流动，具备再加工利用的基本条件，所以热塑性树脂基复合材料可以再生。但是其中的增强材料在再生过程中尺寸逐步减少，如图 10-1 所示。为了避免增强材料的破坏，也尝试采用溶剂分离法。

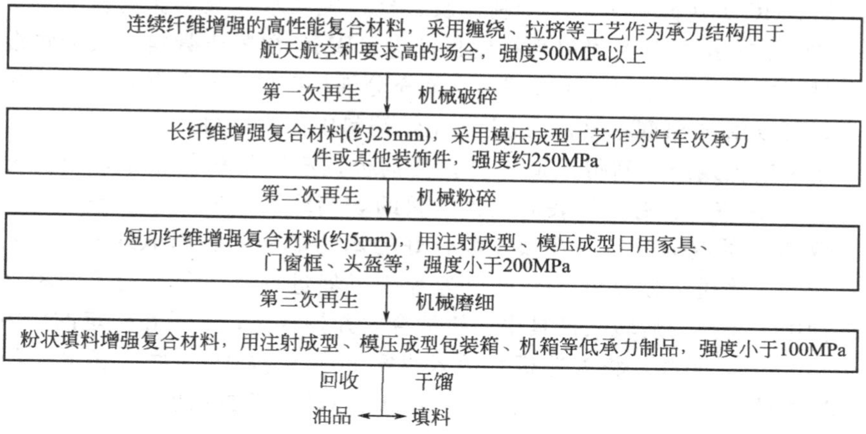

连续纤维增强的高性能复合材料，采用缠绕、拉挤等工艺作为承力结构用于航天航空和要求高的场合，强度500MPa以上

第一次再生 → 机械破碎

长纤维增强复合材料(约25mm)，采用模压成型工艺作为汽车次承力件或其他装饰件，强度约250MPa

第二次再生 → 机械粉碎

短切纤维增强复合材料(约5mm)，用注射成型、模压成型日用家具、门窗框、头盔等，强度小于200MPa

第三次再生 → 机械磨细

粉状填料增强复合材料，用注射成型、模压成型包装箱、机箱等低承力制品，强度小于100MPa

回收 → 干馏

油品 ← 填料

图 10-1 热塑性树脂基复合材料的再生流程示意图

10.1.2 热固性树脂基复合材料的回收

热固性树脂基复合材料废品主要有三种来源：生产过程中的边角料，特别是尚未完全固化的预浸边角料；使用后的废弃物；不合规格的废品。回收方法有机械回收和化学回收。

10.1.2.1 机械回收

机械回收是先把待回收物粉碎成为 $100mm^2$ 左右的碎片（化学回收同样需要），然后用不同的机械设备制成粒料或粉末。这些粒料或粉末可作为复合材料的填料，达到回收的目的。粉碎机械的类型及作用原理如表 10-1 所示。

表 10-1 粉碎机械的类型及作用原理

粉碎机类型		粉碎原理
滚筒式压轧机		压力粉碎
高速滚压机	气流冲击型——冲击压碎式	冲击力+压力粉碎
	空气流分离型——冲击磨碎式	冲击力+研磨作用
球磨机		冲击力+研磨作用
喷气磨机	气流冲击型	粉碎粒子间研磨
	冲击平板型	冲击板冲击
切割机		剪切力
碎石机		平面间压力压碎

粉碎法是目前国外普遍采用的 SMC 回收方法。根据处理方式和程度的不同，粉碎回收料可以是粗颗粒的粒料、细颗粒的粒料、一定品质的纤维。这些回收料的用途主要取决于粒料的粒径分布及纤维的完整性。如粒度达到 $25mm \times 25mm$ 的 SMC 大块碎料可以用于制作胶合板、轻质水泥板和保温材料等。而粒度为 $3.2 \sim 9.5mm$ 的碎料可以用在屋顶沥青、BMC 混凝土骨料、聚合物混凝土及路面材料中作为增强材料或者填料。而充分细粉碎的颗粒其粒度约为 $60\mu m$ 甚至更细，可以用在 SMC、BMC 或者热塑性塑料中作为填料。

利用覆铜板残渣可制得人造板材。覆铜板残渣颗粒粒径较小，松装密度为 $600kg/m^3$，残渣中含有大量表面较为完整的玻璃纤维，长度为 $20 \sim 100\mu m$。将质量分数 70% 的覆铜板残渣及预先混合好的苯乙烯和偶联剂 KH-570 倒入料桶中搅拌均匀，将质量分散为 30% 的已经加入了促进剂、固化剂的不饱和聚酯也倒入料桶中，待搅匀后转入模具中，机械合模并抽真空，然后在一定的压力及频率下振动 3min，脱模，将人造板材放入烘箱 90℃ 保温 4h 后磨削抛光。如此制得的人造板的密度为 $1.71g/cm^3$，吸水率为 0.3%，弯曲强度 25.85MPa，浸水 12h 后弯曲强度 25.67MPa。

10.1.2.2 化学回收

初步破碎的热固性树脂基复合材料可以通过化学方法分解成为气态、液态和固态物质，分别进行回收。化学方法通常有热裂解法、反相氧化法和催化解聚法等。

（1）热裂解法 热裂解法可以得到低分子量的烷烃、烯烃和 CO、H_2 等气体以及类似原油的液体，固体残渣为破碎的纤维、填料和焦炭。裂解开始需要引入天然气或丙烷作为加热反应器的燃料，一旦有气体裂解产物即可切换，将产物改作燃料。据报道，这种工艺在经济上是可取的，其裂解的液态产物组分与石油相近但价格较便宜，可作为燃油使用。固体残留物经过粉碎筛选作为填料使用，其成本并不比直接机械粉碎高，而且增强效果良好。图10-2为热裂解流程示意图。该流程既适用于热固性树脂基体复合材料，也能用于热塑性树脂基体复合材料。

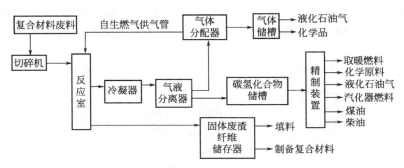

图 10-2　树脂基复合材料的回收装置及产物

以对 SMC/BMC 热裂解为例，热裂解的温度对所得的产物有很大影响（见表 10-2）。

表 10-2　热裂解 SMC/BMC 产物（质量分数）　　　　单位：%

产物	温度				
	300℃	400℃	500℃	600℃	700℃
固体产物	82.60±1.73	75.20±0.39	74.90±0.40	73.90±0.72	72.60±0.36
液体产物	9.70±1.62	14.50±0.77	14.20±0.63	14.90±0.75	13.70±0.25
气体产物	6.10±0.12	10.50±0.92	11.00±0.59	11.50±1.46	12.80±0.33

固体产物主要是玻璃纤维和填料。回收的玻璃纤维的拉伸强度随着热裂解温度的升高而降低，弹性模量没有显著变化，其再利用是以不连续纤维形式（如模压料或表面纱）为基础的半成品材料。用回收玻璃纤维制备的 BMC 的力学性能没有显著的不同，尽管冲击强度稍有下降，但电性能没有改变。

液体产物中含有 4%～6% 的水分。各温度下所得的 SMC 热裂解油都是非常复杂的有机混合物。其主要成分含有 5～21 个碳，分子量在 86～324。它包含了大量芳香物（64%～68%）和大量氧化物（24%～27%），如酮、羧基酸、烷基苯和芳香萘等。热裂解温度为 300℃ 时有 13 种成分，而在较高的温度有 20～25 种成分。

气体产物主要是 CO 和 CO_2，一般可循环利用于生产过程中所需要的热量。

（2）反相氧化法　反相氧化法也称气化法，是一种氧化分解的方法。在氧的作用下复合材料中的树脂基体分解为低分子烃类化合物和 CO 与 H_2，使之与增强材料分离。此法对碳纤维增强环氧树脂最为有效。它除回收燃油和燃气外，还较好地回收了纤维。纤维的结构并未破坏，仅在表面上残留了 10% 的树脂，用来制造新的块状模塑料及增强水泥，均得到满意的效果。如果将复合材料碎片用水浸湿则有助于提高回收效率。因为水使氧气流的短路通道堵塞，提高氧化效率，同时水还有催化氧化的作用。图 10-3 为反相气化的回收装置。其中的氧气源亦可用空气代替，但反应温度应适当提高，时间也需延长。

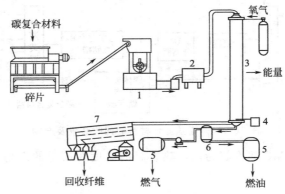

图 10-3　树脂基复合材料的反相气化装置

1—锤式粉碎机；2—吸水装置；3—反相气化反应器；4—点火系统；
5—储罐；6—冷凝器；7—纤维分选器

（3）催化解聚法　催化解聚法是利用催化剂将聚合物解聚成气态或液态分子，从而易于与增强材料分离，得到的碳氢低分子则经过分离或精馏，成为各种化学原料或燃料。例如，碳纤维增强环氧树脂复合材料碎片与解聚催化剂混合置入解聚反应室，在 200℃ 下反应 5min 即可使环氧树脂变成黏稠状液体。用抽滤法与增强材料分离，增强材料可以再使用。

10.1.2.3　压力法

压力法是指在密封的压力容器中，利用高压和适合的溶剂，使那些在标准大气压条件下不溶或难溶的物质得以溶解，从而可对溶解物进行下一步的回收或处理的方法。下面以回收废旧碳纤维/环氧树脂复合材料为例叙述压力法应用。

① 将重约 7.8g 的碳纤维/环氧复合材料方块放入 200mL 反应釜中，加入 120mL 体积分数为 70% 的乙酸水溶液，在 180℃ 油浴锅中加热 2h。

② 取出初步处理后的复合材料经过手工处理使其分散，然后放入 80℃ 的烘

箱中干燥 24h。

③ 将烘干后的试样再次放入反应釜中，加入 100mL 30% 过氧化氢水溶液和 50mL 丙酮，设置压力为 1.6MPa，在 120℃ 油浴锅中加热 2h，最终得到回收的碳纤维和降解液。碳纤维中残留树脂为 8.63%，树脂的降解率为 87.15%。

回收的碳纤维性能良好，无明显缺陷，拉伸强度保留率为 95%。降解液中的降解产物为 L-乳酸、乙二醇乙酸酯、羟基丙酮、DADP、TATP、丙酸乙酯、氨基甲酸甲酯、乙酰氧基乙酸和 1,5-二苯基-1,2,4-三唑-3-硫酮等。

10.1.3　热塑性树脂基复合材料的回收

热塑性树脂基复合材料除了热压再生处理外，也可以用上述热裂解法、反相气化法或催化解聚法来回收增强材料、填料、化学品或燃料，但要权衡经济性和实际效果。热塑性树脂基体能被溶剂溶解，因而可采用溶剂回收的方法。溶剂法的流程如图 10-4 所示。

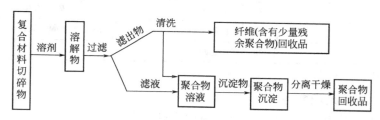

图 10-4　溶剂法回收流程

这种方法可以比较完整地得到增强材料和树脂。例如，芳酰胺纤维增强乙烯-甲基丙烯酸共聚物在 120℃ 下溶于二甲苯和丁醇混合溶剂中，经过滤分离，又经清洗后得到增强材料。增强材料表面如果仍保留少量树脂，则有利于再次复合时与基体的界面结合而提高性能；反之清洗过于干净则效果变差。滤液及清洗液合并后加入沉淀剂甲醇，使树脂沉淀下来，经分离干燥后即得到树脂粉体。由于经过溶解、沉淀等工序，树脂结构与性能有一定变化，但仍可使用。这种方法均适用于其他热塑性塑料基体的复合材料体系，但必须有适当的溶剂和沉淀剂，同时应综合考虑溶剂与沉淀剂的分离与回收。

10.2　有机物气体污染物的治理方法

10.2.1　燃烧法

燃烧法是目前应用比较广泛也是研究较多的有机废气治理方法，特别是对低浓度有机废气，又可分为直接火焰燃烧和催化燃烧。原理是用过量的空气使杂质废气燃烧，大多数生成二氧化碳和水蒸气，可以放空。表 10-3 摘录了美国环保局对部分有害化合物焚烧难易程度的评估。

表 10-3　美国环保局对某些危险废物焚烧难易程度排行

NBS	名称	NBS	名称	NBS	名称
1	六氯苯	14	丙烯醛	27	甲基肼
2	五氯苯	15	酞酸二甲酯	28	1,2-二氯乙烷
3	氯苯	16	甲基乙基酮	29	1,2-二氯丙烷
4	苯	17	烯丙醇	30	六六六
5	萘	18	氯仿	31	二-n-丁基邻苯二甲酸
6	氯乙烯	19	溴甲烷	32	氨基甲酸乙酯
7	氯甲烷	20	二硝基苯	33	1,2-二溴-2-氯丙烷
8	乙二胺	21	三硝基苯	34	碘代烷
9	二氯苯酚	22	三甲基溴	35	1,2-苯基联胺
10	间苯二酚	23	六氯丙烯	36	硝酸甘油
11	氯甲苯	24	六氯戊烯	37	N-硝基乙基胺
12	甲醛	25	溴丙酮	38	2-丁酮过氧化氢
13	乙醛	26	肼(联胺)		

注：NBS 排名中排名在前的表示难以燃烧。

10.2.1.1　直接火焰燃烧

直接火焰燃烧是一种有机物在气流中直接燃烧和辅助燃料燃烧的方法。在废气中有机物浓度高时，将其作为燃料在燃烧炉中直接烧掉，而在有机物浓度达不到燃烧条件时，将其在高温下进行氧化分解，燃烧温度为 600～1100℃，适用于中、高浓度的废气净化。直接燃烧的设备一般用炉，也有采用火炬。

10.2.1.2　催化燃烧法

催化燃烧法是使有机废气先经电加热器预热至催化反应所需的温度，然后流经催化剂床层，在床层中有机物发生氧化反应生成无害的二氧化碳和水，并放出大量热量可回收利用，燃烧温度为 310℃左右，适用于连续排气的各种浓度废气的净化。催化燃烧法所采用的催化剂主要有四种：贵金属催化剂、过渡金属催化剂、金属氧化物催化剂和活性蜂窝催化剂。催化剂载体起到节省催化剂、增大催化剂有效面积，使催化剂具有一定机械强度，减少烧结，提高催化活性和稳定性的作用。能作为载体的材料主要有 Al_2O_3、石棉、陶土、活性炭、金属等，最常用的是陶瓷载体，一般制成网状、球状、柱状、蜂窝状。

10.2.2　吸附法

在处理有机废气的方法中，吸附法应用极为广泛。该法的原理是：吸附剂所具有的较大的比表面积对废气中所含的挥发性有机污染物产生吸附，此吸附多为物理吸附，过程可逆；吸附达饱和后，用水蒸气或其他方法进行脱附，再生的吸附剂循环使用。吸附过程常用两个吸附器，一个吸附时另一个脱附再生，以保证过程的连续性。吸附剂多采用活性炭，其去除效率高，性能好，因而应用最广泛。吸附法适用于低浓度废气的净化。

10.2.3　吸收法

吸收法处理是利用有机废气能与大部分油类物质互溶的特点，用沸点高、蒸气压低的油类作为吸收剂来吸收废气中的有机物。吸收剂可用柴油、柴油-水混合物及水基吸收剂。常见的吸收器是填料洗涤吸收塔。吸收法对废气浓度限制小，适用于含有颗粒物（如漆粒）废气净化。

10.3　增强塑料中原材料的毒性及工作场所空气中容许浓度

增强塑料使用的原材料中有的物质具有危险性，具体表现如下。

① 化学性危害　刺激与腐蚀、爆炸性危害、燃烧性危害和急性吸入危害等。

② 物理性危害　放射性危害、粉尘、高温、振动、噪声、电离辐射和非电离辐射等。

③ 生物性危害　致敏性、传染性、致癌性、生殖毒性和高染病微生物等。

物质的危害性与物质的剂量有关系。

（1）毒性　毒性是用来表示毒性物质的剂量与毒害作用之间关系的一个概念，常用半数致死量来衡量各种有毒品的急性毒性大小，即能引起实验动物 50% 死亡的最小剂量（LD_{50}）。有毒品的急性毒性分为五级，大鼠一次经口 LD_{50}（mg/kg）分级如下：剧毒<1、高毒 $1\sim50$、中等毒 $50\sim500$、低毒 $500\sim5000$、微毒 $5000\sim10000$。

（2）化学性危害　化学性危害因素的职业接触限值（occupational exposure limits，OELs）包括时间加权平均容许浓度、短时间接触容许浓度和最高容许浓度三类。

① 时间加权平均容许浓度（permissible concentration-time weighted average，PC-TWA）　以时间为权数规定的 8h 工作日、40h 工作周的平均容许接触浓度。

② 短时间接触容许浓度（permissible concentration-short term exposure limit，PC-STEL）　在遵守 PC-TWA 前提下容许短时间（15min）接触的浓度。

③ 最高容许浓度（maximum allowable concentration，MAC）　工作地点、在一个工作日内、任何时间有毒化学物质均不应超过的浓度。

（3）生物性危害　化学物质的致癌性标识按国际癌症组织（IARC）分级，作为参考性资料。G1：确认人类致癌物；G2A：可能人类致癌物；G2B：可疑人类致癌物。

皮肤吸收表示可经完整的皮肤吸收。增强塑料中原材料的毒性及工作场所空气中容许浓度见表 10-4。

（4）粉尘　工作场所空气中粉尘容许浓度见表 10-5。

表 10-4　增强塑料中原材料的毒性及工作场所空气中容许浓度

类别	名称	毒性 LD$_{50}$	OELs/(mg/m³)			生物性危害
			MAC	PC-TWA	PC-STEL	
填料	硫酸钡		—	10		
交联剂	丙烯酸甲酯	300	—	20	—	皮肤吸收,致敏性
	丙烯酸乙酯	1000				
	丙烯酸 β-羟乙酯	1070				
	苯乙烯	5000	—	50	100	皮肤吸收,G2B
	甲基丙烯酸甲酯	8420		100		致敏性
	丙烯酸正丁酯			25		致敏性
	丙烯腈		—	1	2	皮肤吸收,G2B
	二乙烯基苯		—	50		
引发剂	2,2'-偶氮双异丁腈	500				
	过氧化二叔丁基	2500				
	过氧化苯甲酸叔丁酯	3639				
	过氧化二异丙基苯	4100				
	过氧化二月桂酰	10000				
	过氧化苯甲酰		—	5	—	
促进剂	N,N'-二乙基苯胺	540				
阻聚剂	对苯二酚	160		1	2	
增稠剂	甲苯二异氰酸酯			0.1	0.2	致敏性,G2B
	氧化钙		—	2	—	
环氧树脂固化剂	间苯二胺	283				
	三乙胺	460				
	顺丁烯二酸酐	481	—	1	2	致敏性
	哌啶	520				
	乙二胺	620	—	4	10	皮肤吸收
	4,4'-二氨基二苯基甲烷	662				
	1,3-双(氨甲基)环己烷	700				
	1,6-己二胺	789				
	4,4'-亚甲基双(2,6-二异丙基)苯胺	1110				

续表

类别	名称	毒性 LD₅₀	OELs/(mg/m³)			生物性危害
			MAC	PC-TWA	PC-STEL	
环氧树脂固化剂	间苯二甲胺	1600				
	4,4′-亚甲基双(2,6-二乙基苯胺)	1901				
	4,4′-亚甲基双(2-异丙基-6-甲基)苯胺	2015				
	二乙烯三胺	2300	—	4	—	皮肤吸收
	四乙烯五胺	3900				
	三乙烯四胺	4340				
	3,3′-二氯-4,4′-二苯基甲烷二胺	>5000				
	4,4′-亚甲基双(3-氯-2,6-二乙基苯胺)	>5000				
	703 硬化剂	6730~8974				
	三乙醇胺	8000				
	吡啶		—	4	—	—
	邻苯二甲酸酐		1	—	—	致敏性
环氧活性稀释剂	二缩水甘油醚	450	—	0.5		
	二缩水甘油基苯胺	1620				
	苯基缩水甘油醚	3850				
	甲基丙烯酸缩水甘油酯	5				
	正丁基缩水甘油醚		—	60	—	
光稳定剂	3,5-二氯水杨酸苯酯	780				
	三(1,2,2,6,6-五甲基-4-哌啶基)亚磷酸酯	>1000				
	水杨酸对叔丁基苯酯	1200				
	2,2′,4,4′-四羟基二苯甲酮	1200				
	双酚 A 双水杨酸酯	1400				
	水杨酸苯酯	1500				
	双(2,2,6,6-四甲基-4-哌啶基)癸二酸酯	>2000				
	聚(1-羟乙基-2,2,6,6-四甲基-4-羟基哌啶)丁二酸酯	>2000				
	六甲基磷酸三酰胺	2525				
	2,2′-二羟基-4,4′-二甲氧基二苯甲酮	3000				

续表

类别	名称	毒性 LD$_{50}$	OELs/(mg/m³)			生物性危害
			MAC	PC-TWA	PC-STEL	
光稳定剂	双(1,2,2,6,6-五甲基-4-哌啶基)癸二酸酯	3125				
	水杨酸对辛苯基酯	3200				
	2-(2′-羟基-5′-甲基苯基)苯并三唑	5000				
	2-(2′-羟基-3′,5′-二叔丁基苯基)苯并三唑	5000				
	2-(2′-羟基-3′-叔丁基-5′-甲基苯基)-5-氯代苯并三唑	5000				
	2-(2′-羟基-3′,5′-二叔丁基苯基)-5-氯代苯并三唑	5000				
	2-(2′-羟基-3′,5′-二叔戊基苯基)苯并三唑	5000				
	3,5-二叔丁基-4-羟基苯甲酸-2,4-二叔丁基苯酯	5000				
	3,5-二叔丁基-4-羟基苯甲酸正十六酯	5000				
	2-羟基-4-甲氧基-2′-羧基二苯甲酮	5450				
	2-羟基-4-甲氧基二苯甲酮	7400				
	2,4-二羟基二苯甲酮	8600				
	2,2′-二羟基-4-甲氧基二苯甲酮	10000				
抗氧剂	2,6-二叔丁基-(N,N'-二甲氨基)-对甲酚	1030				
	β-(3,5-二叔丁基-4-羟基苯基)丙酸十八碳醇酯	>2000				
	双(3,5-二叔丁基-4-羟基苄基膦酸单乙酯)钙	>2000				
	2,6-二叔丁基对甲酚	2450				
	硫代二丙酸二(十八)酯	>2500				
	叔丁基羟基茴香醚	2900				
	双[(苯基亚甲基)酰肼]乙二酸	>3200				
	2,2′-亚硫基乙二醇双[β-(3,5-二叔丁基-4-羟基苯基)丙酸酯]	5000				
	N,N'-六亚甲基双(3,5-二叔丁基-4-羟基苯丙酰胺)	>5000				
	3,5-二叔丁基-4-羟基苄基二乙基膦酸酯	>5000				

类别	名称	毒性 LD$_{50}$	OELs/(mg/m^3)			生物性危害
			MAC	PC-TWA	PC-STEL	
抗氧剂	1,3,5-三甲基-2,4,6-三(3′,5′-二叔丁基-4′-羟苄)苯	>5000				
	亚磷酸三(2,4-二叔丁苯基)酯	>5000				
	四[β-(3,5-二叔丁基-4-羟基苯基)丙酸]季戊四醇酯	>5000				
	4,4′-硫代双(2-甲基-6-叔丁基苯酚)	>6300				
	2,2′-亚甲基双(4-甲基-6-叔丁基苯酚)	6500				
	1,3,5-三(3,5-二叔丁基-4-羟基苄)-均三嗪-2,4,6-(1H,3H,5H)三酮	>6800				
	三甘醇双-[3-(3-叔丁基-4-羟基-5-甲基苯基)丙酸酯]	>7000				
	亚磷酸三异癸基酯	>9000				
热稳定剂	二月桂酸二丁基锡	175	—	0.1	0.2	皮肤吸收
阻燃剂	磷酸三(β-氯乙基)酯	200～1400				
	六氯环戊二烯	约600	—	0.1	—	
	磷酸三乙酯	780				
	磷酸三甲苯酯	940	—	0.3	—	皮肤吸收
	二溴新戊二醇	>2000				
	氰脲酸三聚氰胺	>2000				
	氯桥酸酐	2480				
	磷酸三(2,3-二氯丙基)酯	2830				
	磷酸三丁酯	3000				
	磷酸三苯酯	3000				
	四氯苯醌	约4000				
	氰脲酸三聚氰胺	>4000				
	氯化石蜡-70	>4000				
	聚二溴苯乙烯	>5000				
	四溴双酚A	>5000				
	1,2-双(四溴邻苯二甲酰亚胺)乙烷	>5000				
	甲基膦酸二甲酯	>5000				

续表

类别	名称	毒性 LD$_{50}$	OELs/(mg/m^3)			生物性危害
			MAC	PC-TWA	PC-STEL	
阻燃剂	磷酸二苯异丙苯酯	>5000				
	三(二溴苯基)磷酸酯	>5000				
	磷酸二苯甲苯酯	6400				
表面处理剂	2-羟乙基丙烯酸酯	250~1000				
	二硬脂酰亚乙基钛酸酯	5000				
	二(亚磷酸二月桂酯)四辛氧基钛酸酯	5000				
	异丙基三(焦磷酸二辛酯)钛酸酯	5000				
	二(焦磷酸二辛酯)羟乙酸钛酸酯	>5000				
	二(磷酸二辛酯)钛酸乙二(醇)酯	>5000				
	异丙基三(磷酸二辛酯)钛酸酯	7000				
	异丙基三(十二烷基苯磺酰基)钛酸酯	8000				
	丙烯酸		—	6		皮肤吸收
	甲基丙烯酸		—	70	—	
溶剂	甲苯	50		50	100	皮肤吸收
	环己酮	1620	—	50		皮肤吸收
	甲乙酮	3400				
	苯	3800	—	6	10	皮肤吸收,G1
	二甲苯	4300	—	50	100	
	正丁醇	4360	—	100	—	
	乙酸乙酯	5620	—	200	300	
	松节油	5760	—	300	—	
	丙酮	5800	—	300	450	—
	丁酮			300	600	
	异佛尔酮		30	—	—	
	丙醇		—	200	300	—
	乙二醇			20	40	
	二氯甲烷		—	200		G2B
	三氯甲烷		—	20		G2B
	1,1,1-三氯乙烷		—	900		
	三氯乙烯			30	—	G2A

续表

类别	名称	毒性 LD$_{50}$	OELs/(mg/m³)			生物性危害
			MAC	PC-TWA	PC-STEL	
溶剂	四氯化碳		—	15	25	皮肤吸收,G2B
	环己烷		—	250	—	
	氯苯		—	50		
	硝基苯		—	2		皮肤吸收,G2B
	四氢呋喃		—	300		
	十氢萘		—	60		
增塑剂	邻苯二甲酸丁苄酯	2330				
	二苯甲酸二乙二醇酯	5440				
	邻苯二甲酸二乙酯	6170				
	邻苯二甲酸二甲酯	6900				
	邻苯二甲酸二丁酯		—	2.5	—	
抗静电剂	十八烷酰氨基丙基二甲基-β-羟乙基季铵硝酸盐	3300				

表 10-5　工作场所空气中粉尘容许浓度

类别	名称	PC-TWA/(mg/m³)		备注
		总尘	吸尘	
玻璃钢粉尘		3		
树脂	酚醛树脂粉尘	6		
	聚丙烯粉尘	5		
	聚氯乙烯粉尘	5		
	聚乙烯粉尘	5		
增强材料	碳纤维粉尘	3		
填料	白云石粉尘	8	4	
	白炭黑	5		
	大理石粉尘	8	4	
	二氧化钛粉尘	8		
	硅灰石粉尘	5		
	硅藻土粉尘(游离 SiO$_2$ 含量<10%)	6		
	滑石粉尘(游离 SiO$_2$ 含量<10%)	3	1	
	煤尘(游离 SiO$_2$ 含量<10%)	4	2.5	
	凝聚 SiO$_2$ 粉尘	1.5	0.5	

续表

类别	名称	PC-TWA/(mg/m³)		备注
		总尘	吸尘	
填料	石膏粉尘	8	4	
	石灰石粉尘	8	4	
	石棉(石棉含量>10%)粉尘	0.8		G1
	石墨粉尘	4	2	
	炭黑粉尘	4		G2B
	云母粉尘	2	1.5	
	珍珠岩粉尘	8	4	
	重晶石粉尘	5		
	氧化铝粉尘	4		
	铝金属粉尘	3		
	木粉尘	3		
矽尘	10%≤游离 SiO_2 含量≤50%	1	0.7	G1 (结晶型)
	50%<游离 SiO_2 含量≤80%	0.7	0.3	
	游离 SiO_2 含量>80%	0.5	0.2	

注：表中列出的各种粉尘（石棉纤维尘除外），凡游离 SiO_2 含量高于 10% 者，均按矽尘容许浓度对待。

参考文献

[1] 钟明峰,等. 利用覆铜板残渣制备板材研究 [J]. 热固性树脂, 2016.

[2] 邹镇岳,等. 压力法回收废旧碳纤维/环氧树脂复合材料 [J]. 热固性树脂, 2015.

[3] 汪泽霖. 玻璃钢原材料手册 [M]. 北京:化学工业出版社, 2015.

[4] 于淑兰,等. 化工安全与环保 [M]. 北京:中国劳动社会保障出版社, 2013.

[5] 蒋建国. 固体废物处置与资源化 [M]. 北京:化学工业出版社, 2013.

[6] 李为民,等. 废弃物的循环利用 [M]. 北京:化学工业出版社, 2011.

[7] 黄家康,等. 复合材料成型技术及应用 [M]. 北京:化学工业出版社, 2011.

[8] GBZ 2.1—2007《工作场所有害因素职业接触限值 化学有害因素》.

[9] 吴人洁. 复合材料 [M]. 天津:天津大学出版社, 2000.